北方冬油菜北移与区划

孙万仓　刘自刚　周冬梅　张仁陟　等 编著

科学出版社

北京

内 容 简 介

本书是近 10 多年北方冬油菜北移研究的最新成果总结。全书共分五章。第一章，北方旱寒区种植业生产现状，主要包括北方旱寒区自然生态条件、种植业现状和存在的问题等内容；第二章，北方旱寒区冬油菜北移，主要包括冬油菜在北方旱寒区的适应性、产量表现，以及经济、生态效益等内容；第三章，我国冬油菜与春油菜产区新分界；第四章，北方旱寒区冬油菜区划。依据本研究结果，北方冬油菜区划分为东北冬油菜亚区、华北冬油菜亚区、鄂尔多斯高原冬油菜亚区、黄土高原冬油菜亚区、甘新绿洲冬油菜亚区、西藏高原冬油菜亚区等 6 个亚区；第五章，北方旱寒区冬油菜发展潜力分析。

本书内容丰富，信息量大，可供农业科技人员、有关管理部门参考，也可作为农业院校涉农专业的辅助教材使用。

图书在版编目（CIP）数据

北方冬油菜北移与区划/孙万仓等编著. —北京：科学出版社，2016.7
ISBN 978-7-03-048501-4

Ⅰ.①北… Ⅱ.①孙… Ⅲ.①干旱区–油菜–油料作物 ②寒冷地区–油菜–油料作物 ③油菜–种植区划–研究–中国 Ⅳ.①S634.3

中国版本图书馆 CIP 数据核字(2016)第 116753 号

责任编辑：罗 静 夏 梁 / 责任校对：郑金红
责任印制：肖 兴 / 封面设计：铭轩堂

科 学 出 版 社 出版
北京东黄城根北街 16 号
邮政编码：100717
http://www.sciencep.com

中 国 科 学 院 印 刷 厂 印刷
科学出版社发行 各地新华书店经销
*

2016 年 7 月第 一 版 开本：787×1092 1/16
2016 年 7 月第一次印刷 印张：15 1/2 插页：1
字数：345 000
定价：148.00 元

作 者 名 单

（按姓氏汉语拼音排序）

陈其鲜	硕士 / 高级农艺师	甘肃省农业技术推广总站
陈跃华	研究员	新疆农业科学院
董 静	高级农艺师	河北省农业技术推广站
方 彦	博士 / 副研究员	甘肃农业大学
冯克云	副研究员	甘肃省农业科学院
贾利欣	推广研究员	内蒙古农业技术推广站
雷建明	高级农艺师	天水市农业科学研究所
李 强	硕士 / 助理研究员	新疆农业科学院
李学才	副研究员	甘肃农业大学
李禹超	高级农艺师	新疆阿勒泰地区种子管理站
刘 秦	高级农艺师	张掖市农业科学院
刘海卿	硕士研究生	甘肃农业大学
刘自刚	博士 / 副教授	甘肃农业大学
邵志壮	助理研究员	内蒙古农牧业科学院
孙万仓	博士 / 教授	甘肃农业大学
王鹤龄	博士 / 副研究员	兰州干旱气象研究所
王积军	推广研究员	全国农业技术推广服务中心
王俊英	推广研究员	北京市农业技术推广站
王书芝	推广研究员	河北省农业技术推广站
武军艳	博士 / 副教授	甘肃农业大学
徐爱遐	博士 / 教授	西北农林科技大学

许志斌	研究员	宁夏农林科学院
杨　刚	硕士研究生	甘肃农业大学
杨瑞菊	博士／副研究员	甘肃省农业科学院
曾秀存	博士／教授	河西学院
张长生	高级农艺师	全国农业技术推广服务中心
张建学	高级农艺师	天水市农农业科学研究所
张仁陟	博士／教授	甘肃农业大学
张亚宏	硕士／助理研究员	天水市农业科学研究所
赵彩霞	硕士／助理研究员	西藏农牧科学院
赵贵宾	推广研究员	甘肃省农业技术推广总站
周冬梅	博士／副教授	甘肃农业大学
周吉红	高级农艺师	北京市农业技术推广站

序 一

2015 年 1 月 5 日我去甘肃农业大学参加该校国家重点实验室学术委员会议，孙万仓教授将他的新专著《北方冬油菜北移与区划》初稿送我审阅，并要我为该书写序，我欣然接受。

因为孙万仓是我的学生，在攻读博士期间已表现十分优秀，积极上进，学习刻苦，科研工作踏实认真，他对油菜科学也已有较深刻了解，常与我讨论我国油菜发展问题，很有见解。

博士毕业后他去甘肃农业大学工作，潜心研究北方旱寒区种植冬油菜问题。于 2008年起陆续育成'陇油 6 号'、'陇油 7 号'、'陇油 8 号'、'陇油 9 号'、'陇油 12 号'、'陇油 14 号'等强抗寒冬油菜品种，可耐–32℃低温，在北方–40～–30℃极端低温条件下能正常越冬，打破了业内关于北纬 35°为我国冬春油菜的分界线（即北纬 35°以南为冬油菜区，北纬 35°以北为春油菜区）的观点。现在北方冬油菜种植区已北移至北纬 40°～48°地区。我国北方地域辽阔，冬油菜发展潜力很大，据初步分析，北方冬油菜可发展到 5000万亩左右，除了能增产油料外，对增加北方冬季土地覆盖、提高土壤有机质、改善生态环境、减少沙尘暴等方面也有重要意义。

近年来孙万仓等在农业部等部门大力支持下，在整个北方地区进行了抗寒冬油菜大面积试验和示范，积累了各地自然气候条件、冬油菜生长发育特点、冬油菜产量及经济与生态效益等大量数据资料，明确了影响北方冬油菜分布的主要气候因子及其贡献率，在此基础上提出了北方旱寒区冬油菜种植区划，从而绘就了北方冬油菜种植蓝图。

全书资料翔实，图文并茂，科学性、针对性、实用性均强，可供广大油菜科学工作者和农业工作者阅读。我特此向大家推荐这本书。

中国工程院院士
湖南农业大学教授
2015 年 1 月 28 日

序 二

我国油菜生产分为冬、春油菜两大产区，以北纬35°左右的山东南部、河北南部、山西南部、延安与陇东南部、天水为界，以南为冬油菜区，以北地区由于气候严寒、降水稀少、自然生态条件恶劣，冬油菜不能越冬，为春油菜区。

超强抗寒白菜型冬油菜品种的育成及成功应用于生产，解决了我国北方地区冬油菜越冬问题，从而使我国冬油菜扩展到新疆、西藏、青海、甘肃中部与河西走廊、宁夏、陕北靖边、山西中北部、河北、北京、天津及辽宁等地，种植区北移了5~13个纬度，使冬油菜成为北方旱寒区新型油料作物和生态作物。

北方冬油菜研究是油菜研究的新领域，其重要性也是毋庸置疑的。一是冬油菜显著的生态效益。冬油菜秋季播种，一方面避免秋、春季的土壤耕作，在土壤表面形成稳定的固定层和较厚的植被层，增加冬、春季的植被覆盖度，可有效地减少沙尘源，改善生态环境条件，使农业生产与生态环境建设有机地结合起来。二是显著的经济效益。冬油菜产量在200kg/亩以上，含油率44%以上，与该地区同类传统油料作物胡麻和白菜型春油菜相比，增产30%以上，含油率增加3~4个百分点。三是能够提高复种指数。我国北方地区农业生产两季不足一季有余，绝大部分地区为一年一熟制。冬油菜8月下旬至9月中下旬播种，第二年5月中下旬至6月上中旬即可成熟，收获后可复种花生、水稻、大豆、马铃薯、玉米、棉花、向日葵、籽瓜及秋杂粮与蔬菜、饲草，产量与质量可达到正茬种植的产品标准。因此，发展冬油菜生产可有效利用秋季和早春的光、热、水、土资源，改传统的一年一熟为一年二熟或二年三熟，增加复种指数，提高了土地资源利用率和单位面积经济效益。四是在气候变暖的大背景下，发展冬油菜生产是北方旱寒区应对气候暖化挑战的重要技术措施。

甘肃农业大学等根据10多年北方冬油菜研究成果，结合北方各地气候生态条件、农作物生长发育特点和种植结构，对北方旱寒区冬油菜的发展潜力和适宜种植区域进行了深入系统的研究，提出了北方地区冬油菜种植区划。

该书科学性、实用性强，对制定北方冬油菜生产规划、指导北方旱寒区冬油菜生产具有重要的现实意义。

中国工程院院士
华中农业大学教授
2015 年 1 月 30 日

前　言

我国传统的冬、春油菜产区基本以北纬 35°左右为界，以南为冬油菜区，以北为春油菜产区。北方旱寒区冬油菜北移的提出和实施，使冬油菜成功引入甘肃河西走廊，新疆阿勒泰、塔城、乌鲁木齐，青海，宁夏，西藏，陕北，山西，河北，天津，山东，北京等地，冬油菜种植区域向北推进了 5～13 个纬度，初步形成了新的北方寒区冬油菜产区。

北方地区植被条件差，生态环境恶劣，种植制度多数地区为传统的一年一熟制，经济效益不高。冬油菜生产由于在秋末到春季进行，成熟早、产量高、含油率高，在增加冬春季植被覆盖度、提高复种指数与光热水土资源利用等方面具有重大意义。因此，北方冬油菜北移问题受到广泛关注。甘肃农业大学等于 1995 年开始着手北方旱寒区冬油菜北移问题的研究，研究内容涉及抗寒种质的创制、抗寒品种选育与栽培技术研发等一系列问题，先后进行 10 多年、400 多点次的试验，对不同类型冬油菜在北方旱寒区的适应性、产量表现、生长发育特性、经济效益与生态效益及北方冬油菜的发展潜力等问题进行了研究分析。这些研究曾得到国家公益性行业专项项目"北方旱寒区冬油菜北移集成技术研究与示范"（200903002）、国家现代农业产业技术体系"北方寒旱区冬油菜育种"岗位、国家自然科学基金项目（31460356、31560397）、国家 973 计划油菜高产油量形成的分子生物机制（2015CB150206）、国家支撑计划西北旱寒区主要作物抗逆新品种筛选及栽培技术集成示范（2007BAD52B08）、国家农业科技成果转化项目（2014G10000317）、国家 863 计划专项强优势油菜杂交种的创制与应用（2011AA10A104）、科技部"油菜杂种优势利用技术与强优势杂交种创新"（2016YFD0101300）等项目的资助。本书是上述研究工作的部分研究成果，参与此项研究工作的有全国农业技术推广服务中心王积军、张长生；新疆农业科学院陈跃华、李强，阿勒泰种子站李禹超；宁夏农林科学院许志斌；北京市农技站周吉红、王俊英；甘肃省农技总站陈其鲜、赵贵宾，甘肃省农业科学院冯克云、杨瑞菊，甘肃农业大学孙万仓、刘自刚、武军艳、方彦、李学才，天水市农业科学研究所雷建明、张建学、张亚宏、张岩，武威市农技中心彭治云，张掖市农业科学院刘秦、缪崇庆，酒泉市农科所杨仁义；河北省农技站董静、王书芝；西北农林科技大学徐爱遐；陕西省靖边县良种场李建宏、鲁瑞文；西藏自治区农牧科学院卓玛、赵彩霞；辽宁省农技站李秀华；内蒙古农牧业科学院邵志壮，内蒙古农技站贾利欣；天津市农技站耿以工等。官春云院士、傅廷栋院士从立项到结题一直指导、参与了此项研究。

全书共分五章。第一章，北方旱寒区种植业生产现状，由孙万仓、杨刚、刘自刚执笔；第二章，北方旱寒区冬油菜北移，由孙万仓、刘自刚、杨刚、刘海卿、武军艳、方彦、李学才等执笔；第三章，我国冬油菜与春油菜产区新分界，由孙万仓、刘自刚、曾秀存执笔；第四章，北方旱寒区冬油菜区划，由孙万仓、刘自刚、杨刚、周冬梅、王鹤龄执笔；第五章，北方旱寒区冬油菜发展潜力分析，由周冬梅、张仁陟、孙万仓执笔。全书由孙万仓统稿。

在本书的编写过程中，得到了农业部、全国农业技术推广服务中心、甘肃农业大学、兰州干旱气象研究所、有关省（市、自治区）科研和推广部门的领导和专家的大力支持和指导；西藏大学王建林教授，湖南省农业科学院陈卫江研究员、李莓研究员，甘肃省农业科学院李守谦研究员、孙政研究员，西南大学李加纳教授等先后提出了宝贵的修改意见；陈跃华、李强惠赠了宝贵照片；官春云院士、傅廷栋院士为本书作了序，在此一并表示衷心感谢。农业部刘艳副司长、张国良处长自始至终关注、关心、支持本项研究的进展，多次听取本研究的进展汇报，提出了许多宝贵意见和建议，对本研究得以完成起了很好的作用，因此，本书也倾注着他们的大量心血。谨以此书表达对所有支持、关心、指导、参与过本研究的领导、专家和前辈的衷心感谢。

新疆农科院陈跃华、李强先生为本书提供了封面照片，他们同时还与北京农业技术推广站周吉红先生一起提供了附件四中的部分照片，特此致谢。

希望本书的出版对北方冬油菜科研与生产有所裨益。

由于作者业务水平有限，对试验结果的总结分析不够，不足之处在所难免，敬请读者指正。

孙万仓

2014 年 12 月 28 日

目　　录

第一章　北方旱寒区种植业生产现状

北方旱寒区是指西起东经 74°，东至东经 135°，南起北纬 35°、北至北纬 48°左右的广大北方地区，约为沿山东临沂与枣庄、河北邯郸、山西运城以北，陕西洛川、甘肃天水麦积区以北的广大区域，包括山东（除枣庄南部）、河北、天津、北京、山西（除运城）、内蒙古、宁夏、陕北、甘肃（除陇南）、青海、西藏、新疆及辽宁和吉林的部分地区，共同特点是干旱少雨、冬春低温严寒。了解这个区域的自然条件及农业生产和种植业结构，对发展本区冬油菜生产是十分必要的。

第一节　北方旱寒区的自然条件

北方旱寒区地域辽阔广袤，生态条件复杂，农业生产条件差异悬殊。太阳辐射量为 $100\sim195.99kcal/cm^2$，总的趋势是由南向北递增；日照时数 $2000\sim3500h$。$\geqslant10℃$的活动积温 $1600\sim5000℃$，$\leqslant0℃$冬季负积温为$-1612.42\sim-104.3℃$，最低可达$-3487.99℃$，极端低温$-46\sim-15℃$。降水量由南向北、由东向西递减，南部地区降水量为 $500\sim800mm$，东部地区降水量 $400\sim600mm$，西北的敦煌等地降水量 $40\sim100mm$；年蒸发量 $1000\sim3500mm$。本区土地资源丰富，但多为高山、沙漠、戈壁，耕地所占面积小。冬季严寒，春季干旱多风，沙尘暴灾害频繁，农田土壤风蚀严重，倒春寒也是该区主要灾害。主要农作物有小麦、玉米、糜子、谷子、水稻、荞麦、马铃薯、棉花、大豆、向日葵、甜菜、花生、春油菜、胡麻等。

一、地形地貌

北方地区（秦岭—淮河以北）地形地貌多样复杂，境内有昆仑山、天山、阿尔泰山、祁连山、秦岭、大兴安岭、太行山、阴山、长白山、六盘山等众多山脉，以及东北平原、华北平原、黄土高原、内蒙古高原、青藏高原等高原和塔里木盆地、准噶尔盆地、柴达木盆地等盆地，形成了复杂多变的地形地貌。总体来讲，北方地形以平原、高原为主，东部多平原，中西部多盆地、高原。东北主要为东北平原（三江平原、松嫩平原、辽河平原）、大兴安岭、小兴安岭和长白山、辽东丘陵；华北主要为华北平原（也称黄淮海平原，为黄土高原的一部分）及太行山、泰山、嵩山、华山、恒山等山脉；西北主要有黄土高原、内蒙古高原、青藏高原三大高原，塔里木盆地、准噶尔盆地、吐鲁番盆地等盆地，阿尔泰山、天山、昆仑山、祁连山等山脉。西北及华北多分布沙漠和戈壁，其中塔克拉玛干沙漠，面积约 33 万 km^2。此外有巴丹吉林沙漠、腾格里沙漠、乌兰布和沙漠、库布其沙漠、毛乌素等沙漠横卧境内。各地地形地貌概况如下图（图 1-1-1）。

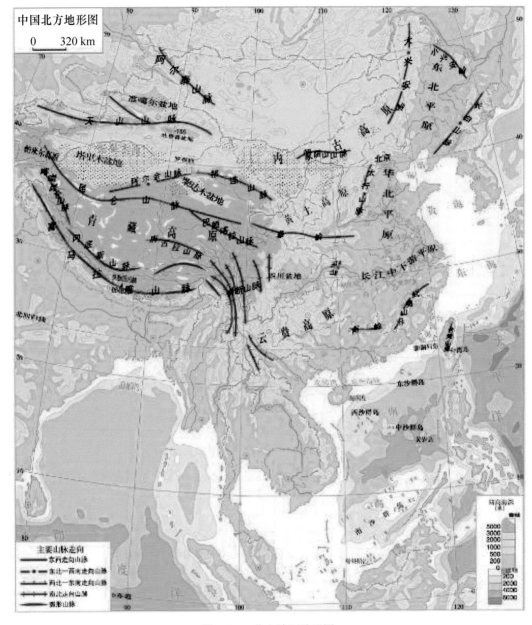

图 1-1-1 北方地区地形图

（一）新疆

新疆的地形地貌可以概括为"三山夹两盆"：北面是阿尔泰山，南面为昆仑山，天山横贯中部，把新疆分为南北两部分，天山以南为南疆，天山以北为北疆。新疆沙漠面积大，占全国沙漠面积的 2/3。南疆的塔里木盆地面积 53 万 km^2，是中国最大的内陆盆地。位于塔里木盆地中部的塔克拉玛干沙漠，面积约 33 万 km^2，仅次于阿拉伯半岛上的鲁卜哈利沙漠，是中国最大、世界第二大流动沙漠。贯穿塔里木盆地的塔里木河长约 2100km，是中国最长的内陆河。北疆的准噶尔盆地面积约 38 万 km^2，是中国第二大盆地。准噶尔盆地中部的古尔班通古特沙漠面积约 4.8 万 km²，是中国第二大沙漠。水域面积 5500km²，其中博斯腾湖水域面积 980km²，是中国最大的内陆淡水湖。在天山东部和西部，还有被称为"火洲"的吐鲁番盆地和被誉为"塞外江南"的伊犁谷地。位于吐鲁番盆地的艾丁湖，低于海平面 154m，是中国陆地最低点。绿洲分布于盆地边缘及周边河流流域，总面积约占全区面积的 4.2%。

（二）甘肃

甘肃位于中国地理位置中心，介于北纬 32°11′~42°57′、东经 92°13′~108°46′间，地处蒙新、黄土和青藏三大高原的交汇地带。东接陕西，东北与宁夏毗邻，南邻四川，西连青海、新疆，北靠内蒙古，并与蒙古人民共和国接壤。地势高亢，多高原和山地，沙漠戈壁分布广，地形地貌复杂多样。山地、高原、平川、河谷、沙漠、戈壁交错分布，地势主要呈西北—东南走向。地形狭长，东西长 1655km，南北宽 530km。山地和高原约占总面积的 70% 以上，主要分布在西南部、东南部和省境边缘，如甘青交界处的祁连山、甘川交界的岷山、甘陕交界的秦岭和子午岭。复杂的地貌大致可分为陇南山地、陇中黄土高原、甘南高原、河西走廊、祁连山山地、北山山地各具特色的六大地形区域。中部属黄土高原，纵贯南北的陇山将高原划分为陇东和陇西两大部分，地面为黄土覆盖，梁峁起伏，沟壑纵横；南部的陇南山地，高山环列，属西秦岭山地；西南部的甘南高原是典型的山原地形，为青藏高原的组成部分；北部的阿拉善高原属蒙新高原，有大片的沙漠、戈壁和保灌的农田，河西走廊斜卧于祁连山以北、北山以南，东起乌鞘岭、西迄甘新交界，为自东向西、由南而北倾斜的狭长地带，海拔 1000~1500m，长 1000km，宽由几千米到百余千米不等，这里地势平坦，机耕条件好，光热充足，水资源较丰富，是著名的戈壁绿洲，农业发达，是甘肃主要的商品粮基地。

（三）青海

青海地处青藏高原，东部地区为青藏高原向黄土高原过渡地带，西部海拔高，向东倾斜，呈梯形下降。全省平均海拔在 3000m 以上，最高点昆仑山的布格达板峰为 6860m，最低点在民和县下川口村，海拔为 1650m。青藏高原平均海拔超过 4000m，面积占全省总面积的一半以上；河湟谷地海拔较低，多在 2000m 左右。省境东北和东部与黄土高原、秦岭山地相过渡，北部与甘肃河西走廊相望，西北部通过阿尔金山和新疆塔里木盆地相隔，南部与藏北高原相接，东南部通过山地和高原盆地与四川盆地相连。在总面积中，平地占总面积的 30.1%，丘陵占 18.7%，山地占 51.2%，海拔在 3000m 以下的土地面积占 26.3%，67% 的土地海拔为 3000~5000m，水域面积占 1.7%。全省地势总体呈西高东低、南北高中部低的态势。

（四）西藏

西藏高原位于青藏高原的主体区域。青藏高原是世界上隆起最晚、面积最大、海拔最高的高原，因而被称为"世界屋脊"，也被称为南极、北极之外的"地球第三极"。青藏高原总的地势由西北向东南倾斜，有高峻的山脉，陡峭的沟峡，以及冰川、裸石、戈壁等多种地貌类型；分属寒带、温带、亚热带、热带，气候垂直分布，"一山见四季"、

"十里不同天"。地貌大致可分为喜马拉雅山区，藏南谷地，藏北高原和藏东高山峡谷区。

（五）陕北高原

陕西境内山峦起伏，地形复杂，基本特征是南北高，中部低。由北向南形成 3 个各具特色的自然区。北部是陕北黄土高原即陕北高原，中部是关中平原，号称"八百里秦川"，南部是秦巴山区。陕北高原，海拔 800～1300m，面积约占陕西总面积的 45%。位于"北山"（"北山"泛指陕北黄土高原南缘与关中盆地过渡地带的一系列以灰岩为主的石质山丘）以北，是我国黄土高原的中心部分。地势西北高，东南低。总面积 92 521.4km²，是在中生代基岩所构成的古地形基础上，覆盖新生代红土和很厚的黄土层，再经过流水切割和土壤侵蚀而形成的。基本地貌类型是黄土塬、梁、峁、沟、塬，是黄土高原经过现代沟壑分割后留存下来的高原面。梁、峁是黄土塬经沟壑分割破碎而形成的黄土丘陵，沟大都是流水集中进行线状侵蚀并伴以滑塌、泻溜的结果。西部为较大河流的分水岭，多梁状丘陵。延安以南是以塬为主的塬梁沟壑区。洛川是保存较完整、面积较大的黄土塬。在榆林地区的定边、靖边、横山、神木等县的北部，长城沿线一带是风沙滩地。著名的毛乌素沙漠，从定边至窟野河，东西长约 420km，南北宽 12～120km，主要是植被遭受破坏后就地起沙的结果，也和强风从内蒙古鄂尔多斯搬运沙粒有关。冬、春季多强劲的西北风，使沙丘向东南移动。沙丘之间或低洼地方，分布有大小不等的湖盆滩地。滩地中部平坦，夏季水草茂盛，为重点农牧业基地。

（六）宁夏

宁夏位于中国地质、地貌"南北中轴"的北段，地处华北台地、阿拉善台地与祁连山褶皱之间。高原与山地交错。从西部、北部至东部，由腾格里沙漠、乌兰布和沙漠和毛乌素沙地包围，南部与黄土高原相连。地形南北狭长，地势南高北低，西部高差较大，东部起伏较缓。南部的六盘山自南端向北延，与月亮山等断续相连，把黄土高原分隔为二。东部为陕北黄土高原与丘陵，西侧和南侧为陇中山地与黄土丘陵，中部山地、山间与平原交错，北部地貌呈明显的东西分异。黄河出青铜峡后，造就了美丽富饶的银川平原。平原西侧为贺兰山，东侧为鄂尔多斯台地，高出平原百余米，前缘为一陡坎，是宁夏向东突出的灵盐台地。宁夏按地形大体可分为黄土高原、鄂尔多斯台地、洪积冲积平原和六盘山、罗山、贺兰山南北中三段山地。平均海拔 1000m 以上。按地表特征，还可分为南部暖温带陇中山地地带、中部中温带半荒漠地带和北部中温带荒漠地带。

（七）内蒙古

内蒙古地形由东北向西南斜伸。东起东经 126°04′，西至东经 97°12′，横跨经度 28°52′，东西直线距离 2400km；南起北纬 37°24′，北至北纬 53°23′，纵占纬度 15°59′，直线距离 1700km。东、南、西依次与黑龙江、吉林、辽宁、河北、山西、陕西、宁夏和甘肃 8 省区毗邻，横跨东北、华北、西北三大区；北部同蒙古国和俄罗斯接壤。

内蒙古的地貌为高原型地貌，以蒙古高原为主体，海拔一般在 1000m 以上。大部分地区处在东亚季风的影响之下，属于温带大陆性季风气候区，气候复杂多样。除东南部外，基本为高原，占总土地面积的 50%左右，由呼伦贝尔高原、锡林郭勒高原、巴彦淖尔-阿拉善及鄂尔多斯等高原组成,平均海拔 1000m 左右,海拔最高点贺兰山主峰 3556m。高原四周分布着大兴安岭、阴山(狼山、色尔腾山、大青山、灰腾梁)、贺兰山等山脉,构成内蒙古高原地貌的脊梁。内蒙古高原是中国四大高原中的第二大高原。西端分布有巴丹吉林、腾格里、乌兰布和、库布其、毛乌素等沙漠,总面积 15 万 km^2。在大兴安岭的东麓、阴山脚下和黄河岸边,有嫩江西岸平原、西辽河平原、土默川平原、河套平原及黄河南岸平原。这里地势平坦、土质肥沃、光照充足、水源丰富,是内蒙古的主要农业区。在山地向高原、平原的交接地带,分布着黄土丘陵和石质丘陵,其间有低山、谷地和盆地分布,水土流失较严重。全区高原面积占全区总面积 53.4%,山地占 20.9%,丘陵占 16.4%,河流、湖泊、水库等水面面积占 0.8%。

(八)山西

山西位于华北平原西部、黄河中游左岸的黄土高原之上,是典型的以黄土广泛覆盖的山地高原,地势东北高西南低。高原内部有山地、丘陵、高原、盆地、台地等多种地貌类型。山地、丘陵面积占全省总面积的 80.1%,平川、河谷面积占总面积的 19.9%。全省大部分地区海拔为 1000～2000m。最高点为五台山的北台叶斗峰,海拔 3061.1m,最低点在垣曲县境内西阳河入黄河处,海拔仅 180m。省境轮廓略呈东北斜向西南的平行四边形。东有太行山作天然屏障,与河北为邻;西、南以黄河为堑,与陕西、河南相望;北依绵绵内长城,与内蒙古毗连。东西宽约 290km,南北长约 550km。一系列的盆地将山西斜分为东西两部分,东部、东南部是恒山、五台山、太行山、太岳山和中条山为主体的山地高原区;西部是吕梁山、云中山、芦芽山等山脉及相连的黄土高原区。

(九)山东

山东的地形包括鲁中南山地、丘陵、胶东丘陵、鲁西北平原等部分。境内中部山地突起,西南、西北低洼平坦,东部缓丘起伏,形成以山地丘陵为骨架、平原盆地交错环列其间的地形。泰山踞中部,主峰海拔 1532.7m,为山东最高点。黄河三角洲海拔一般 2～10m,为山东陆地最低处。境内地貌可分为中山、低山、丘陵、台地、盆地、山前平原、黄河冲积扇、黄河平原、黄河三角洲等 9 个基本地貌类型。山地约占山东总面积的 15.5%,丘陵占 13.2%,平原占 55%,洼地占 4.1%,湖沼平原占 4.4%,其他占 7.8%。境内主要山脉集中分布在鲁中南山区和胶东丘陵区,绝对高度在 700m 以上、面积 150km^2 以上的有泰山、蒙山、崂山、鲁山、沂山、徂徕山、昆嵛山、九顶山、艾山、牙山、大泽山等。

(十)河北

河北地势西北高、东南低,由西北向东南倾斜。境内高原、山地、丘陵、盆地、平原均有,分为坝上高原、燕山和太行山山地、河北平原三大地貌单元。坝上高原属蒙古高原的一部分,地形南高北低,平均海拔 1200～1500m,面积 15 954km^2,占河北总面积的 8.5%。燕山和太行山山地包括中山山区、低山山区、丘陵地区和山间盆地 4 种地貌类型,海拔多在 2000m 以下,高于 2000m 的孤峰有 10 余座,其中小五台山海拔高达 2882m,

为河北最高峰。山地面积 90 280km²，占河北总面积的 48.1%。河北平原区是华北大平原的一部分，按其成因可分为山前冲洪积平原、中部湖积平原区和滨海平原区 3 种地貌类型，面积 81 459km²，占河北总面积的 43.4%。

（十一）北京

北京位于华北平原西北边缘，东南距渤海约 150km，面积 16 800km²。地形西北高，东南低。毗邻渤海湾，上靠辽东半岛，下临山东半岛。北京与天津相邻，并与天津一起被河北环绕。西部是太行山山脉余脉的西山，海拔 1900m 左右，北部是燕山山脉的军都山（为内蒙古高原的延续），海拔 1500m 左右，两山在南口关沟相交，形成一个向东南展开的半圆形大山弯，称之为"北京弯"，它所围绕的小平原即为北京小平原。全市平均海拔 43.5m，平原地区海拔 20~60m，山地海拔 1000~500m。北京的中、南部属于华北平原的北部边缘，由海河水系的冲积而成。

（十二）天津

天津地处华北平原东北部，面积 12 000km²，东临渤海，北枕燕山，地势以平原和洼地为主，北部有低山丘陵，海拔由北向南逐渐降低。北部地区海拔 1052m；东南部地区海拔 3.5m。全市最高峰为九山顶，海拔 1078.5m。地貌主要有山地、丘陵、平原、洼地、滩涂等。

（十三）辽宁

辽宁位于我国东北地区南部，地处东经 118°50′~125°47′、北纬 38°43′（陆地）~43°29′。陆地面积 14.59 万 km²，占中国陆地面积 1.5%。辽宁地形地貌大体是"六山一水三分田"。地势大致为自北向南，自东西两侧向中部倾斜，山地丘陵分列东西两厢，向中部平原下降，呈马蹄形向渤海倾斜。辽东、辽西两侧为平均海拔 500~800m 的山地丘陵；中部为平均海拔 200m 的辽河平原；辽西渤海沿岸为狭长的海滨平原，称为"辽西走廊"。辽东的山地丘陵区为长白山山脉向西南的延伸部分；东北部低山区为长白山支脉吉林哈达岭和龙岗山的延续部分，由南北两列平行的山地组成，海拔 500~800m，最高山峰钢山位于抚顺东部与吉林交界处，海拔 1347m。辽东半岛丘陵区，以千山山脉为骨干，北起本溪连山关，南至旅顺老铁山，长约 340km，构成辽东半岛的脊梁，山峰大都在海拔 500m 以下；区内地形破碎，山丘直通海滨，岛屿多，平原狭小，河流短促。西部山地丘陵区由东北向西南走向的努鲁儿虎山、松岭、黑山、医巫闾山组成，山势从北到南由海拔 1000m 向 300m 丘陵过渡，北部与内蒙古高原相接，南部形成海拔 50m 的狭长平原，与渤海相连，其间为辽西走廊。西部山地丘陵面积约为 4.2 万 km²，占全省面积 29%；中部平原由辽河及其 30 余条支流冲积而成，面积为 3.7 万 km²，占全省面积 25%。地势从东北向西南由海拔 250m 向辽东湾逐渐倾斜。辽北低丘区与内蒙古接壤处有沙丘分布，辽南平原至辽东湾沿岸地势平坦，土壤肥沃，另有大面积沼泽洼地、漫滩和许多牛轭湖。

（十四）吉林

吉林地势由东南向西北倾斜，呈现明显的东南高、西北低的特征，地貌形态差异明显。以中部大黑山为界，分为东部山地和中西部平原两大地貌区。东部山地分为长白山中山低山区和低山丘陵区，中西部平原分为中部台地平原区和西部草甸、湖泊、湿地、沙地区。地貌类型种类主要有火山地貌、侵蚀剥蚀地貌、冲洪积地貌和冲积平原地貌。主要山脉有大黑山、张广才岭、吉林哈达岭、老岭、牡丹岭等。主要平原以松辽分水岭为界，以北为松嫩平原，以南为辽河平原。吉林地貌形成的外应力以冰川、流水、风和其他气候气象因素的作用为主。现代流水侵蚀作用对地貌的影响很广泛，山地、丘陵、台地、平原、盆地、谷地多受侵蚀、剥蚀、堆积、冲积等综合作用，形成了各种流水地貌，如河漫滩、冲积洪积平原、冲沟等。火山地貌占吉林总面积的 8.6%，流水地貌占 83.5%，湖成地貌占 2.6%，风沙地貌约占 5.2%。

二、气候特征

我国北方大部分地区为温带大陆性气候，局部地区为高原气候。西北地区多属于温带大陆性气候，由于远离海洋，海洋上的湿润气流难以到达，终年受大陆气团控制。气候的基本特征：一是冬季寒冷，夏季温热。气温年较差与日较差大。最冷月出现在 1 月，最热月在 7 月，春温高于秋温。二是降水量少，而且季节分配不均，降水集中在夏秋季，降水的年际变化大。高原气候是在海拔高、地面广、起伏平缓的高原面上形成的，主要分布在黄土高原和青藏高原地区，特点为：一是随着海拔的升高，空气、水汽、尘埃等随之减少，太阳直接辐射增强，紫外辐射增强尤为明显，有效辐射也增大。在有积雪的高原面上，反射率增大，地面吸收辐射减少，故净辐射比同纬度平原小。二是气温低，日较差大，年较差小。三是降水在湿润气流的迎风面上增多，在高原内部和背风面大大减少。四是风大。此外还有寒冷干燥等特点。气温随着海拔的升高而逐渐下降，一般海拔每升高 100m，气温下降约 0.6℃，有的地区甚至每升高 150m 就下降 1℃。高原大部分地区空气稀薄、干燥少云，白天地面接收大量的太阳辐射能量，近地面层的气温上升迅速，晚上地面散热极快，地面气温急剧下降。因此，高原一天当中的最高气温和最低气温之差很大，有时一日之内，历尽寒暑，白天有时气温高达 20~30℃，而晚上及清晨气温有时可降至 0℃ 以下。日照时间长，太阳辐射强。大气透明度比平原地带高，太阳辐射透过率随海拔增加而增大。

（一）光能资源丰富

我国太阳年辐射总量和年平均总日照时数为西部区高于东部地区，除新疆外，其余地区基本上呈由南向北递增的趋势（图 1-1-2，图 1-1-3）。

北方地区太阳辐射量为 100~195.99kcal[①]/cm²，由南向北递增。甘肃天水、河北邯郸分别为 112.2kcal/cm²、121.06kcal/cm²，而北京、银川、兰州、乌鲁木齐、敦煌等地分别达到 116.85kcal/cm²、138.23kcal/cm²、121.53kcal/cm²、121.29kcal/cm²、151.83kcal/cm²以上，而且光质好，有利于植物吸收利用。年日照时数为 2000h~3500h，南北差异大，如甘肃天水、河北邯郸分别为 1877.10h、2419.5h，银川、兰州、乌鲁木齐、敦煌等地则在 2799.20h、2600.0h、2570.60h、3285.60h 以上。各地光能资源如下。

---

① 1 kcal = 4200J.

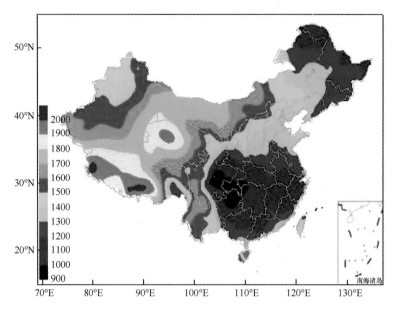

图 1-1-2 全国年平均总辐射量（kWh/m²）（1978～2007 年）
（引自中国气象局风能太阳能资源中心网站：http://cwera.cma.gov.cn）

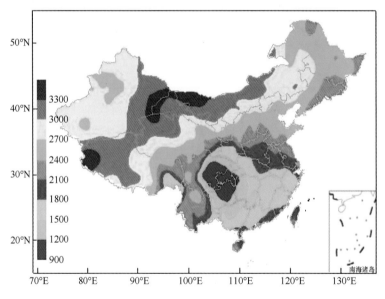

图 1-1-3 全国年平均总日照时数（h）（1978～2007 年）
（引自中国气象局风能太阳能资源中心网站：http://cwera.cma.gov.cn）

　　吉林太阳辐射量为 109.77～129.82kcal/cm²，由西部平原向东部山区递减。全省日照时数为 2200～3000h，由西向东递减。西部平原地区均大于 2800h，中部的长春、四平、吉林等地区为 2400～2700h，东部山区为 2200～2500h。

　　辽宁太阳辐射总量为 100～150kcal/cm²，西高东低。建昌高达 144.5kcal/cm²，丹东、绥中分别为 131.8kcal/cm² 和 135.7kcal/cm²，新宾最低，仅 118.86kcal/cm²。年日照时数为 2270～2900h，其中绥中为 2648.40h，丹东为 2402.30h。

北京太阳辐射量为 112～136kcal/cm²，由南向北递增。延庆盆地及密云西北部至怀柔东部一带最高，年辐射量在 135kcal/cm² 以上；房山的霞云岭附近最低，为 112kcal/cm²。年日照时数为 2000～2800h，延庆和古北口为最高，在 2800h 以上，霞云岭仅为 2063h，丰台为 2557.5h，密云为 2826h。

天津太阳辐射量为 120.2～134.7kcal/cm²，其中塘沽、汉沽沿海地区最高，在 130kcal/cm² 以上，武清、北郊、西郊等地为 125～130kcal/cm²，宝坻最低，为 120.2kcal/cm²。年日照时数为 2600～3000h，地理分布与辐射量分布基本一致，沿海的汉沽高达 3066.0h，宝坻低至 2613.2h。

河北太阳辐射量为 119～143kcal/cm²，其中坝上西部、蔚县、怀来和阳原山间盆地高于 135kcal/cm²，山区及东部沿海地区为 125～135kcal/cm²，平原及低平原地区一般小于 125kcal/cm²。日照时数为 2450～3100h，北多南少，北纬 40°以北一般大于 2750h，北纬 40°以南除部分地区外均小于 2750h。

山东太阳辐射量差异较大，为 108.52～132.05kcal/cm²。其中胶东半岛南部的成武最低，北部蓬莱最高 132.05kcal/cm²，呈南少北多的特点。全省光照资源充足，年日照时数为 2290～2900h，由西南向东北递增。其中蓬莱以 2825h，为全省最高，济南 2492.9h，青岛 2510.0h，鲁西南的成武仅 2148h。

山西太阳辐射量为 116.15～145.07kcal/cm²，由南向北递增。临汾、运城等地因阴雨日较多而辐射量较小，为 116.15～138.14kcal/cm²，而长治、晋城为 126.19～135.99kcal/cm²，雁北、大同、朔州及晋西北地区一般为 132.17～160.06kcal/cm²。年日照时数为 2200～2900h，太原、忻州、大同等地分别为 2408.40h、2807.5h、2629.30h，而运城仅 2039.5h。

内蒙古太阳辐射量为 119.45～160.06kcal/cm²，从东北向西南递增。呼伦贝尔及大兴安岭等地区最低，为 119～125kcal/cm²，巴彦淖尔西部及乌海市等地高达 155～167kcal/cm²。内蒙古日照充足，年日照时数从东部的 2700h 逐步增至西部阿拉善盟、巴彦淖尔的 3400h 以上。临河、磴口等地分别为 3086.90h、3300h，而海拉尔仅 2558.60h。

陕北地区太阳辐射量为 119.45～133.87kcal/cm²，由北向南递减。其中榆林为 k133.87kcal/cm²，延安为 118.46kcal/cm²。年日照时数为 2463～2992.2h，榆林东北部最高，为 2898.7～2992.2h，靖边为 2708.00h，延安最低，为 2507.90h。

宁夏太阳辐射量为 130～149kcal/cm²，日照时数为 2214～3202h，由南向北递增。其中银川、中宁和固原太阳辐射量分别为 138.23kcal/cm²、143.0kcal/cm² 和 133.15kcal/cm²，年日照时数依次为 2799.20h、2883h、2587.90h。

甘肃年日照时数北多南少，敦煌达 3285.60h，瓜州为 3335.9h，居中的酒泉为 3048.30h，张掖为 3026.7h，武威为 2946.6h，兰州为 2600.0h，天水为 1877.10h，最少为徽县，低至 1646.7h。年太阳总辐射量由南向北递增，为 100～160kcal/cm²，等值线分布与年日照时数分布一致。河西走廊及中部偏北地区在 130kcal/cm² 以上，其中敦煌 151.83kcal/cm² 为最高；兰州及中部偏南地区和陇东地区年辐射量为 120～138kcal/cm²；甘南及陇南地区年辐射量在 120kcal/cm² 以下，其中武都 100kcal/cm² 为最小。

西藏太阳辐射量为 106～191.12kcal/cm²，由南向北递增。林芝为 124.62kcal/cm²，拉萨则高达 174.27kcal/cm²。日照时数 1563.3～3395.7h，林芝为 2022.20h，而拉萨为

2995.70h。

　　青海太阳辐射量为 140～180kcal/cm²，光照资源充足，仅次于西藏，为全国第二。其中冷湖最高，为 180kcal/cm²，久治最低，为 140kcal/cm²。年日照时数由东南部久治的 2314.5h 递增至西北冷湖的 3550.5h。

　　新疆太阳辐射量为 119.45～152.90kcal/cm²，居全国前列。由东南向西北递减。新疆东南部在 152.90kcal/cm² 以上，西北部在 138.56kcal/cm² 以下。南疆基本上都在 138kcal/cm² 以上，其中哈密地区近 152.90kcal/cm²，是全疆辐射量最多的地区。北疆地区为 124.23～133.78kcal/cm²。全疆年日照时数均有自东向西减少的趋势，日照时数为 2500～3500h，阿克苏为 2808.80h，拜城、乌鲁木齐、塔城、阿勒泰等地分别为 2789.7h、2570.60h、2915.10h、2998.50h（表 1-1-1）。

表 1-1-1　部分地区太阳辐射量

地点	太阳辐射量（kcal/cm²）	年日照时数（h）	地点	太阳辐射量（kcal/cm²）	年日照时数（h）
漠河	107.67	2464.40	敦煌	151.83	3285.60
黑河	109.78	2654.30	酒泉	145.64	3048.30
佳木斯	109.20	2415.70	民勤	148.43	3137.90
哈尔滨	113.03	2413.50	兰州	121.53	2373.50
长春	117.95	2581.20	榆中	130.30	2546.90
延吉	113.39	2288.00	天水	121.06	1877.10
朝阳	123.10	2673.80	格尔木	164.21	3083.50
沈阳	116.18	2391.90	西宁	136.25	2572.00
大连	120.28	2671.10	拉萨	174.27	2995.70
绥中	135.70	2648.40	昌都	141.25	2413.20
丹东	131.80	2402.30	林芝	124.62	2022.20
北京	116.85	2478.00	阿勒泰	131.56	2998.50
天津	116.25	2375.80	塔城	135.62	2915.10
济南	113.64	2492.90	奇台	122.74	2870.90
大同	128.99	2629.30	伊宁	129.67	2886.70
太原	116.91	2408.40	乌鲁木齐	121.29	2570.60
延安	118.46	2507.90	焉耆	134.80	2972.60
靖边	133.87	2708.00	吐鲁番	129.32	2867.80
海拉尔	117.29	2558.60	阿克苏	130.74	2808.80
临河	155.00	3086.90	喀什	132.97	2779.90
额济纳旗	155.19	3369.30	若羌	143.54	3027.00
通辽	123.63	3011.30	和田	138.95	2663.20
银川	138.23	2799.20	哈密	145.46	3318.20
固原	133.15	2587.90			

（二）热量不足、冬季寒冷

　　在农业生产上，以日均气温≥0℃的日期表示积雪融化、土壤解冻，春小麦等春播作物播种或农作物返青恢复生长的开始。许多农作物生育机能在≥10℃以上才能活跃，因此≥10℃的活动积温是喜温作物需要的热量指标。

北方地区≥0℃积温和≥10℃积温分布基本一致，除西藏、青海地区外，随着纬度的增加，由南向北递减（表1-1-2）。≥10℃的活动积温一般为1600～5000℃，其中甘肃天水、河北邯郸、北京等地在4000℃以上，农作物一年二熟；而甘肃敦煌等地≥10℃的活动积温一般为3000～3700℃，农作物一年一熟；甘肃中部、山西中部等地≥10℃的活动积温一般在2000～3000℃，农作物一年一熟，以春小麦、马铃薯、燕麦、豌豆、胡麻等作物为主。冬季负积温–1612.42～–104.3℃，最低可达–3487.99℃；冬季极端低温为–46～–15℃，农作物越冬条件差。各地热量情况如下。

吉林省≥0℃积温为2700～3600℃，≥10℃积温为2100～3200℃。其中四平、双辽及集安岭南≥0℃积温为3000～3200℃，德惠、长春和白城等地为2800～3000℃，汪清及长白山两麓为2000～3000℃。农作物一年一熟。冬季负积温一般为–1600～–700℃，白城最低达–1559.07℃，吉林城郊最高为–738.73℃，长春为–1382.02℃，延吉为–1165.66℃，大部分地区极端低温在–25℃以下，其中最低达–42.5℃（吉林市）。但吉林省冬季降雪量较大，有利于冬小麦、冬油菜越冬。

辽宁各地热量变化较大，分布趋势为南高，东、西、北低。辽南和沿海地区≥0℃积温在3900℃以上，≥10℃积温在3500℃以上，有发展一年两茬的潜力；辽东山区和辽北≥0℃积温不足3700℃，≥10℃积温不足3200℃，农作物一年一熟，以春小麦、马铃薯、玉米、向日葵、大豆等作物为主；其余地区≥0℃积温在3700～3900℃，热量条件一茬有余，两茬不足，可发展二年三熟。冬季≤0℃负积温在–1000～–300℃，其中大连–307.10℃左右，沈阳–1006.19℃。极端低温以新民最低，为–44.9℃，大连为–18.8℃。

北京≥0℃积温一般在3822℃以上，≥10℃的积温一般高于3385℃。顺义以南≥0℃的积温在4536℃以上，怀柔高达4634℃；顺义≥10℃的积温在4115℃以上，怀柔为4231℃，热量满足一年二熟。而密云等地≥0℃的积温一般3800～4500℃，≥10℃的积温3300～4125℃，一年一熟，以春小麦、玉米等作物为主。北京顺义和密云极端低温分别为–17.0℃、–23.3℃，冬季≤0℃负积温分别达到–207.79℃、–419.77℃。

天津≥0℃积温平均为4500～4700℃。≥10℃积温平均为4000～4300℃，其中宝坻、宁河不足4100℃，市区可达4300℃以上。全市冬季极端低温以宝坻最低，为–27.4℃，市区为–14.2℃。冬季≤0℃负积温–245.05℃左右。

河北各地热量因纬度、海拔、地形而差异较大，≥0℃的积温平均为2100～5200℃，≥10℃的积温平均为1600～4650℃。长城以北山地和盆地≥0℃的积温为2800～4200℃，≥10℃积温为2200～3700℃，极端低温为–28℃，农作物一年一熟，以玉米、谷子为主，其中坝上及坝缘山区热量最低，≥0℃积温为2100℃～2800℃，≥10℃积温为1600～2200℃，极端低温低于–28℃，农作物一年一熟，以莜麦、马铃薯和胡麻等为主；冀中、冀东及部分燕山、太行山丘陵地区≥0℃积温为4200～4800℃，≥10℃积温为3700～4300℃，极端低温为–21℃，农作物二年三熟，主要作物有冬小麦、玉米、水稻和棉花等；保定、河间和沧州等地热量条件最好，≥0℃积温可达4800～5200℃，≥10℃积温4300～4650℃，极端低温为–17℃，农作物一年二熟。全省各地区负积温差异较大，张北最低达–1431.24℃。承德、保定、石家庄、沧州冬季≤0℃负积温分别为–802.04℃、–204.50℃、–125.15℃、–171.80℃。

表 1-1-2　我国北方主要地区热量状况（单位：℃）

站名	年均气温	最冷月均温	极端低温	≤0℃积温	≥0℃积温	≥10℃积温	站名	年均气温	最冷月均温	极端低温	≤0℃积温	≥0℃积温	≥10℃积温
漠河	-3.90	-28.20	-47.50	-3487.99	2144.66	1769.74	赤峰	7.82	-18.00	-27.80	-967.33	3821.25	3483.41
黑河	0.93	-22.00	-40.50	-2446.55	2913.85	2589.29	惠农	9.29	-7.80	-27.60	-584.62	4218.64	3844.64
北安	1.19	-23.00	-40.90	-2477.49	2990.76	2666.66	银川	9.53	-7.70	-26.10	-517.79	4304.84	3925.70
克山	2.27	-21.40	-42.40	-2254.23	3474.83	3168.33	中卫	9.21	-1.80	-29.10	-513.70	4121.82	3726.00
齐齐哈尔	4.38	-18.10	-36.70	-1853.59	3462.91	3173.47	中宁	9.91	-7.20	-26.90	-440.90	4326.76	3927.26
佳木斯	4.02	-18.00	-35.90	-1833.76	3300.98	2971.27	盐池	8.57	-6.40	-29.40	-692.58	3801.98	3395.05
哈尔滨	4.86	-17.60	-37.70	-1633.94	3582.24	3282.85	海源	7.73	-1.00	-25.80	-527.59	3511.42	3014.33
牡丹江	4.78	-0.60	-35.30	-1574.12	3394.82	3061.44	同心	9.51	-6.20	-28.30	-511.73	4089.86	3673.48
绥芬河	3.17	-16.70	-33.40	-1622.18	3145.23	2763.28	固原	6.92	-6.60	-30.90	-536.00	3399.87	2931.45
白城	5.45	-16.10	-38.10	-1559.07	3618.26	3317.63	西吉	5.83	-4.70	-32.00	-677.78	3357.51	2884.18
长春	6.13	-13.00	-33.70	-1382.02	3682.21	3377.10	敦煌	9.92	-7.90	-30.50	-587.75	4458.44	4073.37
吉林	5.35	-14.70	-42.50	-738.73	3528.30	3195.40	安西	9.20	-9.20	-26.20	-713.86	4285.27	3921.01
蛟河	4.27	-16.70	-41.80	-1696.70	3226.97	2875.38	玉门镇	7.50	-9.60	-35.10	-816.02	3703.59	3321.72
延吉	5.69	-10.70	-31.40	-1165.66	3307.88	2925.57	金塔	8.75	-8.90	-29.60	-708.00	4137.00	3769.77
阜新	8.32	-10.40	-30.90	-965.74	3946.94	3625.11	酒泉	7.79	-8.90	-29.80	-746.83	3754.52	3363.83
朝阳	9.52	-13.20	-34.40	-750.20	4216.93	3886.04	高台	8.09	-8.90	-30.60	-706.41	3889.27	3521.52
锦州	9.92	-9.20	-24.80	-570.36	4324.67	3990.53	张掖	7.78	-9.10	-28.20	-729.55	3842.63	3470.27
沈阳	8.53	-7.60	-32.90	-1006.30	4004.45	3671.81	山丹	7.02	-8.90	-29.80	-736.13	3471.74	3069.27
绥中	9.95	-9.30	-26.40	-535.30	4177.70	3815.05	永昌	5.42	-9.30	-28.30	-804.87	3029.29	2594.00
营口	9.82	-7.40	-28.40	-637.40	4593.42	4251.08	武威	8.53	-7.20	-32.00	-520.45	4019.68	3600.96
丹东	9.20	-8.30	-25.80	-560.36	3941.04	3565.99	民勤	8.83	-8.10	-29.50	-643.86	4067.38	3679.83
庄河	9.29	-3.20	-28.10	-564.13	3967.43	3591.15	景泰	9.06	-6.10	-24.50	-468.98	3988.42	3556.15
大连	11.26	-2.70	-18.80	-307.10	4422.87	3971.94	皋兰	7.38	-8.50	-27.70	-659.98	3551.16	3119.82

续表

站名	年均气温	最冷月均温	极端低温	≤0℃积温	≥0℃积温	≥10℃积温
张北	3.62	-14.60	-34.30	-1431.24	2905.03	2525.76
蔚县	7.63	-17.20	-30.10	-815.59	3861.78	3480.59
石家庄	13.87	-7.00	-17.40	-125.15	5378.76	4986.31
邢台	14.33	-3.20	-14.80	-101.68	5464.21	5077.34
张家口	9.21	-11.20	-24.90	-694.30	4053.69	3679.71
承德	8.93	-5.90	-27.00	-802.04	3901.11	3531.75
保定	13.29	-3.40	-16.80	-204.50	5399.61	5012.40
沧州	13.28	-7.30	-17.90	-171.80	5120.60	4671.75
密云	11.26	-8.10	-23.30	-419.77	4589.11	4236.82
北京	13.17	-7.30	-17.00	-207.79	5394.79	5005.61
天津	12.90	-3.00	-18.10	-245.05	4994.92	4619.45
东营	13.48	-3.20	-16.40	-136.88	5252.65	4801.08
济南	14.88	-2.70	-14.50	-125.95	5489.01	5067.57
青岛	12.96	-3.60	-11.70	-95.95	4896.59	4375.86
右玉	4.23	-14.30	-37.30	-1281.57	3006.45	2619.33
大同	7.33	-10.50	-28.10	-890.73	3678.02	3305.21
河曲	8.19	-10.80	-32.80	-788.38	3970.87	3598.60
五台山	2.12	-12.10	-32.30	-1355.18	2071.51	1517.11
五寨	5.38	-8.70	-35.40	-1034.82	3156.04	2762.02
兴县	9.14	-12.20	-26.70	-601.32	4111.01	3727.25
原平	9.55	-8.20	-25.20	-482.71	4163.31	3763.51
离石	9.54	-6.90	-26.00	-452.67	4194.84	3778.92
太原	10.42	-7.00	-23.30	-335.10	4401.60	3980.75

站名	年均气温	最冷月均温	极端低温	≤0℃积温	≥0℃积温	≥10℃积温
兰州	10.38	-4.50	-19.30	-307.45	2866.63	3844.90
靖远	9.43	-6.50	-24.30	-467.80	4097.56	3681.08
榆中	6.96	-7.50	-25.80	-582.71	3296.90	2838.91
临夏	7.29	-6.30	-24.70	-453.04	3307.56	2820.51
临洮	7.47	-6.60	-27.90	-457.92	3304.48	2800.48
会宁	6.53	-6.40	-24.10	-527.50	3531.20	3089.40
华家岭	3.92	-8.10	-25.50	-785.08	2347.83	1738.53
环县	9.22	-7.40	-25.10	-430.50	3974.18	3535.34
平凉	9.28	-8.50	-22.70	-298.67	3936.87	3449.66
西峰镇	9.20	-4.20	-21.40	-299.19	3995.14	3518.33
岷县	6.10	-6.00	-24.10	-432.98	2834.20	2226.66
天水	11.44	-1.50	-17.40	-151.00	4496.95	3961.85
麦积	11.29	-1.70	-17.60	-146.92	4387.17	3916.99
格尔木	5.76	-8.40	-26.50	-619.90	3350.14	2897.01
西宁	6.13	-7.30	-23.80	-659.86	2840.33	2330.36
民和	8.30	-5.80	-21.00	-422.49	3699.73	3232.23
贵南	2.55	-10.70	-28.90	-1016.22	2065.04	1419.95
日喀则	6.83	-2.90	-20.10	-212.79	2913.12	2270.56
拉萨	8.51	-0.70	-16.50	-51.69	3508.95	2755.87
江孜	5.26	-3.90	-23.90	-266.35	2379.00	1674.83
昌都	7.83	-1.60	-20.70	-104.30	3149.85	2429.56
林芝	9.09	1.00	-13.70	-18.31	3540.31	2677.28
福海	4.66	-18.60	-41.00	-1759.46	3698.36	3376.34

续表

站名	年均气温	最冷月均温	极端低温	≤0℃积温	≥0℃积温	≥10℃积温
阳泉	11.50	-5.00	-17.50	-240.44	4578.14	4132.94
长治	9.89	-5.00	-22.20	-370.24	4057.24	3637.27
运城	14.23	-4.20	-14.90	-116.95	5362.81	4947.39
榆林	8.78	-7.30	-29.70	-617.36	4023.23	3625.70
定边	8.77	-7.90	-29.10	-566.96	3991.23	3570.65
靖边	8.77	-7.30	-27.30	-528.86	3888.22	3470.28
横山	9.18	-7.00	-27.70	-618.62	4048.13	3652.17
绥德	10.09	-7.90	-24.10	-510.87	4244.36	3844.90
延安	10.36	-5.90	-23.00	-328.55	4299.44	3868.62
海拉尔	-0.40	-24.80	-42.90	-2923.09	2726.58	2401.03
扎兰屯	3.65	-16.50	-34.50	-1757.62	3136.87	2823.33
额济纳旗	9.39	-10.60	-32.60	-878.29	4531.87	4207.29
阿拉善右旗	9.16	-7.90	-28.20	-646.99	4147.43	3768.56
杭锦后旗	7.91	-10.30	-28.40	-800.00	3838.57	3459.43
包头	7.73	-10.60	-27.90	-866.37	4840.49	4485.99
呼和浩特	7.33	-11.00	-26.60	-880.83	4097.39	3741.82
集宁	4.70	-12.70	-28.90	-1220.88	3070.98	2700.86
临河	8.71	-9.30	-27.20	-792.75	4047.51	3680.52
阿拉善左旗	8.69	-11.00	-25.20	-640.91	3973.28	3577.33
林西	5.17	-16.10	-31.30	-1359.32	3351.73	3023.94
通辽	7.11	-13.50	-33.90	-1174.18	3873.45	3565.71

站名	年均气温	最冷月均温	极端低温	≤0℃积温	≥0℃积温	≥10℃积温
阿勒泰	4.75	-15.30	-41.70	-1612.42	3421.72	3079.77
塔城	7.65	-9.70	-33.30	-885.04	3949.14	3599.82
石河子	7.83	-15.20	-36.50	-1220.76	4358.02	4032.30
奇台	5.43	-17.00	-39.60	-1623.91	3711.33	3401.03
伊宁	9.51	-7.80	-33.80	-576.00	4301.99	3923.67
昭苏	3.68	-10.70	-31.60	-1029.89	2631.59	2131.79
乌鲁木齐	7.34	-12.10	-30.00	-1092.00	4370.35	4063.13
焉耆	8.89	-10.90	-26.80	-772.01	4176.14	3806.46
吐鲁番	15.13	-6.60	-21.10	-415.40	6206.76	5897.96
阿克苏	10.83	-7.20	-23.20	-455.16	4729.87	4399.42
拜城	8.19	-11.50	-28.80	-874.71	3977.56	3624.37
库尔勒	12.03	-6.60	-24.40	-452.24	5105.28	4751.97
喀什	12.28	-4.80	-22.30	-310.28	5119.26	4770.14
若羌	12.03	-7.20	-21.50	-507.79	5019.42	4668.41
莎车	12.01	-5.20	-24.10	-358.30	4934.38	4588.60
塔什库尔干	3.73	-12.50	-37.20	-1065.83	2570.99	1980.35
和田	13.03	-3.90	-21.00	-253.73	5383.38	5030.63
民丰	12.03	-5.30	-25.80	-344.79	5011.49	4651.02
且末	10.90	-7.40	-27.30	-538.57	4671.56	4312.95
哈密	10.25	-9.80	-28.90	-756.38	4646.62	4306.18

山东≥0℃积温为4262.1～5282℃，≥10℃积温为3741.6～4760.2℃。以鲁西南为最高，胶东半岛较低，胶莱河以西可种植棉花，以东可种植花生。冬季≤0℃负积温-170～-100℃，极端低温-15℃左右。

山西≥0℃积温为2500～5100℃，≥10℃积温一般为2000～4600℃。其中运城等地≥0℃积温为5362.81℃，≥10℃积温4947.39℃，种植制度为一年二熟/二年三熟。北部的大同等地冬季寒冷，极端低温低。≥0℃积温为3678.02℃，≥10℃积温3305.21℃，≤0℃的冬季负积温为-800℃左右，冬季极端低温达-39.8℃。农作物不能越冬，农作物一年一熟，以春小麦、马铃薯、玉米、向日葵、燕麦、豌豆、胡麻等作物为主。

内蒙古冬季寒冷漫长，极端低温低，但积温的有效性比较高。≥10℃积温为2100～3200℃，其中临河为3680.52℃，海拉尔等地为2300～2500℃；≥0℃积温为2500～3600℃，其中临河4047.51℃，海拉尔为2726.58℃左右。≤0℃冬季负积温-2900～-600℃，其中临河为-792.75℃，海拉尔达-2923.09℃；极端低温平均为-42.90℃，其中临河为-27.20℃，海拉尔为-43.68℃。农作物不能越冬，种植业为一年一熟。以春小麦、马铃薯、玉米、向日葵、燕麦、豌豆、春油菜、胡麻等作物为主。

陕北地区冬季寒冷，南北热量差异较大，≥0℃积温为3500～4100℃，≥10℃积温为2880～4000℃。其中延安等地≥0℃和≥10℃的积温分别为4299.44℃、3868.62℃，冬季≤0℃负积温在-423～-200℃，极端低温在-28.00～-23.00℃，农作物一年一熟；榆林、神木等地≥0℃积温为4023.23℃，≥10℃的积温为3625.70℃，冬季≤0℃负积温-617.36℃，极端低温-29.70℃左右，农作物一年一熟，以春小麦、马铃薯、玉米、豌豆、胡麻等作物为主。

宁夏地区≥10℃的活动积温由南向北递增。其中中北部地区3000～3300℃，固原2931.45℃，中宁最高为3927.26℃，泾源县最低为1964.5℃。冬季极端低温为-30～-25℃，冬季≤0℃负积温-600～-400℃。农作物一年一熟，以春小麦、玉米、马铃薯、水稻、胡麻等作物为主。

甘肃≥0℃和≥10℃积温分布趋势较复杂，尤其河西走廊变化更大，除敦煌和瓜州两种积温均大于其它地区外，从玉门向东到高台逐渐增大，由高台向东到山丹逐渐减小，由山丹向东到武威逐渐增大；中部地区自南向北递增；陇南和陇东地区由东南向西北递减；而甘南等地自西南向东北递增。≥0℃积温，河西走廊地区，敦煌最大，为4458.44℃，山丹最小，为3471.74℃，其他地区在3500～3700℃；中部地区为3100～3900℃；陇东地区为3300～3500℃；陇南可达4000～5500℃；岷县和合作仅为2834.20℃和1704℃；≥10℃积温，河西走廊地区敦煌、河州等地分别为4073.37℃、3921.01℃，玉门以东为3000℃；陇南地区武都为4763℃，天水为3961.85℃；甘南合作仅为858℃；其余地区为2400～3000℃。本省冬季≤0℃负积温为-800～-200℃，极端低温以瓜州最低，达到-35℃，其他地区均在-30～-14℃之间。

青海地高天寒，热量条件普遍差，但各地区热量仍然存在较大差异。热量由东向西递减，≥0℃的活动积温，黄河沿岸和湟水河谷为1601.7～3510.0℃；柴达木盆地为1810.2～2821.4℃；玉树、班玛县为1665.8～1984.0℃。≥10℃积温1400～3000℃，冬季极端低温为-30～-20℃，冬季≤0℃负积温-1000～-400℃。农作物一年一熟，以春油菜、马铃薯、青稞等为主。

西藏大部分地区冬季寒冷、极端低温低，热量不足是农业生产的主要障碍。热量由南向北、由东向西递减。藏东南热带、亚热带地区全年日均气温高于 10℃。≥0℃积温，雅鲁藏布江下游达 4000～7000℃，三江流域和雅鲁藏布江中游为 1800～3200℃，羌塘高原、阿里高原和喜马拉雅山脉中东部地区仅 500～1500℃；≥10℃积温，藏东南热带、亚热带地区和南部在 4500℃以上；三江流域和雅鲁藏布江中游为 1600～2300℃；羌塘高原、阿里高原和喜马拉雅山脉中东部地区小于 1300℃；林芝等地为 2677.28℃；≤0℃冬季负积温 –790.7～–300℃，冬季极端低温达–27℃左右。其中拉萨和林芝冬季负积温分别为–51.69℃、–18.31℃，极端低温分别为–16.50℃、–13.70℃。春季气温变化大，昼夜温差高达 14～16℃，农作物极难越冬，农作物一年一熟，以青稞、马铃薯、春油菜等为主。

新疆冬季寒冷、夏季酷热。积温由南向北递减。≥0℃积温，南疆塔里木盆地与哈密盆地高于 4500℃，吐鲁番盆地达 5500℃，北疆伊犁河谷西部和准噶尔盆地西南部为 4000℃，由准噶尔盆地腹部向四周积温逐渐减少，北部阿尔泰山山前平原和西部塔城盆地为 3000～2500℃，山区积温迅速减少，天山高山区小于 1000℃。≥10℃积温，吐鲁番盆地 4500～5399℃，南疆塔里木盆地多在 4000℃以上，其中阿克苏以南的莎车、喀什分别为 4588.60℃、4770.14℃左右，北疆准噶尔盆地西南部和伊犁河谷西部为 3000～3500℃，其中北部阿勒泰和西部塔城盆地及伊犁河谷东部为 2500～3000℃，拜城及以北的乌鲁木齐等地一般为 2500～3200℃。≤0℃冬季负积温为–1398.24（青河）～–253.73（和田）℃，冬季极端低温–49.1（巴音布鲁克）～–22.30（喀什）℃。但一般年份拜城以北冬季有积雪覆盖，对农作物越冬十分有利。

（三）降水少，蒸发量大

本区域大部分地区远离海洋，降水不足。降水量由南向北、由东向西递减（图 1-1-4），如南部的天水、枣庄、邯郸、运城、延安降水量为 500～800mm，东部的北京等地降水量 400～600mm，西北的敦煌、阿克苏等地降水量 40～100mm。降水季节分配不均、年际间变化大。农作物需水的关键时期少雨甚至无有效降雨。年蒸发量 1000～3500mm，蒸发量最小的地区是黑龙江漠河，为 15.00mm，而内蒙古的阿拉善右旗高达 3429.90mm（表 1-1-3）。各地降水情况如下。

吉林年平均降水量一般为 400～600mm，但季节和区域差异较大，80%的降雨集中在夏秋季，以东部降水量最为丰沛。白城降水量 372.40mm，延吉、吉林、蛟河等地分别为 531.30mm、644.80mm、691.20mm。各地年降水变率 10%～20%，中西部平原和延边大部分地区在 15%以上，其中白城、珲春年降水变率分别为 24.41%和 21%，是吉林省年降水变率最大的地区；通化、靖宇的降水变率也较大，分别为 17%和 15%。其它地区降水变率一般在 15%以下，公主岭最小，仅 9%。大多数地区年蒸发量在 1200mm 以上，蛟河最小为 1213.60mm，白城高达 1868.70mm。

辽宁是东北地区降水量最多的省份，年降水量一般 600～1100mm。东部山地丘陵区年降水量在 1100mm 以上；西部山地丘陵区年降水量在 400mm 左右，是全省降水最少的地区；中部平原降水量年平均在 600mm 左右。例如，丹东多年降水量为 961.60mm，绥中 617.4mm，朝阳 468.1mm。辽宁各地平均降水变率多在 20%以下，降雨量较我国西北、华北地区丰富而且稳定、可靠。丹东降水变率 18.97%，绥中 23.12%，朝阳 24.00%。年蒸发量 1500～2000mm，以丹东的 1343.6mm 为最小，朝阳 1967.00mm 为最大。

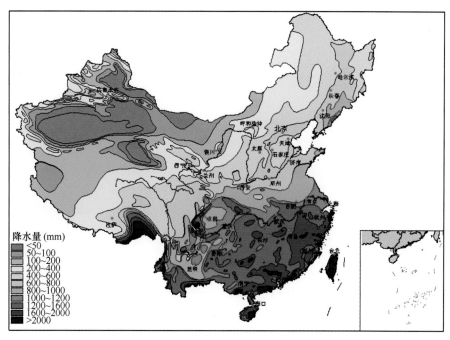

图 1-1-4 全国年降水量分布
（引自中国水利水电科学研究院水资源所网站）

表 1-1-3 我国北方主要地区降水量（单位：mm）

站名	年降水量	生育期降水量	8～12月降水量	1～5月降水量	降水变率(%)	年蒸发量	站名	年降水量	生育期降水量	8～12月降水量	1～5月降水量	降水变率(%)	年蒸发量
漠河	445.80	277.70	204.20	73.50	15.00	915.00	赤峰	370.00	192.70	127.20	65.50	21.47	2028.50
黑河	531.80	309.30	220.30	89.00	17.38	1140.10	惠农	170.20	97.50	67.90	29.60	24.44	2193.20
北安	526.80	285.50	204.00	81.50	19.38	1104.20	银川	182.90	122.60	80.10	42.50	21.19	1628.30
克山	514.90	274.20	199.40	74.80	19.50	1227.40	中卫	176.50	115.20	79.80	35.40	26.63	1823.80
齐齐哈尔	443.00	230.00	164.70	65.30	19.78	1491.50	中宁	192.30	124.10	86.10	38.00	24.69	1898.30
佳木斯	542.50	341.90	241.30	100.60	17.97	1266.70	盐池	282.30	183.60	124.90	58.70	19.28	1980.60
哈尔滨	538.00	301.00	219.80	81.20	15.53	1564.70	海源	359.00	239.80	166.70	73.10	18.03	1801.60
牡丹江	561.20	336.60	226.60	110.00	13.44	1114.60	同心	259.80	169.60	115.50	54.10	21.75	2223.50
绥芬河	575.00	352.50	224.50	128.00	15.31	1098.60	固原	425.50	283.60	199.00	84.60	16.06	1471.10
白城	372.40	176.50	127.40	49.10	24.41	1868.70	西吉	391.00	256.50	176.40	80.10	14.41	1323.10
长春	577.10	313.80	217.50	96.30	17.69	1579.40	敦煌	39.80	22.50	11.10	11.40	33.63	2591.60
吉林	644.80	374.20	259.50	114.70	17.71	1409.50	安西	49.20	30.30	17.70	12.60	23.53	2487.50
蛟河	691.20	403.10	273.00	130.10	16.66	1213.60	玉门镇	66.50	45.70	25.40	20.30	27.00	2563.90
延吉	531.30	319.70	210.00	109.70	17.97	1305.10	金塔	65.40	41.50	26.60	14.90	26.25	2490.10
阜新	476.60	269.10	190.20	78.90	21.67	1604.40	酒泉	88.40	55.60	35.00	20.60	25.69	2002.00
朝阳	468.10	246.30	167.00	79.30	24.00	1967.00	高台	112.30	73.90	47.80	26.10	19.59	1741.10
锦州	568.60	326.00	234.00	92.00	24.25	1754.40	张掖	132.60	83.10	56.10	27.00	20.59	1986.50

站名	年降水量	生育期降水量	8～12月降水量	1～5月降水量	降水变率(%)	年蒸发量	站名	年降水量	生育期降水量	8～12月降水量	1～5月降水量	降水变率(%)	年蒸发量
沈阳	698.50	430.30	300.20	130.10	16.22	1596.10	山丹	202.70	125.00	85.80	39.20	19.13	2358.40
绥中	617.40	367.40	267.30	100.10	23.12	1764.00	永昌	211.80	130.30	89.80	40.50	15.25	2016.70
营口	640.10	397.60	282.20	115.40	20.78	1654.40	武威	171.10	112.70	75.30	37.40	20.13	1915.10
丹东	961.60	587.60	412.70	174.90	18.97	1343.60	民勤	113.20	73.50	50.60	22.90	20.03	2662.70
庄河	736.10	447.70	316.40	131.30	18.34	1456.70	景泰	179.70	116.00	80.40	35.60	24.13	2251.30
大连	579.70	373.10	266.10	107.00	24.94	1591.10	皋兰	245.80	154.10	98.90	55.20	19.80	1640.10
张北	383.90	218.90	155.90	63.00	15.03	1776.90	兰州	293.90	194.80	129.10	65.70	11.32	1504.80
蔚县	400.10	233.10	158.70	74.40	14.50	1610.10	靖远	223.90	150.00	99.40	50.60	19.47	1653.80
石家庄	516.40	328.90	244.50	84.40	23.59	1552.10	榆中	372.40	247.30	160.50	86.80	14.50	1377.20
邢台	496.40	301.90	216.00	85.90	20.91	1879.7	临夏	501.30	336.10	215.40	120.70	12.22	1299.30
张家口	388.80	229.10	160.40	68.70	17.63	1903.20	临洮	493.90	331.00	209.60	121.40	13.28	1318.30
承德	503.50	278.60	192.90	85.70	15.41	1549.30	会宁	401.70	270.20	169.80	100.40	16.83	1502.50
保定	496.10	273.30	201.90	71.40	28.56	1586.10	华家岭	451.10	295.90	188.40	107.50	14.94	1286.20
沧州	536.70	280.40	204.60	75.80	20.35	1270.9	环县	409.50	268.00	184.70	83.30	22.88	1702.40
密云	628.00	356.20	276.90	79.30	18.58	1596.00	平凉	480.60	308.80	212.60	96.20	18.97	1443.20
北京	448.90	265.20	180.60	84.60	22.88	1877.80	西峰镇	527.60	349.90	235.50	114.40	16.97	1466.80
天津	511.40	282.00	208.50	73.50	18.38	1639.10	岷县	556.30	369.90	231.20	138.70	14.03	1229.10
东营	527.50	318.20	216.20	102.00	21.56	1856.90	天水	500.70	342.70	223.50	119.20	22.88	1462.40
济南	756.10	467.70	316.70	151.00	20.88	2017.90	麦积	503.20	343.80	229.40	114.40	12.80	1297.20
青岛	664.10	441.10	303.90	137.20	23.56	1328.30	格尔木	45.10	23.90	14.90	9.00	27.12	2367.90
右玉	407.00	257.50	181.80	75.70	15.34	1685.50	西宁	398.80	253.80	168.10	85.70	14.59	1442.60
大同	369.50	223.20	158.20	65.00	16.56	2060.60	民和	338.20	232.10	151.00	81.10	14.34	1572.40
河曲	382.20	234.40	168.10	66.30	21.28	1753.90	贵南	417.70	248.30	157.50	90.80	18.60	1369.70
五台山	614.90	377.10	258.90	118.20	16.97	—	日喀则	430.40	228.00	204.50	23.50	22.63	2100.40
五寨	460.40	290.90	208.40	82.50	15.69	1763.60	拉萨	439.00	244.20	202.50	41.70	20.91	2384.70
兴县	464.70	297.00	211.90	85.10	16.03	2072.50	江孜	276.90	152.00	129.40	22.60	16.75	2387.50
原平	412.10	256.70	191.30	65.40	18.78	1848.40	昌都	489.30	296.30	216.30	80.00	18.69	1624.90
离石	463.40	309.30	227.90	81.40	17.88	1946.60	林芝	692.60	429.50	282.30	147.20	13.91	1794.60
太原	423.30	275.10	196.50	78.60	17.72	1678.90	福海	131.20	95.00	57.50	37.50	23.22	1736.30
阳泉	516.00	323.50	226.30	97.20	18.96	1881.60	阿勒泰	212.60	168.60	98.30	70.30	26.31	1597.80
长治	547.00	350.00	238.60	111.40	14.26	1797.90	塔城	290.80	235.20	120.60	114.60	21.06	1744.90
运城	518.40	359.80	246.60	113.20	19.53	1989.60	石河子	226.90	179.50	86.10	93.40	21.11	1483.80
榆林	383.60	259.80	187.30	72.50	19.38	1932.70	奇台	200.90	142.60	79.00	63.60	21.66	1810.50
定边	324.50	215.60	149.50	66.10	19.58	2275.10	伊宁	298.90	239.90	114.90	125.00	24.97	1556.80
靖边	384.70	254.30	176.20	78.10	13.50	1957.90	昭苏	507.00	324.50	164.70	159.80	16.88	1209.80

续表

站名	年降水量	生育期降水量	8~12月降水量	1~5月降水量	降水变率(%)	年蒸发量	站名	年降水量	生育期降水量	8~12月降水量	1~5月降水量	降水变率(%)	年蒸发量
横山	355.90	228.50	158.30	70.20	18.09	2066.40	乌鲁木齐	298.60	228.60	111.40	117.20	19.03	2015.00
绥德	410.60	267.70	196.90	70.80	16.25	2149.50	焉耆	84.30	49.40	28.10	21.30	33.97	1896.10
延安	514.50	338.70	243.40	95.30	16.94	1638.90	吐鲁番	15.40	10.20	6.40	3.80	48.18	2533.70
海拉尔	352.10	202.40	151.20	51.20	19.88	1148.50	阿克苏	80.40	51.50	29.10	22.40	34.97	1948.00
扎兰屯	501.20	251.90	183.90	68.00	19.28	1402.10	拜城	136.60	92.80	52.70	40.10	33.25	1335.00
额济纳旗	32.80	20.90	16.00	4.90	41.00	3233.40	库尔勒	59.20	36.60	21.10	15.50	36.63	2669.80
阿拉善右旗	118.80	73.50	53.60	19.90	19.03	3429.90	喀什	71.60	53.20	23.20	30.00	46.44	2242.80
杭锦后旗	136.60	85.20	65.60	19.60	21.38	1954.00	若羌	37.20	17.10	10.20	6.90	63.56	2920.50
包头	304.90	200.10	150.00	50.10	22.13	2012.50	塔什库尔干	79.30	45.20	23.20	22.00	35.38	2191.90
呼和浩特	396.50	243.70	179.30	64.40	24.97	1904.40	莎车	61.30	41.00	19.40	21.60	63.91	2235.60
集宁	349.80	202.80	146.60	56.20	20.41	1895.60	和田	43.90	27.90	11.50	16.40	58.22	2746.30
临河	149.00	99.90	76.80	23.10	27.50	2332.50	民丰	44.90	24.10	10.10	14.00	52.06	2941.00
阿拉善左旗	208.10	138.20	91.70	46.50	20.22	2304.20	且末	27.60	13.30	6.10	7.20	46.53	2499.10
林西	369.40	184.60	136.70	47.90	20.56	1995.40	哈密	43.70	28.90	17.70	11.20	39.16	2415.30
通辽	367.70	196.70	139.30	57.40	20.91	1795.60							

　　河北属温带大陆性季风气候，年平均降水量分布不均，年降水变率也很大。一般年平均降水量400~800mm。张北高原偏处内陆，降水不足400mm，年降水变率在15%左右。石家庄、承德、保定和沧州等地年降水量在500mm左右，年降水变率一般在20%以上。各地年蒸发量在1500mm以上，承德最小，为1549.30mm，张家口最大，为1903.2mm。

　　北京是典型的北温带半湿润大陆性季风气候，夏季高温多雨，冬季寒冷干燥。年平均降水量483.9mm，市区降水量448.90mm，降水变率大于20%，蒸发量为1877.80mm。密云等北部山区降水量628.00mm，降水变率为18%左右，蒸发量为1596.00mm。

　　天津年平均降水量在360~970mm。市区降水量511.40mm，降水变率为18.38%，年蒸发量在1600mm左右。

　　山东年降水量为550~950mm，由东南向西北递减。东营、济南和青岛等地降水量分别为527.50mm、756.10mm、664.10mm，年降水变率在20%以上。蒸发量变化较大，青岛年蒸发量为1328.30mm，济南为2017.90mm。降水季节分布不均衡，全年降水量60~70%集中于夏秋季，易形成涝灾，冬、春及晚秋易发生旱象，对农业生产影响较大。

　　山西年降水量在300~600mm，东南多、西北少，山区降水较多，盆地较少。大部分地区为400~500mm，大同、河曲等地在400mm以下。年降水变率以长治的14.26%为最小，河曲最大为21.28%。全省年蒸发量1600~2000mm。

　　陕北地区是陕西年降水量最少的地区，榆林、定边、靖边、横山等地年降水量在400mm以下，绥德为410.60mm，延安较高，为514.50mm。降水变率靖边较低，在15%以下，榆林19.38%。年均蒸发量，延安为1638.90mm，定边达2275.10mm。

　　内蒙古一般年降水量50~480mm，东北降水多，向西部递减。东部的鄂伦春自治旗降水量达 486mm，西部的阿拉善高原年降水量少于 50mm，额济纳旗仅为 32.8mm。蒸发量大部分地区都高于 1200mm，巴彦淖尔在 3200mm 以上。降水变率以阿拉善右旗、海拉尔和扎兰屯等地较低，在 20%以下，而集宁、林西、包头和临河等地一般为 20～27%，额济纳旗高达 41%。

宁夏地区年降水量 300mm 左右，蒸发量却在 1000mm 以上。北部的惠农、银川、中卫、中宁等地年降水量不足 200mm，降水变率 20%以上，蒸发量达到 2193.2mm。盐池、同心等地降水量在 300mm 以下，降水变率 20%左右，而年蒸发量高达 2223.5mm。南部的海源、固原、西吉等地年降水量 400mm 左右，年降水变率在 20%以下，蒸发量 1300～1800mm。

甘肃年降水量少，年份间、地区间变化大。西部地区只有几十毫米，南部地区高达上千毫米。例如，兰州多年平均降水量为 293.90mm，80%保证率只有 264mm，最多的 1978 年达到 546.7mm，最少的 1941 年仅 210.8mm。兰州、临夏、临洮和岷县等地降水变率较低，在 15%以下，会宁、景泰降水变率为 16.83%、24.13%，河西走廊在 20%以上，敦煌则达到 33.63%。甘肃年蒸发量 1300～2800.0mm。农作物主要生长期的春、夏季一般为干旱季节，作物生长期与降水期不同期。河西走廊等灌溉农业区受旱灾影响较小，但陇中、陇东等地经常受旱灾影响，特别是近年来由于气候变暖导致的极端天气的增加，干旱成为常态，春季的抗旱救灾成为甘肃春季农业生产的例行工作。

青海年降水量为 250～550mm，地区间变化较大。西宁、民和、贵南等地年降水量分别为 398.80mm、338.20mm、417.70mm，降水变率在 20%以下，蒸发量 1300～1500mm。格尔木降水量 45.10mm，降水变率为 27.12%，蒸发量高达 2367.90mm。

西藏降水量为 100～2500mm，各地降水量也严重不均。年降水量自东南低地的 5000mm 左右，逐渐向西北递减到 50mm。日喀则、拉萨等地多年平均降水量 430～440mm，江孜 276.9mm，林芝 692.60mm，藏东南和喜马拉雅山南坡达 2500mm，部分地区达到 4495mm。降水变率林芝较低，为 13.91%，拉萨为 20.91%。西藏蒸发量大，拉萨、江孜年均蒸发量分别为 2384.70mm、2387.50mm。

新疆降雨稀少，蒸发量大。全疆一半以上地区年降水量小于 100mm，降水量大于 300mm 的地区仅为全疆的 1/6。北疆降水多于南疆，西部多于东部，由西北向东南减少；山区多于平原，迎风坡多于背风坡。阿勒泰多年平均降水量为 212.60mm（山区 400～600mm），乌鲁木齐为 298.60mm，且末、吐鲁番等地仅为 27.60mm、15.40mm。昭苏、乌鲁木齐降水变率较低，在 20%以下，塔城、奇台、伊宁和阿勒泰等地为 20～30%，东疆的哈密、吐鲁番为 39.16%和 48.18%，莎车则达到 63.91%。全疆年蒸发量 1200～3000mm。

三、土壤

北方的土壤类型因地区而有较大差异。主要土壤类型可概括为棕壤、褐土、黑土、栗钙土、漠土、潮土（包括砂姜黑土）、灌淤土、湿土（草甸、沼泽土）、盐碱土、岩性土和高山土等。各地主要土壤类型如下。

（一）新疆

新疆土壤可划分为 7 个土纲，32 个土类，87 个亚类。不同类型的土壤面积分布百分比为，风沙土 22.7%，棕漠土 14.19%，棕钙土 8.63%，寒冻土 6.1%，石质土 5.02%，灰棕漠土 4.97%，冷钙土 4.94%，栗钙土 4.42%，盐土 3.84%，寒钙土 3.45%，草毡土 3.13%，草甸土 2.59%，黑毡土 1.67%，黑钙土 1.58%，寒漠土 1.43%，林灌草甸土 1.23%，灰漠土 1.12%。

（二）甘肃

甘肃土壤分为 11 个土纲，20 个亚纲，37 个土类，98 个亚类，177 个土属，286 个土种。37 个土类是：黄徐壤、棕坡、暗棕坡、褐土、灰褐土、黑土、黑钙土、栗钙土、黑护土、棕钙土、灰钙土、灰澳土、灰棕淇土、棕淇土、黄绵土、红枯土、新积土、龟裂土、风沙土、石质土、粗骨土、草甸土、山地草甸土、林灌草甸土、潮土、沼泽土、泥炭土、盐土、水稻土、灌淤土、灌漠土、高山草甸土、亚高山草甸土、高山草原土、亚高山草原土、高山漠土、高山寒漠土。

（三）青海

青海土壤主要包括高山寒漠土、高山灌丛草甸土、高山草甸土、高山草原土、高山荒漠化草原土、灰褐土、黑钙土、栗钙土、灰钙土、棕钙土、灰棕漠土等。非地带性土壤有沼泽土、草甸土、盐土和风沙土等，分属 22 个土类、56 个亚类、92 个土属、163 个土种，其中耕种土种有 86 个。主要耕作土壤有黑钙土、栗钙土、灰钙土、灌淤土、棕钙土、潮土等。

（四）西藏

受复杂环境的影响，西藏土壤类型多，按其成土特点、分布规律和主要利用方向，可划分为森林土壤、农业土壤、牧业土壤和难利用土壤四大类型。其中，耕作土壤归属 16 个大类，主要有山地灌丛草原土、潮土和亚高山草原土，分别占全区耕种土壤面积的 33.81%、12.83%、12.38%。

（五）陕北高原

陕西土壤类型多种多样，全省共有 21 个土类，50 个亚类，149 个土属，400 多个土种。主要土类有栗钙土、黑垆土、棕壤、褐土、黄棕壤、黄褐土、风沙土、黄绵土、水稻土、潮土、新积土、沼泽土和盐碱土等。陕北高原为暖温带半湿润气候带过渡到温带半干旱气候带，土壤为栗钙土—黑垆土地带，主要土壤类型有黑垆土、黄绵土、黑壮土，此外，还有风沙土与零星栗钙土。

（六）宁夏

宁夏土壤分为 10 个土纲，17 个土类，37 个亚类及 200 余个土种。其中，水平地带性土壤有黑垆土、灰钙土及灰漠土，自南向北分布；山地土壤主要是灰褐土，在贺兰山与六盘山呈现垂直变化；灌淤土主要是在人为因素作用下形成的熟化程度较高的土壤，分布于宁夏平原引黄灌区。

（七）内蒙古

内蒙古土壤分 30 个土类，按其面积大小依次为栗钙土、风沙土、棕钙土、灰棕漠土、暗棕壤、草甸土、棕色针叶林土、黑钙土、石质土、粮骨上、沼泽土、灰色森林土、灰漠上、栗褐土、潮土、盐土、灰褐土、黑土、灌淤土、棕壤、灰钙土、减土、褐土、林灌草甸土、新积土、漠境盐土、山地草甸土、龟裂土、亚高山草甸土、泥炭土。栗钙土面积最大，为 3.65 亿亩[①]，占全区土壤总面积的 21.32%，其中耕地面积 4461.7 万亩，占全区耕地面积的 40.93%。风沙土面积为第二位，3.09 亿亩，占全区土地总面积的 18.04%，其中耕地面积 227.2 万亩，占全区耕地面积的 0.02%。棕钙土面积为第三位，1.59 亿亩，占全区土地总面积的 9.30%，其中耕地面积 24.5 万亩，占全区耕地总面积的 0.002%。灰棕漠土为第四位，1.40 亿亩，占全区土壤总面积的 8.15%。

（八）山西

山西土壤分为地带性土壤、山地土壤、隐域性土壤三大类型，有亚高山草甸土、棕壤、褐土、灰褐土、栗钙土、草甸土、盐土、沼泽土、水稻土等 9 个土类，28 个亚类，41 个土属。全省耕地划分为犁土、黑棕土、山地砂石土、黑黄土、栗黄土、黑垆土、黄绵土、黄垆土、游黄土、河砂土、河淤土、湿土、盐碱潮土等 13 个土类，23 个亚类，49 个土组。

（九）山东

山东土壤共有 6 个土纲、9 个亚纲、15 个土类、37 个亚类、86 个土属。15 个土类分别为棕壤土、褐土、红黏土、新积土、风沙土、火山灰土、石质土、砂姜黑土、山地草甸土、潮土、盐土、碱土、水稻土、滨海盐土、粗骨土等。

（十）河北

河北土壤类型多样，分布较广、面积较大的主要有 7 个土类，即褐土、潮土、棕壤、栗钙土、灰色森林土、栗褐土、石质土。褐土主要分布在太行山麓的京广铁路两侧，燕山南麓至唐山一线以北，海拔 700~1000m 以下的低山、丘陵及山麓平原、冲积扇上中部地带，是河北分布面积最大的一个土类，约占全省总面积的 34.64%。潮土主要分布在京广铁路以东，津浦铁路以西，唐山以南的平原地区。棕壤主要分布在太行山、燕山的中山和部分低山及冀东滨海丘陵上。栗钙土主要分布在张家口地区的坝上高原和坝下的怀来、阳原、蔚县盆地的部分地区，栗褐土在冀西北坝下地区广泛分布，处于褐土区和栗钙土区的过渡区。灰色森林土主要分布在坝上高原东北部的低山丘至围场一带。石质土主要分布于石质山丘，其他土壤如盐土、黑土、水稻土、沼泽土、亚高山草甸土等也有分布。

（十一）北京

北京土壤共划分为 7 个大类，17 个亚类。7 个大类为山地草甸土、山地棕壤、褐土、

---

① 1 亩≈666.7 平方米。

潮土、沼泽土、水稻土、风砂土。其中山地草甸土占全市土壤面积的 0.038%，山地棕壤占 9.5%，褐土占 64.95%，潮土占 24.7%，沼泽土占 0.1%，水稻土占 0.382%，风砂土占 0.33%。

（十二）天津

天津的土壤在淋溶、淀积、黏化、草甸化、沼泽化、盐渍化、熟化等成土过程中，形成了多种土壤类型，主要有山地棕壤、山地淋溶褐土、褐土、潮土、沼泽土、水稻土、盐土等，分属 6 个土类、17 个亚类、55 个土属、459 个土种。北部中低山丘陵及洪积扇分布地带性土壤褐土和棕壤。非地带性土壤主要受地形和成土年龄的作用，随平原地势由西北向东南倾斜，成土年龄由长至短，土壤分布依次为：潮土—盐化潮土—沼泽土—盐化湿潮土—滨海盐土。

（十三）辽宁

辽宁土壤分 7 个土纲、12 个亚纲、19 个土类、43 个亚类、101 个土属、253 个土种。19 个土类依次为暗棕壤、棕壤、褐土、黑土、新积土、风沙土、红黏土、石质土、粗骨土、火山灰土、草甸土、山地草甸土、潮土、沼泽土、泥炭土、滨海盐土、盐土、碱土和水稻土。

（十四）吉林

吉林土壤分为 19 个土类、47 个土型、91 个土种。主要有火山灰土、山地草甸土、棕色针叶林土、暗棕壤、棕壤、白浆土、黑土、黑钙土、栗钙土、盐土、碱土、草甸土、新积土、沼泽土、泥炭土、风沙土、石质土、粗骨土和水稻土。

四、水系

北方水系主要有淮河、海河、松辽水系与黄河水系。淮河水系以废黄河为界，分淮河与沂沭泗河两大水系，两水系通过京杭大运河、淮沭新河和徐洪河贯通；海河流域包括海河、滦河和徒骇马颊河三水系；松辽水系包括辽河和松花江两大水系；黄河主要支流有白河、黑河、湟水、祖厉河、清水河、大黑河、窟野河、无定河、汾、渭、洛河等。北方大多数地区河流较多，但水系的分布与国土分布"错位"，只能望水止渴。各地水系分布如下。

（一）新疆

新疆河流除额尔齐斯河注入北冰洋外，其余为内陆河。天山等三大山脉的积雪、冰川孕育汇集成 500 多条河流，分布于天山南北的盆地，其中较大的有塔里木河（中国最大的内陆河）、伊犁河、额尔齐斯河、玛纳斯河、乌伦古河、开都河等 20 多条。河流的两岸为绿洲。新疆湖泊众多，总面积达 9700km^2，占全疆总面积的 0.6% 以上，其中著名的十大湖泊为博斯腾湖、艾比湖、布伦托海、阿雅格库里湖、赛里木湖、阿其格库勒湖、鲸鱼湖、吉力湖、阿克萨依湖、艾西曼湖。新疆独具特色的大型冰川共计 1.86 万条，总面积 2.4 万 km^2，占全国冰川面积的 42%，冰储量 2.58 亿 m^3，是新疆的天然"固体水库"。

（二）甘肃

甘肃水资源分属黄河、长江、内陆河 3 个流域、9 个水系。黄河流域有洮河、湟水河、黄河干流（包括大夏河、庄浪河、祖厉河及其他直接入黄河干流的小支流）、渭河、泾河等 5 个水系；长江流域有嘉陵江水系；内陆河流有石羊河、黑河、疏勒河（含苏干湖水系）3 个水系。全省自产地表水资源量 300.7 亿 m³，纯地下水 8.7 亿 m³，自产水资源总量约 294.9 亿 m³，人均 1150m³。其中，1 亿 m³ 以上的河流有 78 条。黄河流域除黄河干流纵贯省境中部外，支流就有 36 条。该流域面积大、水利条件优越，但流域内绝大部分地区为黄土覆盖，植被稀疏，水土流失严重，河流含沙量大。长江水系包括省境东南部嘉陵江上游支流的白龙江和西汉水，水源充足，年内变化稳定，冬季不封冻。内陆河流域（包括石羊河、黑河和疏勒河 3 个水系）有 15 条，年总地表径流量 174.5 亿 m³，流域面积 27 万 km²，河流大部源头出于祁连山，北流和西流注入内陆湖泊或消失于沙漠戈壁之中，具有流程短、上游水量大，水流急，下游河谷浅，水量小，河床多变等特点，但水量较稳定。

（三）青海

全省有 270 多条较大的河流，水资源丰富。境内江河有流量在每秒 0.5m³ 以上的干支流 217 条，总长 1.9 万 km。较大的河流有黄河、通天河（长江上游）、扎曲（澜沧江上游）、湟水、大通河。省内有湖泊 230 多个，总面积约 7136km²，其中咸水湖 50 多个，淡水湖面积在 1km² 以上的有 52 个。中国第一大内陆湖——青海湖，海拔 3200m，是本省重要的渔业基地。

（四）西藏

西藏主要水系为雅鲁藏布江、金沙江、澜沧江、怒江水系。雅鲁藏布江由西向东横贯西藏南部，是西藏最大的河流，又是世界上海拔最高的大河，它发源于西藏南部喜马拉雅山北麓的杰马央宗冰川，按支流流域面积的大小排列，依次为拉萨河、帕隆藏布、多雄藏布、尼洋曲和年楚河。金沙江位于西藏的最东部，是西藏与四川的界河，该河发源于青海境内的唐古拉主峰各拉丹东雪山的西南侧；澜沧江流经西藏的东部，居西藏河流的第三位，它发源于青海南部的唐古拉山北麓，流经西藏、云南后流到国外。怒江流经西藏的东部，居西藏河流第二位，发源于西藏北部的唐古拉山脉吉热格帕峰南麓，从云南流出国境，进入缅甸。

西藏全区地表水年径流总量为 4482 亿 m³，地下水年径流总量为 1107.3 亿 m³。按河流来分，雅鲁藏布江量大，年径流总量约 1395.4 亿 m³，占西藏外流河径流量的 42.4%，多年平均流量达 4425m³/s，为黄河的 2.4 倍，仅次于长江、珠江。全区现有冰川面积约 2.77 万 km²，占我国冰川总面积的 49%，冰川储量约 3 亿 m³，冰川融水是西藏河流的和湖泊的主要补给水源，一般占年径流量的 20% 以上。

（五）陕北

陕北属黄河流域水系，包括无定河、洛河与延河等河流。内流水系分布于毛乌素沙漠区。流经陕北或发源于陕北注入黄河的较大支流为无定河、窟野河、秃尾河、清涧河、延河等。陕北水系呈树枝状与放射状。水系在流域空间分布上表现为，上游呈现出树枝状特点，下游则略显格子状特征。陕北最北部的水系则呈放射状分布，这一地区包括靖边、定边、志丹和吴旗等地，无定河上游各河流支流呈放射状向北、向东和向南流去，从而形成了一种放射状格局。

（六）宁夏

宁夏是中国水资源最少的省区，大气降水、地表水和地下水都十分贫乏。空间分布不均、时间上变化大是宁夏水资源的突出特点。水资源有黄河干流过境流量 325 亿 m^3。水利资源在地区上的分布不平衡，绝大部分在北部引黄灌区，水能也绝大多数蕴藏于黄河干流。而中部干旱高原丘陵区最为缺水，不仅地表水量小，且水质含盐量高，多属苦水，地下水埋藏较深，灌溉利用价值较低。南部半干旱半湿润山区，主要河流有清水河、苦水河、泾河等。

（七）内蒙古

内蒙古水资源总量为 545.95 亿 m^3，其中地表水 406.6 亿 m^3，占总量的 74.5%；地下水 139.35 亿 m^3，占总量的 25.5%。大小河流千余条，其中流域面积在 $1000km^2$ 以上的有 107 条，主要河流有黄河、额尔古纳河、嫩江和西辽河四大水系。大小湖泊星罗棋布，较大的湖泊有 295 个，面积在 $200km^2$ 以上的湖泊有达赉湖、达里诺尔和乌梁素海。

（八）山西

山西共有大小河流 1000 余条，分属黄河、海河两大水系，其中，我国第二大河流黄河，在山西境界流程 968km。山西属于黄河水系的较大河流有汾河、沁河、丹河、涑水河、三川河，属于海河水系的较大河流有桑干河、滹沱河、浊漳河、清漳河。境内流域面积大于 $10\,000km^2$ 的河流有 5 条（不包括黄河），小于 $10\,000km^2$ 大于 $1000km^2$ 的河流有 48 条，小于 $1000km^2$ 大于 $100km^2$ 的河流有 397 条。汾河是山西境内第一大河，干流全长 694km。

（九）山东

山东分属于黄、淮、海三大流域。年平均水资源总量为 303.07 亿 m^3，其中地表水资源量为 198.3 亿 m^3，地下水资源 165.4 亿 m^3（地表水、地下水重复计算量 59.8 亿 m^3）。黄河是山东主要可以利用的客水资源，每年进入山东水量为 359.5 亿 m^3，一般来水年份山东可引用黄河水 70 亿 m^3。

（十）河北

河北水资源总量 204.69 亿 m^3，为全国水资源总量 28 412 亿 m^3 的 0.72%。其中地表水资源量为 120.17 亿 m^3，地下水资源量为 122.57 亿 m^3，地表水与地下水的重复计算水量为 38.05 亿 m^3。全省人均水资源量为 306.69m^3，为全国同期人均水资源量 2195m^3 的 13.97%，约占全国的 1/7，亩均水资源量为 211.04m^3，为全国同期亩均水资源量 1437m^3 的 14.68%。

（十一）北京

北京自西向东贯穿五大水系，即拒马河水系、永定河水系、北运河水系、潮白河水系、蓟运河水系。多发源于西北部山区，向东南流经平原地区，最后分别汇入渤海。北京没有天然湖泊。北京地下水多年平均补给量约为 29.21 亿 m³，平均年可开采量 24～25 亿 m³。一次性天然水资源年平均总量为 55.21 亿 m³。农业用水 12 亿 m³ 左右。

（十二）天津

天津地跨海河两岸，而海河是华北最大的河流，上游长度在 10km 以上的支流有 300 多条，在中游附近汇合于北运河、永定河、大清河、子牙河和南运河，五河又在天津金刚桥附近的三岔口汇合成海河干流，由大沽口入海，干流全长 72km，平均河宽 100m，水深 3～5m。此外，有一定数量的地下水。

（十三）辽宁

全省水资源总量为 341.79 亿 m³。境内现有流域面积大于 50km² 以上的河流 844 条，其中流域面积大于 5000km² 的河流 16 条，流域面积为 3000～5000km² 的河流 4 条，河流总长 32 417km。辽河是中国七大江河之一，干流全长 1345km，流域面积 21.96 万 km²，其中辽宁境内（福德店至河口）干流长 537.9km，流域面积 6.92 万 km²（含支流流域面积）。全省多年平均河流径流量为 302.49 亿 m³，折合径流深 207.89mm。

（十四）吉林

吉林河流主要为松花江水系、辽河水系、鸭绿江水系、图们江水系和绥芬河水系。水资源总量为 404.25 亿 m³，其中地表水 356.57 亿 m³，地下水 113.18 亿 m³。以大黑山为界，以东地区地下水储量为 61.55 亿 m³，以西的中西部丘陵台地、平原地区储量为 51.63 亿 m³。全省地下水可开采量为 56.56 亿 m³。

五、植被

北方植被主要包括荒漠、草原、森林、灌丛、草甸、沼泽等，其中荒漠、草原、森林为主要地带性植被类型。各地植被概况如下。

（一）新疆

新疆森林覆盖率 2.1%，植被类型主要有荒漠、草原、森林、灌丛、草甸、沼泽等，其中荒漠、草原、森林为主要地带性植被类型。由于高山高原的包围和阻隔，新疆植被的水平分布和垂直分布差异很大。阿尔泰山西部和天山北坡由于能够截流来自北冰洋的水汽，尚能发育较为完整的植被垂直带，而天山南坡和昆仑山北坡降水极少，致使植被垂直带的分布差异不明显。

（二）甘肃

甘肃经纬度跨度大，幅员辽阔，境内黄土高原、内蒙古高原和青藏高原三大高原交汇，海拔从 550m 到 5808m，自然生态条件多样，森林覆盖率 9.37%，植被类型十分复杂，除南部为北亚热带类型外，北部为温带草原和温带荒漠类型。陇东地区为森林草原类型，中部为典型的黄土高原植被。河西走廊为荒漠草原与荒漠类型。低山地带为合头草岩漠，洪积扇上为猪毛菜、琵琶柴、膜果麻黄、驼绒藜砾漠，沙地上为柽柳、沙拐枣沙漠，细土带上为琐琐壤漠，盆地沿河及地下水溢出带有芦苇盐生草甸。

（三）青海

青海森林覆盖率 2.59%，植被类型以高寒灌丛、高寒草甸及高寒草原为主，其次为荒漠和山地草原，森林植被则较少。省境南半部的青南高原，自东南向西北由山地河谷、峡谷区向高原过渡，植被由山地寒温性针叶林，升至高原面则逐渐为高寒灌丛、高寒草甸；再向高原西北深入，海拔升高，干旱化程度增强，则主要出现高寒草原和高寒荒漠化草原。

（四）西藏

西藏森林覆盖率 6.4%，植被类型包括针叶林、针阔混交林、阔叶林、灌木丛、荒漠、草原、草丛、草甸、高山植被等，其中草原约占植被总面积的 30.07%，草甸约占 27.44%，高山植被约占 12.65%，灌木丛约占 11.27%，荒漠约占 9.06%，针叶林约占 5.4%，针阔混交林、阔叶林、草丛、栽培植被约占 4.11%。

（五）陕北

陕北黄土高原植被分布具有地带性，自南向北，自然植被呈森林向草原过渡的总体趋势。东部、南部的黄龙山、子午岭、霍山、渭北塬分布有温带落叶阔叶林和温带针叶林（如油松、白皮松、华北落叶松、桦树、青杆等），中部大部分地区为半干旱草原带，其中绥德、米脂、安塞以南地区植物有灌木绣线菊、酸枣、荆条、刺李、铁杆蒿；再向北，则以沙棘、锦鸡儿等耐旱灌木为主。西北部部分地区地貌逐渐向沙漠演变，以荒漠草原为主。

（六）宁夏

宁夏森林覆盖率 4.85%，大部分地区属于草原地带，仅西北边缘属于荒漠地带。在草原植被中，宁夏最南端是面积较小的森林草原植被带。中南部为干旱草原植被带，向北过渡为中北部的荒漠草原植被带。西北边缘为荒漠植被带，属于草原化荒漠植被带性质。在南北纬度仅差 4°，水平距离不过 450km 的有限区域内，有自荒漠到森林草原的不同植被带。如此异质的植被带过渡，可以看出地形变化对自然地理条件和植被的高度制约。

（七）内蒙古

内蒙古森林覆盖率 14.5%，境内植被由种子植物、蕨类植物、苔藓植物、菌类植物、地衣植物等不同植物种类组成。植物种类较丰富，但植物种类分布不均衡，以山区植物最丰富。东部大兴安岭拥有丰富的森林植物及草甸、沼泽与水生植物。中部阴山山脉及西部贺兰山兼有森林、草原植物和草甸、沼泽植物。高平原和平原地区以草原与荒漠旱生型植物为主，含有少数的草甸植物与盐生植物。内蒙古草原植被由东北的松辽平原，经大兴安岭南部山地和内蒙古高原到阴山山脉以南的鄂尔多斯高原与黄土高原组成一个连续的整体，其中，草原植被包括呼伦贝尔草原、锡林郭勒草原、乌兰察布草原、鄂尔多斯草原等。荒漠植被主要分布于伊克昭盟（现鄂尔多斯市）西部、巴彦淖尔盟西部和阿拉善盟，主要由小半灌木盐柴类和矮灌木类组成。

（八）山西

山西森林覆盖率 13%，植被从南到北可分为 3 个部分。南部和东南部是以落叶阔叶林和次生落叶灌丛为主的夏绿阔叶林或针叶阔叶混交林分布区，也是植被类型最多、种类最丰富的地区；中部是以针叶林及落叶灌丛为主、夏绿阔叶林为次的分布区，是森林分布面积较大的地区；北部和西北部是温带灌草丛和半干旱草原分布区，森林植被较少，优势植物是长芒草、旱生蒿类、柠条和沙棘等。

（九）山东

山东森林覆盖率 23%，植被类型分为落叶阔叶林、针叶林、灌丛、灌木草原、草甸、盐生植被、砂生植被、沼泽、水生植被等 9 种植被型、24 个群系组和 56 个群系。境内有各种植物 3100 余种，其中野生经济植物 645 种。树木 600 多种，分属 74 科 209 属，以北温带针、阔叶树种为主；各种果树 90 种，分属 16 科 34 属；中药材 800 多种，其中植物类 700 多种。

（十）河北

河北地形复杂，森林覆盖率 23.25%，植被类型也比较复杂。在植被分区上，分为坝上温带草原地带、坝下（山地、丘陵、平原）暖温带落叶阔叶林地带。除有各自的地带性植被类型，即草原、落叶阔叶林外，还有针叶林、灌丛、灌草丛、农田、果园等。另外，在沿海一带，分布有盐碱地和沙地，其上有盐生植被和沙生植被。各地的洼淀池塘之内，尤其是白洋淀洼荡之中，还有较繁茂的水生植被。全省现有植物 3000 多种，其中纤维植物 140 多种，药用植物 1000 多种，木材 100 多种，牧草 300 多种，油脂植物 140 多种，栽培植物 450 多种。

（十一）北京

北京森林覆盖率 34.3%，受暖温带大陆性季风气候的影响，形成的地带性植被类型为暖温带落叶阔叶林。境内地形复杂，生态环境多样化，致使北京植被种类组成丰富，植被类型多样，并且有明显的垂直分布规律。此外，北京史上未受第四纪冰川的影响，其植物区系为新近纪植物区系的直接后代，这也是组成北京植被植物种类较丰富的原因之一。

（十二）天津

天津植被大致可分为针叶林、针阔叶混交林、落叶阔叶林、灌草丛、草甸、盐生植被、沼泽植被、水生植被、沙生植被、人工林、农田种植植物等 11 种类型。

（十三）辽宁

辽宁森林覆盖率 31.84%，植被包括长白、华北及蒙古 3 个植物区系。长白植物区系分布于东北部，与吉林通化山区及朝鲜北部相接，为长白山山脉的边缘地带，以针阔混交林和大面积的阔叶林为主。华北植物区系分布于西部及东部安沈铁路以南地区，所占面积最大，为华北植物区系的东北部边缘地带，以松柞林为主。蒙古植物区系分布于西北部，与内蒙古相接壤，也为蒙古植物区系的南部边缘地带，以草原植被为主。

（十四）吉林

吉林森林覆盖率 42.5%，植被分为地带性植被类型和非地带性植被类型，前者是地带性因素所决定的植被类型，包括暗针叶林、针阔混交林、草原化草甸、草甸草原及草原等植被，后者是岩性、地貌、水文地质条件等非地带性因素所决定的植被类型。它们既反映了当地生态条件的特征，也制约着土壤宏观和微观的分布规律。

第二节　北方旱寒区农作物种植概况与特点

一、种植业概述

我国北方大部分地区海拔高、纬度高，冬季漫长，无霜期短，有效积温不足，无霜期在 200 天以下，种植制度以一年一熟制为主。

华北及西北东部热量条件较好的地区实行一年二熟/二年三熟制，主要包括冬小麦—玉米一年二熟、冬小麦—大豆一年二熟、冬油菜—大豆一年二熟/二年三熟、冬油菜—玉米一年二熟/二年三熟、冬油菜—马铃薯一年二熟/二年三熟等。大多数地区由于热量有限，播种春小麦、春玉米、棉花、马铃薯、向日葵、胡麻、春油菜、荞麦、糜子、谷子等作物，春播秋收，一年一熟。各地种植业概况如下（表 1-2-1）。

（一）山东

耕地面积 11 266.14 万亩，播种面积 16 300.47 万亩。主要农作物为小麦、玉米、花生、棉花等，其中小麦、玉米播种面积 9966.89 万亩，占播种面积 61.0%左右。耕作制度有一年一熟制和一年二熟制。一年一熟制主要是花生、棉花等，3 月中下旬播种，9 中下旬收获，其中棉花 1034.8 万亩，占总播种面积的 6.35%，花生 1180.61 万亩，占总播种面积的 7.24%。春玉米也占有较大比重。春播一年生或短时作物播种面积 40%左右。一年二熟制主要有冬小麦/大豆、冬小麦/玉米。其中冬小麦/玉米 4320 万亩，占总播种面积的 26.5%。

（二）山西

耕地面积 6083.73 万亩，播种面积 5694.65 万亩。主要农作物为小麦、玉米、谷子、大豆、马铃薯等，其中小麦、玉米播种面积 3536.91 万亩，占播种面积 62.0%左右。耕作制度有一年一熟和二年三熟制/ 一年二熟制。一年一熟制主要是玉米、棉花、花生、春小麦、谷子、糜子及胡麻等作物，4 月上中旬播种，9 中下旬收获。其中棉花 56.04 万亩，占总播种面积的 0.98%；花生 13.92 万亩，占总播种面积的 0.24%；小麦 1033.45 万亩；玉米 2100 余万亩，占总播种面积的 36.88%；谷子 310.25 万亩，占总播种面积的 5.45%；糜子 140 万亩，占总播种面积的 2.46%；胡麻 90.72 万亩，占总播种面积的 1.59%。一年二熟/二年三熟制面积较小，主要有冬小麦/大豆一年二熟、冬小麦/玉米一年二熟、冬油菜—大豆一年二熟、冬油菜—玉米一年二熟等。

表 1-2-1 北方各省区主要作物种植情况（万亩）

作物	甘肃	新疆	青海	西藏	宁夏	内蒙古	山西	河北	天津	北京	山东	陕北	总和	占播面积%
耕地面积	8115.35	6186.90	814.08	348.86	1698.00	10717.50	6083.73	9827.04	593.10	347.53	11266.14	1231.28	57229.51	
播种面积	6615.35	7705.11	831.34	365.93	1920.41	13636.50	5694.65	13179.77	478.50	424.50	16300.47	1226.49	68379.02	
小麦	1228.46	1621.56	141.30	56.60	268.47	915.00	1033.45	3164.96	168.72	78.00	5438.79	12.20	14127.51	21.0
大麦	120.00	21.19	67.95	177.39		170.00	0.20	29.60			2.10		588.43	0.87
玉米	1387.10	1283.58	34.35		368.84	4251.00	2503.46	4573.71	306.54	198.00	4527.10	279.66	19713.34	29.0
糜子	21.30	26.14				46.50	140.00	153.60	0.15		3.30		390.99	0.58
谷子	87.90				15.00	213.00	310.25	227.63			28.10		881.88	1.30
水稻	8.28	103.85			126.51	133.50	1.52	128.88	21.56	0.30	185.80	2.80	710.20	1.05
荞麦	117.45		10.30		63.00	98.41	25.00	30.80					344.96	0.51
马铃薯	1044.93	41.96	125.55	1.19	323.55	1021.50	253.40	400.89		3.20	367.50	385.00	3968.67	5.84
棉花	72.27	2500.00					56.04	867.38	86.84	0.36	1034.80	1.83	4617.69	6.80
大豆	136.02	103.13			59.51	925.50	299.51	191.40	47.30	1.07	219.60	103.53	1983.04	2.92
向日葵	30.00	22.29			85.00	598.50	51.30	51.84					838.93	1.23
甜菜	12.99	123.95				61.60	12.83	21.27					232.64	0.34
花生		33.09		0.20		54.00	13.92	531.80	2.14	6.06	1180.61	13.2	1821.82	2.68
春油菜	105.02	89.46	239.99	35.84		406.50	6.26	28.47			11.97	3.51	923.51	1.36
胡麻	205.74	13.02	6.62		200.00	88.50	90.72	55.64				74.39	734.63	1.08

（三）北京、天津、河北

耕地面积 10 767.67 万亩，播种面积 14 082.77 万亩。主要农作物为小麦、玉米、棉花、花生等，其中小麦、玉米播种面积 8489.93 万亩，占播种面积 60%左右。种植制度有一年二熟和一年一熟。一年二熟制主要有冬小麦/大豆和冬小麦/玉米。一年一熟制主要是花生、棉花等，4 月上中旬播种，9 中下旬收获，约占总播种面积的 10.61 左右，其中棉花 960.28% 万亩，占总播种面积的 6.8%，花生 534.3 万亩，占总播种面积的 3.8%。

（四）内蒙古

耕地面积 10 717.5 万亩，播种面积 13 636.5 万亩。主要农作物为小麦、玉米、马铃薯、大豆、向日葵等，其中小麦、玉米播种面积 5166 万亩，占播种面积 38%左右。种植制度为一年一熟制，主要是小麦、玉米、向日葵、春油菜、谷子、糜子、胡麻，4 月中下旬播种，8～9 月收获。其中小麦 915 万亩，占总播种面积的 6.7%；玉米 4251 万亩，占总播种面积的 31.17%；向日葵 598.5 万亩，占总播种面积的 4.38%；春油菜 406.5 万亩，占总播种面积的 2.98%；谷子 213 万亩，占总播种面积的 1.56%；糜子 46.5 万亩，占总播种面积的 0.34%；胡麻 88.5 万亩，占总播种面积的 0.65%。

（五）宁夏

耕地面积 1698 万亩，播种面积 1920.41 万亩。种植制度为一年一熟制，主要农作物是小麦、玉米、水稻、谷子、马铃薯、胡麻等。3～4 月底播种，8～9 月收获。其中小麦 268.47 万亩，占总播种面积的 13.98%；玉米 368.84 万亩，占总播种面积的 19.21%；水稻 126.51 万亩，占总播种面积的 6.59%；胡麻 200 万亩，占总播种面积的 10.41%；马铃薯 323.55 万亩，谷子 15.0 万亩。

（六）陕北（延安、榆林）

耕地面积 1231.58 万亩，播种面积 1226.49 万亩。主要农作物为玉米、马铃薯、大豆等，其中玉米播种面积 296.77 万亩，占播种面积 23%左右。种植制度为一年一熟制，主要农作物是小麦、玉米等。3～4 月底播种，8～9 月收获。

（七）甘肃

耕地面积 8115.35 万亩，播种面积 6615.35 万亩。主要农作物为小麦、玉米、马铃薯、油菜等，其中小麦、玉米播种面积 2615.56 万亩，占播种面积 40%左右。种植制度主要为一年一熟制，一年二熟和二年三熟也占有一定比例。中部、河西走廊、甘南及陇东北部为一年一熟制，主要有春小麦、玉米、马铃薯、油菜、胡麻、谷子、糜子、荞麦、向日葵、春大麦。其中春小麦 467.83 万亩，占总播种面积的 7.57%，玉米 1387.1 万亩，占总播种面积的 22.44%，马铃薯 1044.93 万亩，占总播种面积的 16.90%，油菜 320.00 万亩，占总播种面积的 4.25%，胡麻 205.74 万亩，占总播种面积的 3.33%，谷子 87.9 万亩，占总播种面积的 1.42%，糜子 21.3 万亩，占总播种面积的 0.34%，荞麦 117.45 万亩，占总播种面积的 1.90%，向日葵 30 万亩，占总播种面积的 0.49%，春大麦 120 万亩，占总播种面积的 1.94%。陇东中南部为二年三熟，主要有冬小麦/糜子，冬油菜/大豆、冬油菜/谷子、冬油菜/糜子等种植方式，约占总播种面积的 30%左右。陇南大部为一年二熟，主要有冬小麦/玉米、冬油菜/水稻、冬小麦/大豆、冬油菜/大豆及冬油菜/玉米等种植方式。

（八）青海

耕地面积 814.08 万亩，播种面积 831.34 万亩。一年一熟制，主要农作物有春油菜、春小麦、马铃薯、大麦等。其中春小麦 141.3 万亩，占总播种面积的 17.00%；马铃薯 125.55 万亩，占总播种面积的 15.1%；油菜 239.99 万亩，占总播种面积的 28.87%；大麦 67.95 万亩，占总播种面积的 8.17%。青海东南部有少量一年二熟制，主要有冬小麦/大豆、冬油菜/大豆、冬油菜/马铃薯等种植方式。

（九）西藏

耕地面积 348.86 万亩，播种面积 365.93 万亩。一年一熟制，主要农作物有大麦、春小麦、油菜等。其中春小麦 56.6 万亩，占总播种面积的 15.47%；油菜 35.84 万亩，占总播种面积的 9.79%；大麦 177.39 万亩，占总播种面积的 48.48%。

（十）新疆

耕地面积 6186.9 万亩，播种面积 7705.11 万亩。种植制度主要为一年一熟制，一年二熟和二年三熟在南疆也占有较大比例。一年一熟制主要分布在天山以北各地，主要是棉花、玉米、春小麦与春油菜，4 月底播种，8 月上旬至 9 月底收获，约占总播种面积的 71%左右，其中棉花 2500.0 万亩，占总播种面积的 32.4%；玉米 1283.58 万亩，占总播种面积的 16.66%；小麦 1621.56 万亩，占总播种面积的 21.05%；春油菜 89.46 万亩，占总播种面积的 1.16%。一年二熟和二年三熟制分布在南疆各地，主要有冬小麦/玉米等种植方式。

二、耕作制度特点

（一）种植制度以一年一熟为主

北方地区大部分地区位于高原地带，海拔在 500m 以上，由于地势高，冬季漫长而寒冷，夏季短暂，作物生长期短，大部分地区无霜期在 160 天以下，甚至不少地区无霜期在 150 天以下，一年一熟是其主要种植制度（图 1-2-1）。

华北平原与少数盆地热量条件较好，作物生产主要为冬小麦/大豆、冬小麦/玉米等一年二熟耕作制。但是，即使是在热量条件好的华北平原，棉花和花生等仍为一年一熟，4 月上中旬播种、9 月中下旬收获，冬季休闲。总体来讲，一年二熟制区域占整个区域面积的比例较小，大部分地区一季有余、两季不足，为一年一熟。西北地区，以新疆光热条件较好，复种指数也仅为 124.54%，甘肃复种指数为 116.72%。所以，无论是光热条件较好的华北地区，还是热量不足的西北地区，一年一熟均为主要种植制度，改革耕作制度、提高复种指数的潜力很大。

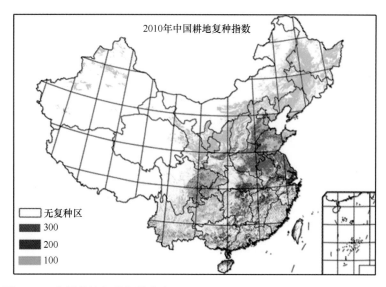

图 1-2-1　我国耕地复种指数分布（http://yaogan.cngrain.net/News/403.html）

（二）农作物以粮食作物为主

本区域粮食作物播种面积 53 209.28 万亩，其中玉米、小麦等禾本科粮食作物占总粮食播种面积的 80.0%以上。各地种植业结构如下。

北京玉米、小麦等粮食作物播种面积 276 万亩，占本市总播种面积的 65.02%，花生、棉花播种面积 6.42 万亩，占本市总播种面积的 1.51%。

河北粮食作物播种面积 9453.56 万亩，占本省总播种面积的 71.73%。其中玉米、小麦等禾本科作物播种面积 8095.18 万亩，占本省总播种面积的 61.42%。花生、棉花播种面积 1739.84 万亩，占本省总播种面积的 13.2%。

山西粮食作物播种面积 4013.88 万亩，占本省总播种面积的 70.49%。粮食作物中主要是玉米、小麦，播种面积分别为 2503.46 万亩、1033.45 万亩。胡麻、棉花、油菜、向日葵、大豆等经济作物播种面积 530.58 万亩，占本省总播种面积的 9.32%。

陕北粮食作物播种面积 1003.5 万亩，占本区总播种面积的 81.82%。其中玉米、小麦等禾本科粮食作物播种面积 323.07 万亩，占本区总播种面积的 26.34%。大豆、胡麻、油菜、向日葵等经济作物播种面积 196.16 万亩，占本区总播种面积的 16.00%。

内蒙古粮食作物播种面积 7458 万亩，占本区总播种面积的 54.7%。玉米、小麦等禾本科粮食作物播种面积 6102 万亩，占本区粮食作物总播种面积的 81.82%。胡麻、油菜、向日葵、甜菜等经济作物播种面积 2134.6 万亩，占本区总播种面积的 15.65%。

宁夏粮食作物播种面积 896.9 万亩，占本区总播种面积的 46.7%。玉米、小麦等禾本科粮食作物播种面积 804.96 万亩，占本区总播种面积的 41.92%。胡麻、向日葵等经济作物播种面积 344.57 万亩，占本区总播种面积的 17.94%。

甘肃粮食作物播种面积 4015.42 万亩，占本省总播种面积的 64.95%。玉米、小麦等禾本科粮食作物播种面积 2853.04 万亩，占本省粮食作物总播种面积的 71.05%。胡麻、油菜、向日葵、甜菜等经济作物播种面积 719.58 万亩，占本省总播种面积的 11.64%。

青海粮食作物播种面积 378.95 万亩，占本省总播种面积的 45.58%。玉米、小麦等禾本科粮食作物播种面积 243.1 万亩，占本省粮食作物总播种面积的 64.15%。胡麻、油菜等经济作物播种面积 246.61 万亩，占本省总播种面积的 29.66%。

西藏粮食作物播种面积 235.18 万亩，占本区总播种面积的 64.27%。青稞、小麦等禾本科粮食作物播种面积 233.9 万亩，占本区总粮食作物播种面积的 99.46%。油菜等经济作物播种面积 36.04 万亩，占总播种面积的 9.85%。

新疆粮食作物播种面积 3072.14 万亩，占本区总播种面积的 39.87%。玉米、小麦等禾本科粮食作物播种面积 3030.18 万亩，占本区粮食作物总播种面积的 98.63%。棉花、油菜、向日葵、甜菜、胡麻等经济作物播种面积 2884.94 万亩，占总播种面积的 37.44%。

（三）秋播作物面积较小，春播作物为主

本区域除北京、天津、河北、山东外，其他地区以春播作物为主，占总播种面积的 70%左右。各地春播作物及比例如下。

北京春播作物播种面积 149.42 万亩，占本市总播种面积的 35.2%，春播作物主要是棉花、花生及春玉米等。

河北春播作物播种面积 5000 多万亩，占本省总播种面积的 38%左右，春播作物主要是春玉米、花生、棉花、春小麦等，播种面积达 3600.5 万亩，占本省春播面积的 75.99%。

山西春播作物播种面积 3957.6 万亩，占本省总播种面积的 69.5%左右，春播作物主要是玉米、春小麦、马铃薯、胡麻、谷子、糜子、荞麦等，播种面积 3386.12 万亩，占本省总播种面积 59.46%。

陕北春播作物播种面积 773.95 万亩，占本区总播种面积的 63.1%，其中玉米、小麦、马铃薯、胡麻、谷子、糜子、荞麦等播种面积 639.35 万亩，占本区春播作物播种面积的 82.61%。

内蒙古春播作物播种面积 10 842 万亩，占本区总播种面积的 79.5%，春播作物主要是玉米、小麦、向日葵，播种面积 8800 万亩，占本区春播作物播种面积的 81.17%以上。

宁夏春播作物播种面积 1300 万亩以上，占本区总播种面积的 68%，春播作物主要是玉米、小麦、马铃薯、胡麻、谷子、糜子、荞麦等，播种面积 1265 万亩，占本省春播作物播种面积的 97.3%。

甘肃春播作物播种面积 3925 万亩左右，占本省总播种面积的 63%左右，春播作物主要是玉米、小麦、马铃薯、胡麻、谷子、糜子、荞麦等，占本省春播作物播种面积的 80.79%。

青海春播作物播种面积 825.19 万亩，占本省总播种面积的 95%左右，春播作物主要是春油菜、小麦、马铃薯、青稞等。

西藏春播作物播种面积 365 万亩以上，占本区总播种面积的 95%左右，春播作物主要是青稞、春油菜、马铃薯、大麦等。

新疆春播作物播种面积 5915.9 万亩，占本区总播种面积的 76%左右，春播作物主要是玉米、棉花、甜菜、小麦、春油菜等。

三、主要栽培作物

本区幅员辽阔，自然条件差别大，生态条件悬殊。长期的自然选择和人工改良，形

成了适宜不同地区的丰富多彩的作物和品种。

（一）粮食作物

本区域粮食作物主要有小麦、玉米、糜子、谷子、水稻、荞麦、马铃薯等。

小麦是本区域主要粮食作物，播种面积 14 115.31 万亩，其中甘肃 1228.46 万亩，新疆 1621.56 万亩，青海 141.3 万亩，西藏 56.60 万亩，宁夏 268.47 万亩，内蒙古 915 万亩，山西 1033.45 万亩，河北 3164.96 万亩，天津 168.72 万亩，山东 5438.79 万亩，北京 78.00 万亩。

玉米播种面积 19 433.68 万亩，其中甘肃 1387.1 万亩，新疆 1283.58 万亩，青海 34.35 万亩，宁夏 368.84 万亩，内蒙古 4251 万亩，山西 2503.46 万亩，河北 4573.71 万亩，天津 306.54 万亩，山东 4527.1 万亩，北京 198.0 万亩。

糜子播种面积 391.26 万亩，其中甘肃 21.3 万亩，宁夏 26.14 万亩，内蒙古 46.5 万亩，山西 140 万亩，河北 153.6 万亩，天津 0.15 万亩，山东 3.3 万亩。

谷子播种面积 881.88 亩，其中甘肃 87.9 万亩，宁夏 15 万亩，内蒙古 213 万亩，山西 310.25 万亩，河北 227.63 万亩，山东 28.1 万亩。

水稻播种面积 710.2 万亩，其中甘肃 8.28 万亩，新疆 103.85 万亩，宁夏 126.51 万亩，内蒙古 133.5 万亩，山西 1.52 万亩，河北 128.88 万亩，天津 21.56 万亩，山东 185.8 万亩，北京 0.3 万亩。

荞麦播种面积 344.96 万亩，其中甘肃 117.45 万亩，青海 10.3 万亩，宁夏 63 万亩，内蒙古 98.41 万亩，山西 25 万亩，河北 30.8 万亩。

马铃薯播种面积 3583.67 万亩，其中甘肃 1044.93 万亩，新疆 41.96 万亩，青海 125.55 万亩，西藏 1.19 万亩，宁夏 323.55 万亩，内蒙古 1021.5 万亩，山西 253.40 万亩，河北 400.89 万亩，山东 367.5 万亩，北京 3.20 万亩。

大麦播种面积 586.33 万亩，其中甘肃 120 万亩，新疆 21.19 万亩，青海 67.95 万亩，西藏 177.39 万亩，内蒙古 170 万亩，山西 0.2 万亩，河北 29.6 万亩。

（二）经济作物

本区大田经济作物主要有棉花、大豆、向日葵、甜菜、花生、春油菜、胡麻等。

棉花播种面积 4617.69 万亩，其中甘肃 72.27 万亩，新疆 2500.0 万亩，山西 56.04 万亩，河北 867.38 万亩，天津 86.84 万亩，山东 1034.8 万亩，北京 0.36 万亩。

大豆播种面积 1983.04 万亩，其中甘肃 136.02 万亩，新疆 103.13 万亩，宁夏 59.51 万亩，内蒙古 925.5 万亩，山西 299.51 万亩，河北 191.4 万亩，天津 47.3 万亩，山东 219.6 万亩，北京 1.07 万亩。

向日葵播种面积 838.93 万亩，其中甘肃 30 万亩，新疆 22.29 万亩，宁夏 85 万亩，内蒙古 598.5 万亩，山西 51.3 万亩，河北 51.84 万亩。

甜菜播种面积 232.64 万亩，其中甘肃 12.99 万亩，新疆 123.95 万亩，内蒙古 61.6 万亩，山西 12.83 万亩，河北 21.27 万亩。

花生播种面积 1821.82 万亩，其中新疆 33.09 万亩，西藏 0.2 万亩，内蒙古 54 万亩，山西 13.92 万亩，河北 531.80 万亩，天津 2.14 万亩，山东 1180.61 万亩，北京 6.06 万亩。

胡麻播种面积 660.24 万亩, 其中甘肃 205.74 万亩, 新疆 13.02 万亩, 青海 6.62 万亩, 宁夏 200 万亩, 内蒙古 88.5 万亩, 山西 90.72 万亩, 河北 55.64 万亩。

四、油菜生产概况

本区域油菜播种面积 1200 万亩左右。甘肃油菜播种面积 320 万亩左右, 其中春油菜 90 万亩左右, 冬油菜 230 万亩以上。新疆油菜播种面积 100 万亩左右, 其中冬油菜 17 万亩左右。青海油菜播种面积 239.99 万亩, 其中冬油菜 10 万亩左右。西藏油菜播种面积 35.84 万亩, 其中冬油菜 5 万亩左右。内蒙古油菜播种面积 406.5 万亩。山西油菜播种面积 40 万亩左右, 其中冬油菜 34 万亩左右。河北油菜播种面积 40 万亩, 其中冬油菜 27 万亩左右。山东油菜播种面积 28 万亩左右, 其中冬油菜 27 万亩左右, 宁夏油菜播种面积 16 万亩左右, 其中冬油菜 15 万亩左右。北京冬油菜播种面积 5.0 万亩左右。

由于生态条件严酷, 冬季干旱、严寒, 绝大部分地区冬油菜不能越冬, 油菜生产以春油菜为主。近年来, 基于 '陇油 6 号'、'陇油 7 号' 等超强抗寒冬油菜品种育成与推广应用, 冬油菜在北方旱寒区迅速发展。

北方旱寒区冬油菜发展目前仍在起步阶段, 分布较为分散, 播种面积 400 万亩左右, 主要分布在北京、河北、山东、山西太原以南、陕北的榆林与延安、宁夏、甘肃河西走廊、甘肃中部及陇东、陇南、青海海东地区、西藏林芝, 以及新疆塔城、伊犁、拜城、莎车等地, 以甘肃陇中、陇东, 宁夏南部, 陕北延安周边最为集中。

第三节　北方旱寒区农业生产存在的问题

北方旱寒区种植业存在的最大问题是干旱缺水、越冬作物单一且所占比例小, 冬季大量土地休闲, 经济效益低下, 土地用养失调, 土壤风蚀严重。

一、干旱缺水、抗灾能力弱

中国面临着水资源的严重短缺。人均水资源量为 2100m³, 仅为世界平均水平的 1/4, 并且由于地区间和年际间分布严重不均衡, 北方地区的水资源供需矛盾尤为突出, 各地均处于不同程度的干旱状态, 尤其是春旱严重。水资源匮乏, 降水与作物生长不同季, 地下水位下降, 直接影响春季作物播种和越冬作物的收成。20 世纪 50 年代中国年均受旱灾的农田为 1.2 亿亩, 90 年代上升为 3.8 亿亩 (图 1-3-1)。1972 年黄河发生第一次断流, 1985 年后年年断流, 1997 年后断流天数大幅度增加。有关专家经调查推测, 未来 15 年内中国将持续干旱。例如, 内蒙古年降水量不足 300mm 的地区占一半以上, 蒸发量超过降水量的 3~5 倍, 西部的阿拉善等地蒸发量超过降水量的 10 倍以上。山西除南部的运城等地外, 大部分地区降水量不能满足作物生长发育需要, 10 年中有 6~9 年发生不同程度的春旱, 全省 7000 万亩左右耕地中, 水地为 2000 万亩左右, 5000 万亩左右为无灌溉条件的旱地。甘肃、宁夏更是十年九旱, 靠天吃饭。

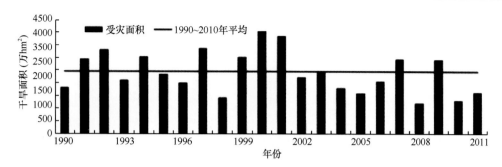

图 1-3-1　1990～2011 年全国干旱受灾面积直方图

北方地区水资源总量不足，同时水资源分布与国土资源分布空间不匹配。土地资源广袤的地方没有水，而水资源丰富的地方耕地稀缺。因此，水资源不足是本区域农业生产的根本制约因素，尤其新疆中部与东部、青海北部、甘肃中部、河西地区及内蒙古中西部地区水资源严重缺少（图 1-3-2）。地下水被掠夺式开采利用，导致一系列的环境问题开始显现，地下水位下降，河流、湖泊干枯已不鲜见。各地水资源状况如下（表 1-3-1）。

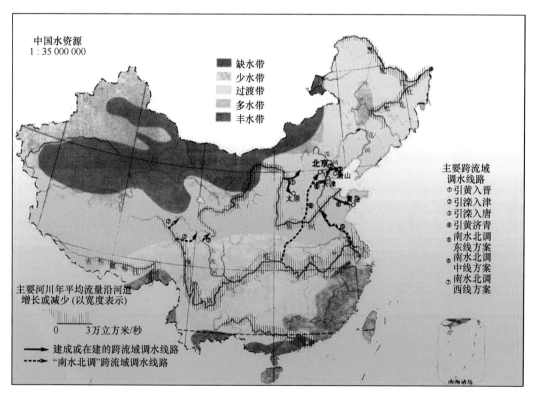

图 1-3-2　我国水资源分布

甘肃年均自产径流量 300.7 亿 m^3，人均 1166.6m^3（不到全国人均水平的 1/2），比全国少 1014.19m^3。耕地每公顷水资源 5670m^3，约为全国平均水平的 1/4。而且地表水分布不均，其中陇中及北部、西部地区，地表水严重匮乏，地下水埋藏深厚，并且有些地区地下水矿化度高、质量差，人畜难以饮用，也难以用于农业灌溉。

表 1-3-1　我国北方主要典型代表地区水资源现状

地点	自产径流量 （亿 m³）	人均水资源量 （m³/人）	地表水 （亿 m³）	人均地表水 （m³）	地下水 （亿 m³）	人均地下水 （m³）	地表水与地 下水重复量
阿勒泰	92.92	14 608.00	89.14	45 340.79	43.98	22 370.30	40.19
塔城	51.43	4 543.00	47.72	31 189.54	31.03	20 281.05	27.32
乌鲁木齐	9.85	351.00	9.56	273.14	4.58	130.86	4.28
阿克苏	72.91	3 063.00	65.87	2 768.81	81.99	3 446.41	74.95
喀什	73.00	1 807.00	68.38	1 718.35	68.62	1 724.38	64.00
甘肃	300.7	1 166.60	292.7	1 135.57	139.1	539.66	
银川	2.041	100.54	1.227	60.44	7.39	364.04	6.576
靖边	23.53	7 353.13	17.67	5 521.88	19.18	5 993.75	13.32
临河	12.02	2 188.24	11.89	2 164.57	4.06	739.12	8.12
太原	5.52	1 283.70	2.14	497.7	4.34	1 009.3	0.96
北京	39.50	190.90	17.95	86.76	21.55	104.16	0
天津	32.92	331.45	26.54	267.27	7.62	76.72	1.24
绥中	7.98	1 242.99	6.22	968.85	2.76	429.91	1.00
丹东	107.86	4479.60	105.88	4 397.38	15.26	663.77	14.93
吉林	460.5	1 704.60	387.3	1 432.54	147.0	544.4	73.8
长春	27.57	364.25	12.90	170.43	14.67	193.81	0

新疆绝大部分地区为干旱区，水资源的时空分布极不平衡。一般来说，北部多、南部少，西部多、东部少，山区多、平原少。新疆年均自产径流量885.70 亿 m³，人均 4035m³，比全国平均多 1785.62m³。但在东疆地区，地表水只有 21 亿 m³，严重匮乏，地下水 4 亿 m³，埋藏深厚，难以利用。

陕北年均自产径流量 34.11 亿 m³，人均 592.7m³，比全国少 1588.1m³。而且地表水分布不均，尤其是神木、榆林地区，地表水 17.67 亿 m³，严重匮乏，地下水 19.18 亿 m³。由于石油工业的发展，地下水超采，利用已达极限，很难有地下水用于灌溉，而且石油开采导致地下水滥用、污染，对农业带来了极大的水资源隐患。

山西年均自产径流量 124.34 亿 m³，人均 344.35m³，比全国平均少 1836.44m³。地表水分布不均，尤其是雁北地区的大同，地表水为 2.71 亿 m³，严重匮乏，地下水 4.87 亿 m³，没有地下水可用于农业灌溉。

北京市年均自产径流量 39.50 亿 m³，人均 190.9m³，比全国平均少 1989.89m³。地表水 17.95m³，严重匮乏，地下水 21.55m³，埋藏深厚在 24.27m 以下。而且由于城市人口膨胀，工业快速发展等因素影响，地下水资源严重不足，没有地下水用于农业灌溉。

宁夏水资源总量 10.805 亿 m³。其中天然地表水资源 8.44 亿 m³，折合径流深 16.3mm，全区径流深分布极不均，年径流深变化在 2～380mm，分布趋势与降水量基本相对应，总趋势是由南部六盘山 700mm 以上减少至黄河沿岸不足 5mm。地下水资源量 21.542 亿 m³，集中在引黄河灌区，主要通过黄河水补给。

内蒙古水资源总量 510.25 亿 m³，人均 2049.27m³，比全国平均少 131.52m³。全区水资源分布不均，总的趋势是由东北向西南逐步减少。东部的额尔古纳河和嫩江流域面积约为全区的 27%，年均径流量却为全区的 80%左右。西部阿拉善盟的面积约为全区的25%，而年均径流量仅为 0.3 亿 m³，加上上游来水 4.0 亿 m³，年均地表径流量仅为全区的 1.3%。

天津水资源总量为 32.92 亿 m³，人均 331.45m³，比全国人均少 1849.34m³。其中地表水 26.54 亿 m³，人均 267.27m³，地下水 7.62 亿 m³，人均 76.72m³。

二、土地资源丰富，耕地比重小

我国耕地面积排世界第 3，仅次于美国和印度，但人均耕地面积仅 1.4 亩，不到世界人均耕地面积的一半，排在 126 位以后。我国国土主要分布在北方，但耕地主要分布在东部季风区的平原和盆地地区。北部与西部耕地面积小，分布零散。统计的 14 个省市区、地区中，内蒙古与吉林人均耕地面积最大，分别为 4.3 亩、3.80 亩。国土面积最大的新疆，人均耕地面积仅 2.77 亩。宁夏、陕北 2 个地区人均耕地面积为 2.05～2.62 亩。其他 8个地区人均耕地在 1 亩左右（表 1-3-2）。主要省区和地区土地与耕地资源状况如下。

表 1-3-2　北方地区耕地面积情况

地区	国土面积（万亩）	耕地面积（万亩）	耕地占国土面积的比例（%）	人均耕地面积（亩）	播种面积（万亩）
吉林	28 108.59	10 446.63	37.17	3.80	7 972.71
辽宁	21 883.91	6 127.5	28.00	1.40	6 541.95
河北	28 153.59	9 827.04	34.91	1.35	13 179.77
北京	2 519.87	347.53	13.79	0.17	424.50
天津	1 694.92	593.1	34.99	0.42	478.50
山东	23 068.85	11 266.14	48.84	1.16	16 300.47
山西	23 443.83	6 083.73	25.95	1.68	5 694.65
陕北	30 838.46	1 231.275	3.99	2.22	1 226.49
内蒙古	17 7441.1	10 717.5	6.04	4.30	13 636.50
宁夏	9 959.50	1 698	17.05	2.62	1 920.41
甘肃	68 156.59	8115.35	11.91	3.12	6615.35
青海	108 339.6	814.08	0.75	1.42	831.34
西藏	184 190.8	348.86	0.19	1.13	365.93
新疆	248 987.6	6186.5	2.48	2.77	7 705.11

新疆为我土地面积最大的省区，土地面积为 248 987.6 万亩，占我国国土面积的16.7%，人均土地面积 118.84 亩，耕地面积 6186.5 万亩，占土地面积的 2.48%。人均耕地面积仅 2.77 亩。由于大部分是沙漠、戈壁，耕地所占比重小，有水可供开垦的耕地后备资源潜力也小。

西藏土地面积 184 190.8 万亩，占全国总面积的 12.5%，人均土地面积 586.22 亩，居全国第 2 位，高山面积大，耕地所占比重小。耕地面积 348.86 万亩，占土地面积的 0.19%，人均耕地面积 1.13 亩。

内蒙古面积居全国第 3 位，为 177 441.1 万亩，占全国总面积的 12.3%，人均土地面积达 71.27 亩，比全国人均土地面积高 5.7 倍多，耕地面积为 10717.5 万亩，占国土面积的 6.04%。人均耕地面积仅 4.3 亩。草原和森林、沙漠、戈壁面积大，耕地面积小。

青海国土面积 108 339.6 万亩，占全国总面积的 7.5%，人均土地面积 182.38 亩，居全国第四位，但主要是高山，耕地所占比重很小。耕地面积 814.08 万亩，占国土面积的 0.75%，人均耕地面积 1.42 亩。

甘肃省总土地面积 68 156.59 万亩，占全国总面积的 4.69%，居全国第 7 位，人均占有土地 26.31 亩。耕地 8115.35 万亩，占土地面积的 11.91%，人均占有耕地 3.12 亩。山地多，平地少，全省山地和丘陵占总土地面积的 78.2%。土地利用率为 56.93%，尚未利用的土地有 28 681.4 万亩，占全省总土地面积的 42.05%，包括沙漠、戈壁、高寒石山、裸岩、低洼盐碱、沼泽等。

宁夏土地面积 9959.50 万亩，人均土地面积 15.39 亩，耕地面积 1698 万亩，占国土面积的 17.05%，人均耕地面积 2.62 亩。

东部地区土地面积小，耕地面积大，但耕地占国土面积的比例已经接近极限水平。例如，吉林为耕地面积占国土面积比例最大的省区之一，全省国土面积 28 108.59 万亩，占全国总面积的 1.88% 左右，人均土地面积 10.22 亩，耕地面积 10 446.63 万亩，占国土面积 37.17%，人均耕地面积 3.8 亩。河北土地面积 28 153.59 万亩，占全国总面积的 1.98% 左右，人均土地面积 3.89 亩，耕地 9827.04 万亩，占国土面积的 34.91%，人均耕地面积 1.35 亩。山东是北方地区耕地面积占国土面积比例最大的省区，土地面积 23 068.85 万亩，占全国总面积的 1.56%。人均土地面积 2.45 亩，耕地面积 11 266.14 万亩，占国土面积的 48.84%，人均耕地面积 1.16 亩。辽宁土地面积较小，全省土地面积 21 883.91 万亩，占全国陆地面积的 1.5%，人均土地面积 5.06 亩，耕地面积 6127.5 万亩，占国土面积的 28.00%，人均耕地面积 1.40 亩。山西土地面积 23 443.83 万亩，占全国陆地面积的 1.56%，人均土地面积 6.48 亩，耕地面积的 6083.73 万亩，占国土面积的 25.95%，人均耕地面积 1.68 亩。北京土地面积 2519.87 万亩，人均土地面积 1.19 亩，耕地面积 347.53 万亩，占国土面积的 13.79%，人均耕地面积 0.17 亩。天津土地面积 1694.92 万亩，人均土地面积 1.27 亩，耕地面积 593.1 万亩，占国土面积的 34.99%，人均耕地面积 0.42 亩。

综上分析，北方地区中，土地面积较大的省区为新疆、西藏、内蒙古、青海、甘肃等，由于主要是高山、沙漠、戈壁，耕地所占面积小，加之干旱缺水，耕地后备资源潜力很小。东部省区播种面积较大，但土地面积有限，耕地占国土面积的比例已经接近极限水平，耕地后备资源潜力有限。并且由于城市扩张速度快，人口增长快，以及工业的快速发展，土地资源越来越紧缺。因此，北方地区今后增加播种面积、农作物增产、农业增效应当主要通过提高复种指数和单位面积产量来实现。

三、粮食作物播种面积过大，经济作物播种面积偏小

本区域粮食作物播种面积 53 210 万亩左右，占总播种面积的 64% 以上。如果将马铃薯作为主粮统计，则粮食作物播种面积占总播种面积的 70% 以上。粮食作物比例大导致

重茬面积大，以致土壤中养分比例失衡，尤其是固态磷含量过高，土壤微生物种类单一化，土传病原物与病菌快速积累，土壤生态环境恶化，化肥与农药的增产效果降低，农业生产成本增加，效益大幅下降。

四、春播作物面积大、复种指数低

北方冬季漫长，气候严寒，除华北平原与少数盆地热量条件较好，一年二熟与二年三熟制占有较大比重外，大部分地区热量条件差，为一年一熟。而且，热量条件最好的华北平原，棉花、花生等农作物仍为一年一熟，棉花、花生4月中下旬播种，9月中下旬收获，冬季休闲。因此，总体上春播作物播种面积过大，占总播种面积的70%左右（表1-3-3），这种种植结构直接导致总播种面积偏小，复种指数低，经济效益低下。因此，扩大冬播作物播种面积、改革耕作制度、提高复种指数是增加播种面积、提高单位面积经济效益的根本途径。

表 1-3-3　北方主要省区冬作物播种面积

省区	总播种面积（万亩）	冬小麦		冬油菜	
		播种面积（万亩）	占总播种面积百分比（%）	播种面积（万亩）	占总播种面积百分比（%）
北京	424.5	78.00	18.37	5.0	1.2
天津	478.5	168.72	35.26	3.0	0.6
河北	13 179.77	3 164.96	24.01	27.0	0.2
山东	16 300.47	5 509.90	33.8	27.0	0.2
山西	5 694.65	1 033.45	18.15	34.0	0.6
宁夏	1 920.41	195.47	10.18	15.0	0.8
甘肃	6 182.07	960.63	15.54	230.00	3.7
西藏	365.93	42.42	11.59	5.00	1.4
青海	831.34	41.30	4.97	10.00	1.2
新疆	7 705.11	1 220.00	15.83	17.00	0.2
合计	53 082.75	12 414.85	23.39	373.0	0.7

五、土地用养失调，土壤养分不均衡

土壤养分是作物生长的重要物质基础，是粮食的"粮食"。20世纪50年代以来随着化学肥料的大规模使用，使农业增产效果明显。但化学肥料的大量使用也造成了诸如土壤理化性状改变、有毒元素增加、微生物活性降低、养分失调等土壤环境污染问题。同时，由于区域内主要作物种植结构单一，小麦、玉米等禾本科作物占播种面积的70%左右，小麦、玉米等禾本科作物"重茬"，农田土壤长期得不到轮作，因此土壤中养分失调，氮素缺乏，磷素累积。目前在农业生产中人力投入不足，规模化经营不尽如人意，有机肥用量大幅度减少的情况下，虽然化肥用量保持快速增长，但粮食产量徘徊不前。同时，多年持续的化肥投入导致的农产品质量和环境问题也日渐突出，对农业的可持续发展形成了重大隐患和威胁。

六、耕地风蚀、污染严重

北方地区主要是一年一熟制，农事作业多在多风干燥的春季进行，导致地表疏松、水分散失、形成很厚的浮土层，为沙尘暴灾害的频繁发生创造了条件，每当遇上风速达17m/s 以上的大风时，极易形成沙尘暴，并导致耕地风蚀沙化。自 20 世纪 90 年代后期以来，由于全球气候变暖及人为因素的共同作用，土壤风蚀加剧，春季浮尘、扬沙、沙尘暴等灾害发生频度增加且强度增大。不断扩展的沙漠化土地也越来越成为农业生产和生态环境重大隐患，给国民经济和社会发展造成了极大的危害。我国沙尘暴源地主要有以朱日和为中心的内蒙古中部沙漠及沙化地区、以和田为中心的塔里木盆地周边地区和以民勤为中心的巴丹吉林沙漠到腾格里沙漠一带（图1-3-3）。

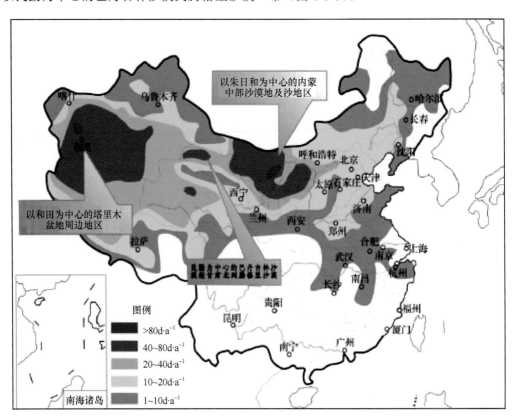

图 1-3-3　中国北方沙尘暴源地示意图

目前我国荒漠化土地已占国土陆地总面积的 27.3%，而且，荒漠化面积还在快速增长。我国每年遭受的强沙尘暴天气由 20 世纪 50 年代的 5 次增加到了 90 年代的 23 次。据调查，我国风蚀面积为 400.1 万 km²，风蚀面积占耕地面积的 46.9%，其中重度风蚀沙化面积 100.3 万 km²，每年因风蚀而丧失的可利用土地为 1.04 万 km²，造成经济损失达35.8 亿元。陕西、甘肃、宁夏、新疆、河北及内蒙古是我国沙尘暴的高发区。从 20 世纪50 年代以来呈波动减少之势，其中 60 年代和 70 年代略有上升，80～90 年代在减少中有回升；2000 年更是急剧增加，强或特强沙尘暴达到 9 次之多；2000 年以来继续在波动中降低（图 1-3-4 和图 1-3-5）。而春季 3～5 月，气温回升、土壤解冻、地表裸露，再加之 3～5 月为北方风季，风大风多，是沙尘暴和农田土壤风蚀沙化发生的主要季节。农田风蚀与耕作制度具有密切关系。研究表明，人为影响的风蚀量占总风蚀量的 93.1%，我国出现沙尘暴的主要尘源来自农田，春播地风蚀量是草地的 14.5 倍。风蚀沙化主要发生在春季，春麦区与沙尘暴源区、路径区、多发区基本重合。同时，雾霾已开始由京津冀地区向关中地区扩展，据统计，2013 年雾霾影响到国土面积的 1/4，影响人口约 6 亿，住在淮河以北的 5 亿中国人总共将丧失 25 亿年的预期寿命，即北方人比南方人少活 5.5 年。据医学杂志《柳叶刀》周刊发布的报告：2012 年在全球 67 种疾病杀手中，空气污染致死在中国已经排到第四位。严重的环境污染，导致国家每年花费巨资用于治理雾霾和环境污染，而环境污染与大地长期裸露不无关系。

农田土壤污染严重。全国土壤总的点位超标率为 16.1%，其中轻微、轻度、中度和重度污染点位比例分别为 11.2%、2.3%、1.5% 和 1.1%。从土地利用类型来看，耕地、林地、草地土壤点位超标率分别为 19.4%、10.0%、10.4%；从污染类型来看，以无机型为主，有机型次之，无机污染物超标点位数占全部超标点位的 82.8%；从污染物超标情况来看，镉、汞、砷、铜、铅、铬、锌、镍 8 种无机污染物点位超标率分别为 7.0%、1.6%、2.7%、2.1%、1.5%、1.1%、0.9%、4.8%；有机污染物六六六、滴滴涕、多环芳烃 3 类有机污染物点位超标率分别为 0.5%、1.9%、1.4%。

此外，随着保护地栽培技术的大面积应用，农用地膜污染也已成为严峻问题。

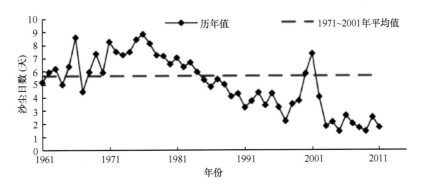

图 1-3-4　1961～2011 年春季（3～5 月）中国北方沙尘（扬沙以上）日数历年变化

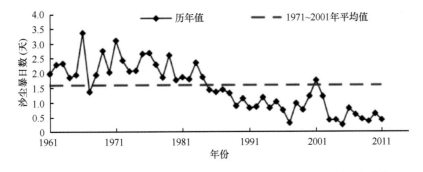

图 1-3-5　1961～2011 年春季（3～5 月）中国北方沙尘暴日数历年变化

第二章 北方旱寒区冬油菜北移

冬油菜与春油菜是一个农艺学上的概念，二者主要是根据播种季节和是否越冬来划分的。根据感温性，春油菜包括春性类型或弱冬性类型油菜。冬油菜包括冬性、半冬性与春性三种类型，长江上中游冬油菜为春性类型，长江下游冬油菜为半冬性或冬性类型，黄淮流域冬油菜则为冬性类型。

天水以西以北的广大北方旱寒区气候严寒，冬季极端低温达到−45～−30℃，冬季负积温达−1600～−600℃，最大冻土深度 26～144cm，年平均气温 5.9～8.7℃，最冷月平均气温−17.1～−7.0℃，最冷月平均最低气温−22.1～−7.0℃，无霜期 150～172 天，降水量42～700mm，年平均蒸发量 1657.1～3000mm。低温、干旱雨少，地表水缺乏，蒸发量大，自然生态条件十分严酷。冬播农作物很难与严酷的冬季低温、干旱抗争，越冬十分困难，冬油菜尤其如此。但在广大的北方，种植冬油菜不但可增加地表植被覆盖度，而且成熟早，有利于发展复种、增加播种面积、提高经济效益。因此，冬油菜无论在经济方面还是在生态方面都具有十分重大的意义。甘肃农业大学等于 2002～2013 年在我国北方 12省市、区进行了冬油菜北移的试验示范研究。10 多年来，通过选育、研发超强抗寒冬油菜品种及配套栽培技术，成功解决了我国北方冬油菜越冬问题，首次将冬油菜引入我国北方旱寒区种植。使冬油菜种植北界由北纬 35°（天水）北移至北纬 40°（北京）～48°地区（阿勒泰），北移了 5～13 个纬度，展示出显著的经济效益、生态效益与社会效益。

第一节 北方旱寒区冬油菜北移的意义

一、北方旱寒区冬油菜北移的基础

(一)超强抗寒冬油菜品种育成和应用为北方旱寒区冬油菜北移提供了品种保障

针对冬油菜的抗寒问题，20 世纪末开始，甘肃农业大学、天水市农业科学研究所、平凉农科所及延安市农科所等先后开展了北方冬油菜的抗寒性改良研究，相继育成了'陇油 6 号'、'陇油 7 号'、'陇油 8 号'、'陇油 9 号'、'陇油 12 号'、'陇油 14 号'、'天油2 号'、'天油 4 号'、'天油 7 号'、'天油 8 号'、'延油 2 号'、'平油 1 号'等 20 余个强抗寒性冬油菜品种，其中'陇油 6 号'、'陇油 7 号'等可在−30℃左右极端低温条件下安全越冬，为冬油菜北移提供了品种保障。由于冬油菜越冬问题的解决，冬油菜成功引入西藏，新疆阿勒泰、塔城、乌鲁木齐，青海，甘肃河西走廊、陇中和陇东北部，宁夏，晋中，北京，天津，河北，山东，辽宁等地种植，冬油菜种植区域北移了 5～13 个纬度。

（二）冬小麦北移为冬油菜北移提供的借鉴

Rosenzweig 采用 GISS 模型模拟结果表明，20 世纪 70 年代以来随着气候变暖，北美地区尤其是加拿大小麦产区扩大。美国、日本、加拿大、俄罗斯等国通过培育强抗寒品种，使冬小麦种植区成功北移，如加拿大冬小麦种植区成功北移至北纬 51°，日本的北海道也成功将春小麦改种为冬小麦，俄罗斯冬小麦种植区已经推进到远东地区。Newman 对北美玉米带模拟结果也指出，气温每变化 1℃，则产生 175km 的纬度位移。这些成果为我国冬油菜产区北移提供了可借鉴的经验与启迪。

（三）气候变暖为冬油菜北移提供的热量保障

20 世纪以来全球气温上升了 0.3～0.6℃，中国气温上升了 0.4～0.5℃，尤其是西北、华北和东北地区气温上升最为明显。西北的陕、甘、宁、青、新各省区，气候变暖的幅度高于全国平均值，冬季气温增高尤其明显。例如，甘肃与 20 世纪 70 年代相比，1 月的平均气温升高 1～2℃，特别是极端最低温度升高 2～3℃，平均每年升高 0.26℃。青海近 42 年（1961～2002 年）平均气温上升趋势也十分明显，上升率为 0.25℃/10a，尤其以 20 世纪 80 年代中期增温明显。气候变暖为冬作物北移创造了有利条件，从而为冬油菜北移提供了气候与热量资源。

（四）农业生产发展需求为冬油菜北移提供了市场

我国北方受热量条件限制，大多数地区一年一熟，农业生产效益低下。由于人口增加与人民生活水平的提高，迫切需要生产出更多农产品和食物，提高效益，满足市场需求。冬油菜 5 月中下旬至 6 月上中旬成熟，较冬小麦、春小麦早成熟 30 与 50 天左右，收获后剩余热量满足复种水稻、玉米、马铃薯、向日葵、花生、籽瓜、糜子、谷子和荞麦等作物的热量要求，从而使改革传统的一年一熟制为一年二熟制/二年三熟制有了热量等气候资源保障和空间条件，有利于增加播种面积和复种指数，提高经济效益，符合北方农业生产发展需要。

二、北方旱寒区冬油菜北移的重要意义

我国北方地区冬季漫长，气候严寒，热量不足，农业生产两季不足一季有余，绝大部分地区为一年一熟制，复种指数低。鉴于北方地区降水量偏低，土壤植被覆盖度低，土壤荒漠化和沙化程度严重，生态环境恶劣的现实，冬油菜北移对北方地区农业生产、生态环境和国民经济具有重大战略意义和深远影响。

（一）应对气候暖化挑战的重要措施

20 世纪以来全球气候变暖，中国气温上升了 0.4～0.5℃。西北、华北和东北地区气候变暖和增温尤其明显，据有关研究预测，未来 50～100 年全球和中国气候将继续向变暖的方向发展。气候变暖使春播作物的生长条件发生重大改变，病虫害增加，农艺性状劣化，产量降低，有些春播作物的种植将发生萎缩甚至有可能在一些地区退出农业生产，使作物的种植结构发生被动改变。同时，气候暖化对我国农业和种植业也产生了积极作用，主要表现在：①大气中 CO_2 浓度增加，有利于增强光合作用，提高农作物的生长速度和产量；②气温的升高使农作物生长发育进程加快，遭受早霜冻及低温冷害的概率减少；③气候变暖使有效积温增加，作物生长期延长，有利于进一步提高复种指数，使多熟制的北界向北向西推移；④气候变暖为冬作物及喜温作物的北移西延创造了条件。因此，发展北方冬油菜生产，是应对气候变暖挑战的客观要求。

（二）北方地区重要的冬春季覆盖作物和生态作物

我国北方属一季作区，冬季和早春耕地空闲，土壤表面裸露，且降水稀少，空气干燥，蒸发量大。秋耕、春播使土壤表层十分疏松，形成较厚的浮土层，给沙尘暴的形成提供了沙尘来源，加剧了土壤风蚀，破坏了生态环境，对农业生产造成了严重的负面影响。冬油菜秋季播种、次年 5 月中下旬至 6 月上旬收获，一方面可避免秋、春季的土壤耕作，在土壤表面形成稳定的固定层，同时在土壤表面形成较厚的植被层，解决了冬、春季土壤表面的覆盖问题，可有效地减少沙尘源，改善生态环境条件，使农业生产与生态环境建设有机地结合起来，生态效益和经济效益得到无缝隙联结。

（三）提高复种指数与经济效益的重要途径

北方地区农业生产两季不足一季有余，绝大部分地区为一年一熟制。冬油菜在北方旱寒区 8 月下旬至 9 月中旬播种，5 月中下旬至 6 月上中旬即可成熟，收获后可复种花生、水稻、大豆、马铃薯、玉米、向日葵、籽瓜及秋粮与蔬菜等作物，产量与质量可达到正茬种植的产品标准。因此，发展冬油菜生产可有效利用秋季和早春的光、热、水、土资源，改传统的一年一熟制为一年二熟/二年三熟制，增加复种指数，提高土地资源利用率和单位土地面积经济效益。

（四）我国食用植物油增产的新出路

我国食用植物油严重短缺，自 20 世纪 80 年代以来食用植物油自给率持续下滑，近 10 年来的食用油自给率仅为 35%~40%。由于人口增加和耕地减少，这种趋势很难短期内扭转。在北方旱寒区，冬油菜亩产量 200kg 以上，含油率 44% 以上，与传统油料作物胡麻和春油菜相比，亩新增油菜籽 30kg 以上，增产 30% 以上，含油率较胡麻和春油菜高 3~4 个百分点。我国北方有大量冬闲田，发展冬油菜潜力巨大，近期可发展冬油菜 5000 万亩左右；通过改春播为冬播，油菜收获后复种后茬作物，使北方一年一熟区改革为一年二熟或二年三熟，很好地解决了粮油争地的问题，使粮食作物和油料作物的生产协同发展，对解决国家食用植物油短缺问题具有重大意义。

（五）改良土壤的油—肥兼用作物

油菜生产提供的大量油脂和油饼具有很高的经济价值。菜籽饼含氮 4.6%、磷 2.48%、钾 1.4%，并含有多种其它营养元素，是很好的肥料。油菜秸秆、角壳也可沤制成有机肥料，对培养地力有良好作用。

油菜在轮作中占有重要地位。冬油菜地腾茬早、地力肥、油菜茬土壤理化性状较好。

据中国农业科学院油料作物研究所 1965 年测定,在稻田不同栽培制度下,土壤水解氮(N)和速效磷（P_2O_5）含量（每 100g 干土）,油菜茬地分别为 5.9mg 和 42mg,绿肥（苕子）地为 3.4mg 和 26mg,大麦地为 4.5mg 和 26mg,可见油菜茬的土壤有效氮、磷养分最高。油菜生产过程中还有不少落花、落叶、根茬等,供给土壤大量的有机物质和氮、磷、钾等营养元素。油菜的根系能分泌某些有机酸,这些有机酸可溶解土壤中的难溶性磷素,供给作物吸收利用。我国北方绝大部分地区作物种植结构单一,小麦、玉米等禾本科作物占播种面积的 80%左右。禾本科作物均"喜 N 厌 P",因此,小麦、玉米的"重茬"与长期"连作"造成土壤缺 N 富 P,使土壤养分失衡,P 大量积累,土壤出现不同程度 P "中毒"症状,加剧了土壤环境恶化。冬油菜是喜 P 吸 P 补 P 作物,生长发育过程中冬油菜可大量吸收利用土壤中的 P。通过与冬油菜的轮作,可有效解除土壤 P 积累的危害。因此,在减少农药、化肥使用量的大背景下,发展冬油菜不失为一项重要的保持土壤肥力的选项。

（六）促进其它产业发展的媒介作物

冬油菜既是油料作物,也是良好的饲料作物。菜籽饼含蛋白质 35%～47%,以及各种氨基酸,还含有粗脂肪、纤维素、矿物质和多种维生素;双低油菜饼粕是家畜的优质饲料。油菜的角壳含有 14g/kg 粗蛋白及大量纤维素,加工粉碎以后也可作为鸡、猪的饲料。秸秆粉碎以后可作牛、羊等家畜的饲料。

油菜还是蜜源作物和良好的传粉媒介作物。油菜枝多叶茂,开花多,花期长,是良好的蜜源作物,有利于促进养蜂业和农村经济的发展。特别是在北方寒区,冬油菜开花早,延长了蜜源季节,同时为果树提供了非常好的传粉媒介,有利于提高坐果率,提高果品质量和产量,降低生产成本,提高效益。

（七）促进乡村旅游的景观作物

冬油菜融入北方农业生产,使我国北方北纬 35°以北的广大地区 4 月即可见金黄色的油菜花盛开,形成壮丽的油菜花花海景观,是重要的旅游资源。例如,北京的长沟油菜花节,新疆莎车的油菜花—巴旦木节已成为当地的重要节庆。宁夏、山东、河北、甘肃等地也将冬油菜花作为重要的景观作物,打造油菜花节,促进了乡村旅游,带动了农村经济发展。

第二节　北方旱寒区白菜型冬油菜适应性

一、白菜型冬油菜在北方旱寒区的越冬率

2002～2013 年,甘肃农业大学、新疆农业科学院、全国农业技术推广服务中心、宁夏农林科学院、张掖市农业科学院、武威市农技中心、天水市农业科学研究所、酒泉市农科所、北京市农业技术推广站、甘肃省农技总站、西北农林科技大学、西藏自治区农牧科学院、内蒙古农牧业科学院、内蒙古农技站、山西省农技站、河北省农技站、辽宁省农技站等先后进行了 10 余年、400 多点次白菜型冬油菜适应性试验示范。试验示范结

果表明，在新疆阿勒泰、塔城、乌鲁木齐、拜城、莎车，西藏拉萨，甘肃中北部与河西走廊，银川平原，陕西靖边，内蒙古临河，山西太原周边，辽宁绥中和北京以南，白菜型冬油菜越冬率70%以上，均表现出良好的适应性。

（一）历年试验中参试品种越冬率

1. 2002～2005 年甘肃皋兰、靖远试验结果

2002～2005 年甘肃农业大学在皋兰试验结果表明，12 个品种越冬率在 72%～95%，其中 'WYW-1'、'Mxw-1'、'Dqw-1' 等品种（系）越冬率在 90% 以上（表 2-2-1）；2004～2005 年靖远试验结果表明，参试品种（系）越冬率在 80% 以上，其中 'WYW-1'、'DQW-1'、'MXW-1' 等 3 个品种（系）越冬率在 90% 以上。

表 2-2-1　参试品种（系）的越冬保苗率（%）

品种（系）	兰州皋兰 2002～2005		靖远 2004/2005	
	越冬率	比 CK 提高	越冬率	比 CK 提高
876	89.0	1.0	85.0	−3.0
Wyw-1	92.0	5.0	91.0	3.0
964	89.0	1.0	82.0	−7.0
天油 2 号（CK）	88.0	——	82.0	——
延油 2 号	89.0	1.0	87.0	−1.0
Dqw-1	95.0	8.0	93.0	6.0
8728	72.0	−18.0	84.0	−5.0
何家湾	88.0	0.0	84.0	−5.0
Mxw-1	95.0	8.0	94.0	7.0
986	77.0	−12.0	80.0	−9.0
天油 1 号	85.0	−3.0	84.0	−5.0
813	83.0	−6.0	84.0	−5.0

2. 2005～2007 年甘肃中部及河西走廊试验中参试品种越冬率

2005～2007 年甘肃农业大学先后在甘肃中部及河西走廊进行了 8 个品种、2 年 16 点次白菜型冬油菜越冬试验。试验结果表明，14 个点次强冬性品种越冬率 75%～99%（表2-2-2）。靖远刘川两年平均越冬率 80%～94%；靖远北滩两年平均越冬率 75%～93%；兰州、中川两年平均越冬率 80%～96%；武威两年平均越冬率 63%～99%，除 '天油 2 号'、'02C 杂 9'、'9853'、'9889' 4 个品种（系）越冬率为 60% 左右外，其它越冬品种越冬率为 87%～99%；张掖两年平均越冬率为 30%～97%，除 '天油 2 号'、'02C 杂 9'、'9853'、'9889' 4 个品种（系）越冬率为 30%～40% 外，其余品系越冬率在 70% 以上；酒泉两年越冬率 0～83%，其中 'MXW-1'、'DQW-1' 越冬率分别为 79% 与 83%，'天油 2 号'、'02C 杂 9'、'9853'、'9889'、'延油 2 号'、'WYW-1' 等 6 个品种（系）未能越冬。

由表 2-2-2 可以看出，在河东地区所有参试品系均能越冬，但在河西地区因试点海

拔及冬季热量条件差异，品种（系）间越冬率有很大差异。例如，在武威海拔 1500m 左右的地区，参试品种（系）均可以安全越冬，但在海拔达到 1700m 以上（黄羊镇）时，只有强抗寒性的品种才能安全越冬，8 个品种中只有‘MXW-1’、‘DQW-1’、‘WYW-1’等 3 个品种越冬率达到 97.60%～99.00%，‘延油 2 号’越冬率为 87.0%。其他品种越冬率为 63%～68%。在酒泉试点，只有‘MXW-1’、‘DQW-1’安全越冬，越冬率分别为 83.00%、79.00%，‘WYW-1’的越冬率仅为 6.20%，‘延油 2 号’越冬率为 4.90%，‘9852’、‘9889’、‘天油 2 号’、‘02C 杂 9’越冬率为 0。张掖试点，越冬率分为 3 个水平，‘MXW-1’、‘DQW-1’、‘WYW-1’越冬率最高，分别为 97.0%、97.0%、91.0%；其次为‘延油 2 号’，越冬率为 81.0%；其他品种越冬率为 30.0%～40.0%。在河西 3 个试点均能够安全越冬的只有‘MXW-1’、‘DQW-1’两个品种（系）。‘WYW-1’除在酒泉未能越冬外，在张掖、武威等试点均能够安全越冬，‘延油 2 号’在武威能够越冬，但在张掖越冬率较低（表2-2-2）。

表 2-2-2　2005～2007 年冬油菜在西北 16 个点次的越冬率（%）

品种（系）	刘川	北滩	兰州	中川	武威	张掖	酒泉
天油 2 号	80.0	78.0	80.0	81.0	68.0	40.0	0.01
延油 2 号	86.0	82.0	86.0	83.0	87.0	81.0	4.9
WYW-1	92.0	92.0	93.0	92.0	97.6	91.0	6.2
MXW-1	94.0	93.0	95.0	95.0	99.0	97.0	79.0
DQW-1	94.0	93.0	96.0	96.0	99.0	97.0	83.0
02C 杂 9	80.0	76.0	80.0	82.0	63.0	30.0	0.0
9852	81.0	75.0	82.0	81.0	64.0	40.0	0.0
9889	81.0	75.0	81.0	80.0	63.0	40.0	0.0

3. 2008～2013 年度北方联合试验中参试品种越冬率

2008～2013 年以‘陇油 6 号’、‘陇油 7 号’、‘陇油 8 号’、‘陇油 9 号’、‘天油 4 号’、‘天油 2 号’、‘天油 5 号’、‘天油 7 号’、‘天油 8 号’等 9 个品种在新疆、甘肃、西藏、青海、宁夏、陕北、内蒙古、山西、河北、天津、北京、辽宁、吉林等地进行了 47 个试点 87 点次越冬试验，结果表明，超强抗寒品种‘陇油 6 号’、‘陇油 7 号’在各试点越冬率为 50.0%～100.0%。各试点越冬率如下（图 2-2-1，表 2-2-3）。

新疆设 8 个试点 21 点次试验。其中阿勒泰 2008～2012 年 3 年平均越冬率 55.47%，‘陇油 6 号’、‘陇油 7 号’等 2 个品种越冬率在 70.0%以上；塔城 2008～2012 年 3 年越冬率 47.9%～82.95%，3 年平均越冬率 60.06%，其中‘陇油 6 号’、‘陇油 7 号’越冬率在 70.0%以上；乌鲁木齐 2008～2013 年 5 年平均越冬率 74.86%；拜城 2008～2013 年 4 年平均越冬率 65.44%，其中‘陇油 6 号’、‘陇油 7 号’、‘陇油 8 号’、‘陇油 9 号’4 个品种越冬率在 70.0%以上；和田 2008～2010 年 2 年平均越冬率 68.56%，‘陇油 6 号’、‘陇油 8 号’、‘陇油 9 号’、‘天油 2 号’4 个品种越冬率在 70.0%以上；奇台 9 个参试品种越冬率为 36.11%～57.79%，2 年平均越冬率 44.49%。

西藏设 2 试点 5 点次试验。拉萨 2009～2013 年 4 年平均越冬率 68.08%，9 个参试品种中'陇油 6 号'、'陇油 7 号'、'陇油 8 号'等 3 个品种越冬率在 70.0% 以上；林芝 2010～2011 年试验平均越冬率 69.93%，9 个参试品种中'陇油 6 号'、'陇油 9 号'2 个品种越冬率在 79% 以上。

甘肃设 16 试点 31 点次试验。酒泉 2 年平均越冬率 61.13%，9 个参试品种中'陇油 6 号'、'陇油 7 号'、'陇油 8 号'等 3 个品种越冬率在 70.0% 以上；张掖 2 年平均越冬率 87.08%，9 个参试品种越冬率 75.8%～97%，所有参试品种越冬率均在 70.0% 以上；武威 2 年平均越冬率 69.26%，'陇油 6 号'、'陇油 7 号'、'陇油 8 号'、'陇油 9 号'等 4 个品种越冬率在 70.0% 以上；古浪 2 年平均越冬率 57.17%，9 个参试品种中'陇油 6 号'、'陇油 7 号'2 个品种越冬率在 70% 以上；兰州 3 年平均越冬率 80.46%，9 个参试品种中 7 个品种越冬率在 70% 以上；兰州上川 2 年平均越冬率 50.61%，9 个参试品种中 2 个品种越冬率在 70% 以上；景泰 3 年平均越冬率 65.17%，9 个参试品种中 4 个品种越冬率在 70% 以上；临夏 2 年平均越冬率 63.86%，9 个参试品种中 2 个越冬率在 70% 以上；会宁 2 年平均越冬率 75.85%，9 个参试品种中 6 个品种越冬率在 70% 以上；环县 2 年平均越冬率 60.33%，9 个参试品种中 3 个品种越冬率在 70% 以上；华池 2 年平均越冬率 78.17%，9 个参试品种中 8 个品种越冬率在 70% 以上；镇原 2 年平均越冬率 77.66%，9 个参试品种中 7 个品种越冬率在 70% 以上。

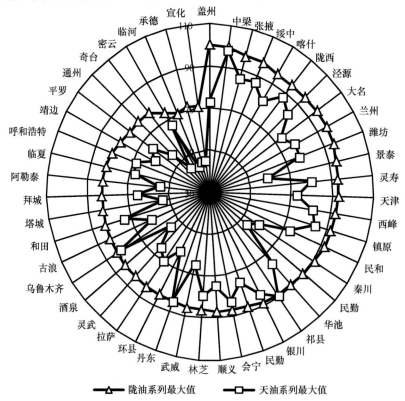

图 2-2-1　不同抗寒性白菜型冬油菜在不同生态区的越冬情况

表 2-2-3 2008~2013 年度不同品种冬油菜越冬率比较（%）

省市	试点	年份	陇油 6 号	陇油 7 号	陇油 8 号	陇油 9 号	天油 2 号	天油 4 号(CK)	天油 5 号	天油 7 号	天油 8 号	平均
甘肃	酒泉	2008/2009	86.00	87.00	78.50	68.50	28.00	53.40	43.40	52.90	46.60	60.48
		2009/2010	80.00	81.00	73.00	71.00	61.00	57.00	50.00	42.00	41.00	61.78
		平均	83.00	84.00	75.75	69.75	44.50	55.20	46.70	47.45	43.80	61.13
		较 CK 增长（%）	50.36	52.17	37.23	26.36	-19.38	0.00	-15.40	-14.04	-20.65	10.74
	张掖	2008/2009	96.00	92.60	91.80	88.50	81.60	83.40	83.40	72.90	76.60	85.20
		2009/2010	98.00	96.00	96.00	92.00	70.00	88.17	83.97	87.50	88.96	88.96
		平均	97.00	94.30	93.90	90.25	75.80	85.79	83.69	80.20	82.78	87.08
		较 CK 增长（%）	14.24	11.91	11.91	7.24	-18.40	2.78	-2.12	2.00	3.70	3.70
	武威	2009/2010	93.60	95.70	96.80	94.80	75.00	49.00	60.20	80.90	61.60	78.62
		2010/2011	75.00	76.00	72.00	70.00	55.00	43.00	48.00	49.00	51.00	59.89
		平均	84.30	85.85	84.40	82.40	65.00	46.00	54.10	64.95	56.30	69.26
		较 CK 增长（%）	83.26	86.63	83.48	79.13	41.30	0.00	17.61	41.20	22.39	50.55
	民勤	2008/2009	90.00	90.00	75.00	71.00	33.60	31.00	25.00	25.00	20.00	51.18
		2009/2010	86.23	87.43	81.67	78.08	72.96	74.46	73.93	69.78	75.50	77.78
		平均	88.115	88.715	78.335	74.54	53.28	52.73	49.465	47.39	47.75	64.48
		较 CK 增长（%）	67.11	68.24	48.56	41.36	1.04	0.00	-6.19	-10.13	-9.44	22.28
	景泰	2008/2009	98.70	88.00	77.00	67.00	28.00	26.00	25.00	18.00	17.00	49.41
		2009/2010	98.00	96.00	96.00	92.00	94.00	96.00	78.00	48.00	41.00	82.11
		2010/2011	84.00	81.70	75.60	73.20	54.90	53.40	51.00	53.40	48.80	64.00
		平均	93.57	88.57	82.87	77.40	58.97	58.47	51.33	39.80	35.60	65.17
		较 CK 增长（%）	60.03	51.47	41.73	32.38	0.85	-0.01	-12.21	-31.93	-39.11	11.46
	兰州	2008/2009	94.00	94.00	87.00	83.00	80.00	81.00	79.00	77.00	76.00	83.44
		2009/2010	98.00	96.00	96.00	92.00	70.00		78.00	48.00	78.00	78.25
		2010/2011	93.00	92.00	85.00	80.00	74.00	74.00	75.00	73.00	72.00	79.78
		平均	95.00	94.00	89.33	85.00	74.67	77.50	67.33	66.00	75.33	80.46

续表

省市	试点	年份	陇油 6 号	陇油 7 号	陇油 8 号	陇油 9 号	天油 2 号	天油 4 号(CK)	天油 5 号	天油 7 号	天油 8 号	平均
		较 CK 增长（%）	22.58	21.29	15.27	9.68	-3.66	0.00	-13.12	-14.84	-2.80	3.82
	陇西	2009/2010	72.00	85.70	93.90	95.80	87.90		43.40	67.90	79.00	78.20
		较 CK 增长（%）	-18.09	-2.50	6.83	8.99	0.00		-50.63	-22.75	-10.13	-11.04
	中梁	2009/2010	95.10	97.03	98.98	99.70	94.06		95.92	97.89	98.97	97.21
		较 CK 增长（%）	1.11	3.16	5.23	6.00	0.00		1.98	4.07	5.22	3.35
	临夏	2009/2010	63.90	78.50	61.10	51.40	67.30	52.10	54.50	41.10	33.60	55.94
		2010/2011	81.00	85.00	77.00	74.00	68.00	64.00	67.00	65.00	65.00	71.78
		平均	72.45	81.75	69.05	62.70	67.65	58.05	60.75	53.05	49.30	63.86
		较 CK 增长（%）	24.81	40.83	18.95	8.01	16.54	0.00	4.65	-8.61	-15.07	10.01
	上川	2009/2010	77.00	84.00	65.00	56.00	24.00	18.00	43.00	11.00	53.00	47.89
		2010/2011	76.00	78.00	70.00	79.00	33.00	38.00	35.00	40.00	31.00	53.33
		平均	76.50	81.00	67.50	67.50	28.50	28.00	39.00	25.50	42.00	50.61
		较 CK 增长（%）	173.21	189.29	141.07	141.07	1.79	0.00	39.29	-8.93	0.00	80.75
	会宁	2009/2010	72.00	85.70	93.90	95.80	87.90		43.40	67.90	79.00	78.20
		2010/2011	82.00	81.00	76.00	72.00						77.75
		平均	77.00	83.35	84.95	83.90	87.90		43.40	67.90	78.38	75.85
		较 CK 增长（%）	-12.40	-5.18	-3.36	-4.55	0.00		-50.63	-22.75	-10.83	-13.71
	环县	2009/2010	77.00	84.00	65.00	56.00	24.00	18.00	43.00	11.00	53.00	47.89
		2010/2011	81.00	85.00	75.00	71.00	68.00	65.00	69.00	71.00	70.00	72.78
		平均	79.00	84.50	70.00	63.50	46.00	41.50	56.00	41.00	61.50	60.33
		较 CK 增长（%）	90.36	103.61	68.67	53.01	10.84	0.00	34.94	-1.20	48.19	45.38
	华池	2009/2010	86.23	87.43	81.67	78.08	72.96	74.46	73.93	69.78	75.50	77.78
		2010/2011	90.00	91.00	83.00	80.00	74.00	73.00	70.00	70.00	76.00	78.56
		平均	88.12	89.22	82.34	79.04	73.48	73.73	71.97	69.89	75.75	78.17
		较 CK 增长（%）	19.56	21.05	11.72	7.24	-0.30	0.00	-2.35	-5.17	2.78	6.06

续表

省市	试点	年份	陇油6号	陇油7号	陇油8号	陇油9号	天油2号	天油4号(CK)	天油5号	天油7号	天油8号	平均
	镇原	2009/2010	91.50	91.50	85.60	81.50	67.00	34.00	19.90	83.20	80.80	70.56
		2010/2011	92.50	89.10	87.60	91.30	80.90	78.70	75.30	84.30	83.10	84.76
		平均	92.00	90.30	86.60	86.40	73.95	56.35	47.60	83.75	81.95	77.66
		较CK增长(%)	63.27	60.25	53.68	53.33	31.23	0.00	-15.53	48.62	45.43	37.81
	古浪	2009/2010	82.00	83.00	45.00	40.00	54.80	45.70	50.00	40.20	60.00	62.50
		2010/2011	85.00	80.00	30.00	80.20	54.80	45.70	50.00	40.20	60.00	58.43
		平均	83.50	81.50	37.50	60.10	54.80	45.70	50.00	40.20	61.25	57.17
		较CK增长(%)	82.71	78.34	-17.94	31.51	19.91	0.00	9.41	-12.04	34.03	25.10
	西峰	2010/2011	90.20	91.00	92.20	89.10	77.40	69.30	66.70	81.00	84.20	82.34
		较CK增长(%)	30.16	31.31	33.04	28.57	11.69	0.00	-3.75	16.88	21.50	18.82
新疆	阿勒泰	2008/2009	81.20	81.00	68.50	58.50	69.00	43.40	33.40	42.90	36.00	57.10
		2009/2010	95.70	96.90	98.00	88.80	95.10	89.90	69.90	77.00	65.30	86.29
		2011/2012	71.00	70.00	31.00	30.00	0.00	0.00	2.50	0.00	2.80	23.03
		平均	82.63	82.63	65.83	59.10	54.70	44.43	35.27	39.97	34.70	55.47
		较CK增长(%)	85.98	85.98	48.17	33.02	23.12	0.00	-20.62	-10.04	-21.90	24.85
	伊犁	2008/2009	84.30	81.00	78.00	68.00	23.00	43.00	33.00	42.00	36.00	54.26
		较CK增长(%)	96.05	88.37	81.40	58.14	-46.51	0.00	-23.26	-2.33	-16.28	26.18
	塔城	2008/2009	85.40	84.00	78.00	58.50	33.10	43.00	33.00	42.00	36.00	54.78
		2009/2010	88.05	73.33	81.88	85.86	80.58	78.70	70.92	64.66	58.08	75.78
		2011/2012	75.40	55.00	43.00	50.00	40.00	38.00	46.00	53.33	47.90	49.63
		平均	82.95	70.78	67.63	64.79	51.23	53.23	49.97	53.33	47.90	60.06
		较CK增长(%)	55.83	32.97	27.05	21.72	-3.76	0.00	-6.12	0.19	-10.01	13.10
	乌鲁木齐	2008/2009	95.89	98.04	90.00	91.48	98.31	89.11	87.37	97.48	91.11	93.20
		2009/2010	77.87	68.95	79.27	87.93	77.93	65.94	59.56	61.92	57.78	70.79
		2010/2011	76.70	83.30	88.90	84.40	58.50	62.70	46.70	59.60	70.70	70.17

续表

省市	试点	年份	陇油6号	陇油7号	陇油8号	陇油9号	天油2号	天油4号(CK)	天油5号	天油7号	天油8号	平均
		2011/2012	70.28	68.70	47.40	50.23			3.54		10.86	41.84
		2012/2013	97.55	95.55	100.00	95.70	92.10	46.55	98.55	84.35	76.15	87.39
		平均	83.66	82.91	81.11	81.95	81.71	66.08	59.14	75.84	61.32	74.86
		较CK增长（%）	26.60	25.47	22.75	24.02	23.65	0.00	-10.50	14.77	-7.20	14.28
	和田	2008/2009	88.60	92.30	93.90	74.03	77.50	50.20	50.20	37.90	45.60	67.80
		2009/2010	78.26	45.05	67.67	67.08	69.38	72.64	77.67	61.06	85.10	69.32
		平均	83.43	68.68	80.79	70.56	73.44	61.42	63.94	49.48	65.35	68.56
		较CK增长（%）	35.84	11.82	31.54	14.88	19.57	0.00	4.10	-19.44	6.40	11.62
	拜城	2008/2009	90.20	91.00	87.00	79.00	78.00	75.00	80.00	79.00	75.00	81.58
		2009/2010	67.40	66.30	77.50	78.40	74.60	64.30	58.60	54.60	46.30	65.33
		2011/2012	76.00	70.00	30.00	42.00	16.00	5.00	2.00	4.00	2.00	27.44
		2012/2013	97.55	95.55	100.00	95.70	92.10	46.55	98.55	84.35	76.15	87.39
		平均	82.78	80.71	73.63	73.78	65.18	47.71	59.79	55.49	49.86	65.44
		较CK增长（%）	73.51	69.17	54.33	54.64	36.62	0.00	25.32	16.31	4.51	37.16
	喀什	2008/2009	95.30	94.30	90.90	84.00	78.50	80.20	80.00	77.00	75.00	83.91
		较CK增长（%）	18.83	17.58	13.34	4.74	-2.12	0.00	-0.25	-3.99	-6.48	4.63
	奇台	2010/2011	80.00	80.00	76.00	75.00	70.00	70.00	70.00	80.00	70.00	74.56
		2011/2012	26.01	35.57	17.09	16.54	5.88	11.29	2.22	9.61	5.69	14.43
		平均	53.01	57.79	46.55	45.77	37.94	40.65	36.11	44.81	37.85	44.49
		较CK增长（%）	30.41	42.16	14.51	12.60	-6.67	0.00	-11.17	10.23	-6.89	9.45
宁夏	平罗	2009/2010	78.00	76.30	64.60	64.30	64.70		62.10	62.10	63.50	66.95
		较CK增长（%）	20.56	17.93	-0.15	-0.62	0.00	-100.00	-4.02	-4.02	-1.85	-8.02
	银川	2008/2009	88.26	87.45	83.39	78.97	74.95	75.91	72.99	73.99	73.78	78.85
		2009/2010	85.63	83.73	87.70	85.49	84.98	95.00	88.00	84.00	88.39	86.99
		2010/2011	93.00	95.10	90.81	87.50	82.00	81.50	80.60	79.10	81.70	85.70

续表

省市	试点	年份	陇油6号	陇油7号	陇油8号	陇油9号	天油2号	天油4号(CK)	天油5号	天油7号	天油8号	平均
	泾源	平均	88.96	88.76	87.30	83.99	80.64	84.14	80.53	79.03	81.29	83.85
		较CK增长(%)	9.29	9.06	7.32	3.39	-0.59	3.57	-0.72	-2.51	0.18	3.22
		2008/2009	90.00	89.10	80.90	85.00	76.50	76.00	75.00	73.00	77.00	80.28
		2009/2010	97.00	97.00	92.00	88.00	85.00	90.00	83.00	80.00	81.00	87.88
		2010/2011	98.00	98.00	95.00	90.00	85.00	83.00	70.00	85.00	86.00	88.56
		平均	95.00	94.70	89.30	87.67	82.17	83.00	76.00	79.33	81.33	85.39
		较CK增长(%)	14.46	14.10	7.59	5.63	-1.00	0.00	-8.43	-4.42	-2.01	2.88
	灵武	2009/2010	84.00	78.30	75.00	70.00	64.70		63.01	65.10	63.80	70.49
		较CK增长(%)	29.83	21.02	15.92	8.19	0.00		-2.61	0.62	-1.39	8.95
北京	密云	2009/2010	66.10	67.20	63.30	73.60	66.80		43.30	41.70	63.30	60.66
		较CK增长(%)	-1.05	0.60	-5.24	10.18	0.00		-35.18	-37.57	-5.24	-9.19
	通州	2009/2010	78.00	71.00	75.50	77.20	55.60		32.70	44.90	26.90	57.73
		较CK增长(%)	40.29	27.70	35.79	38.85	0.00		-41.19	-19.24	-51.62	3.83
	顺义	2008/2009	90.00	90.00	90.00	70.00	26.00	60.00	60.00	70.00	70.00	69.56
		2009/2010	83.30	70.00	89.70	70.00	60.00	59.70	70.00	79.70	56.70	71.01
		2010/2011	85.00	84.00	81.00	77.00	43.00	59.85	65.00	74.85	69.48	81.75
		平均	86.10	81.33	86.90	72.33	43.00	59.85	65.00	74.85	69.48	70.98
		较CK增长(%)	43.86	35.89	45.20	20.85	-28.15	0.00	8.60	25.06	16.09	18.60
河北	大名	2010/2011	95.00	93.00	87.00	80.00						88.75
	灵寿	2010/2011	93.00	92.00	90.00	90.00						91.25
	承德	2010/2011	50.00	48.00	47.00	46.00						47.75
	宣化	2010/2011	50.00	48.00	48.00	48.00						48.50
山东	潍坊	2009/2010	95.00	95.00	87.00	83.00	77.00	77.00	74.00	75.00	73.00	81.78
		较CK增长(%)	23.38	23.38	12.99	7.79	0.00	0.00	-3.90	-2.60	-5.19	6.21
陕北	靖边	2009/2010	78.00	77.00	59.00	43.00	23.00	18.00	8.00	1.00	6.00	34.78
		2010/2011	75.30	82.00	79.00	28.30	22.70	18.30	22.30	74.00	22.70	47.18

续表

省市	试点	年份	陇油6号	陇油7号	陇油8号	陇油9号	天油2号	天油4号(CK)	天油5号	天油7号	天油8号	平均
西藏	拉萨	平均	76.65	79.50	69.00	35.65	22.85	18.15	15.15	37.50	14.35	40.98
		较CK增长(%)	322.31	338.02	280.17	96.42	25.90	0.00	-16.53	106.61	-20.94	125.79
		2009/2010	86.30	87.70	82.40	80.90	63.00	68.00	48.00	41.00	46.00	67.03
		2010/2011	88.20	100.00	92.00	21.10				80.00	79.40	76.78
		2011/2012	79.60	78.20	70.40	69.40	69.60	50.30		60.30	79.30	76.78
		2012/2013	83.80	61.10	69.00	86.00	66.30	59.15	48.00	60.43	69.78	69.93
	林芝	平均	84.48	81.75	78.45	64.35	12.09	0.00	-18.85	2.16	17.97	68.08
		较CK增长(%)	42.82	38.21	32.63	8.79	69.60	50.30		60.30	79.30	15.10
		2010/2011	66.60	21.47	37.18	70.97	38.37	0.00	0.00	19.88	57.65	69.93
辽宁	丹东	较CK增长(%)	76.00	75.00	27.00	20.00	80.00	0.00	—	0.00	0.00	39.02
		2008/2009	90.00	95.00	87.50	90.00	90.00	97.00	0.00	90.00	90.00	30.89
	连山	平均	83.00	85.00	57.25	55.00	85.00	48.50	-100.00	45.00	45.00	91.19
		2010/2011	71.13	75.26	18.04	13.40	75.26	0.00	80.00	-7.22	-7.22	55.97
		较CK增长(%)	97.00	95.00	91.50	90.00	85.00	87.00	-8.05	85.00	8.00	15.40
	盖州	2010/2011	11.49	9.20	5.17	3.45	-2.30	0.00	68.00	-2.30	-90.80	79.83
		较CK增长(%)	100.00	100.00	80.00	75.00	0.00	71.00	-4.23	73.00	70.00	-8.24
天津	西青	2008/2009	40.85	40.85	12.68	5.63	-100.00	0.00	70.00	2.82	-1.41	70.78
		2010/2011	93.00	69.00	70.00	88.00	73.00	73.00	-4.11	73.00	69.00	-0.31
		较CK增长(%)	27.40	-5.48	-4.11	20.55	0.00	0.00		0.00	-5.48	75.33
山西	祁县	2010/2011	74.10	89.10	88.30	88.10	72.50	88.90	73.40	68.30	89.70	3.19
		较CK增长(%)	-16.65	0.22	-0.67	-0.90	-18.45	0.00	0.00	-23.17	0.90	82.38
青海	民和	2008/2009	92.00	91.00	80.10	76.00	27.50	73.40	10.00	72.00	71.60	-7.33
		较CK增长(%)	25.34	23.98	9.13	3.54	-62.53	0.00	-80.00	-1.91	-2.45	73.00
内蒙古	呼和浩特	2008/2009	81.00	80.00	60.00	70.00	68.50	50.00	36.20	25.00	12.00	-0.54
		较CK增长(%)	62.00	60.00	20.00	40.00	37.00	0.00	-8.35	-50.00	-76.00	50.72
	临河	2010/2011	57.50	46.30	38.30	37.00	38.60	39.50		35.70	43.20	41.37
		较CK增长(%)	45.57	17.22	-3.04	-6.33	-2.28	0.00		-9.62	9.37	4.73

陕北（靖边）设1个试点2年试验，参试品种越冬率14.35%～79.5%，其中'陇油6号'、'陇油7号'2年越冬率均在75%以上。

宁夏设4个试点8点次试验。银川2008～2011年3年平均越冬率83.85%，9个参试品种越冬率为79.03%～88.96%；泾源2008～2011年3年平均越冬率85.57%，9个参试品种越冬率76.00%～95.0%；平罗试点在2009～2010年试验中平均越冬率66.95%，9个参试品种中2个品种越冬率在70.0%以上；灵武试点在2009～2010年试验中，平均越冬率71.56%，9个参试品种中4个品种越冬率在70.0%以上。

河北2010～2011年设4个点次试验，灵寿、大名安全越冬，宣化、承德越冬率较低。灵寿4个参试品种越冬率均在90%以上，大名4个参试品种越冬率均在80%以上；宣化参试品种越冬率48%～50%；承德参试品种越冬率46%～50%。

北京设3个试点5点次试验。密云2009～2010年平均越冬率60.66%，参试品种越冬率在43.3%～73.6%，8个参试品种中，'陇油9号'越冬率为73.6%；通州2009～2010年平均越冬率57.73%，8个参试品种中4个品种越冬率在70%以上；顺义2008～2011年3年平均越冬率70.98%，8个参试品种中5个品种越冬率在70%以上。

内蒙古呼和浩特2008～2009年平均越冬率50.72%，参试品种越冬率为10.0%～81.0%，9个参试品种中3个品种越冬率70%以上；临河2010～2011年平均越冬率41.37%，参试品种越冬率在35.7%～57.5%，没有品种越冬率达到70%。

辽宁设3个试点4点次试验。丹东2009～2011年平均越冬率55.97%，参试品种中3个品种越冬率在70%以上；盖州2008～2009年平均越冬率70.78%，9个参试品种中7个品种越冬率在70%以上；连山2010～2011年平均越冬率79.83%，参试品种越冬率8.0%～97.0%，9个参试品种中8个品种越冬率在70%以上。

青海民和2008～2009年平均越冬率73.0%，参试品种越冬率71.6%～92.0%。

山西祁县2010～2011年平均越冬率82.38%，参试品种越冬率为68.3%～89.1%，8个参试品种7个品种越冬率在70%以上。

天津西青试点2010～2011年平均越冬率75.33%，参试品种越冬率为69.0%～93.0%，9个参试品种中7个品种越冬率在70%以上。

从2008～2013年连续几年的试验结果可以看出（表2-2-3），不同地区越冬率有巨大差异。西北地区越冬率普遍高，强冬性品种越冬率在80%以上，尤其以新疆阿勒泰、塔城、乌鲁木齐，甘肃河西走廊，宁夏银川及南部的泾源越冬率高，平均越冬率分别为86.3%、77.8%、70.8%、78.6%～82.1%、87.0%、87.9%；辽宁、北京等地区抗寒性强的品种越冬率达到80.0%左右。说明在越冬率较低的地区，抗寒性强的品种越冬率仍然可以达到80.0%左右，可见，只要品种选择得当，这些地区冬油菜越冬仍然是有保障的。

4. 2011～2013年度北方旱寒区冬油菜越冬试验中参试品种越冬率

2011～2013年以'07皋DQW-1-3'、'07兰MXW-1-3'、'陇油7号'、'天油4号'、'宁油2号'等12个品种在新疆、甘肃、西藏、青海、宁夏、陕北、内蒙古、山西、河北、天津、北京、辽宁、吉林等地进行了45点次越冬试验，试验结果表明，越冬率为72.0%～100.0%（表2-2-4）。各试点越冬率如下。

表 2-2-4 2011～2013 年度北方旱寒区冬油菜越冬试验越冬率（%）

试点	年份	陇油6号	陇油7号	07皋DQW-1-3	07兰MXW-1-3	0临延2-9	07兰天2-2	宁油2号	平油1号	06468	07302	0737	天油4号	平均
乌鲁木齐	2012/2013	100.0	98.4	97.60	90.00	63.60	78.70	81.80	69.50	80.50	63.00	83.90	62.00	80.75
	2011/2012	72.10	83.50	76.50	79.70	71.20	59.10	66.60	33.20	60.70	59.30	42.5	47.60	64.50
拉萨	2012/2013	69.30	78.50	74.60	58.00	66.70	43.60	59.60	45.01	56.00	56.60	59.30	56.00	60.27
	平均	70.70	81.00	75.55	68.85	68.95	51.35	63.10	39.11	58.35	57.95	59.30	51.80	62.17
平安	2011/2012	—	—	82.10	79.20	79.80	81.20	60.00	79.40	53.10	71.40	73.30	69.50	72.90
民和	2012/2013	—	—	95.00	95.00	86.00	88.00	80.00	81.00	80.00	78.00	75.00	75.00	83.30
	2011/2012	78.40	77.98	82.95	89.91	47.57	45.73	55.02	45.01	49.56	50.84	36.16	40.13	58.27
酒泉	2012/2013	99.30	96.80	90.70	98.40	96.00	71.80	85.80	69.60	81.30	94.50	84.50	60.60	85.78
	平均	88.85	87.39	86.83	94.15	71.79	58.77	70.41	57.31	65.43	72.67	60.33	50.37	72.03
敦煌	2012/2013	95.40	90.29	90.40	91.01	88.89	96.34	83.72	90.91	95.32	94.54	94.54	93.22	92.05
	2011/2012	77.70	87.50	51.40	41.80	73.00	53.70	26.00	29.80	29.30	24.10	39.30	12.00	45.47
武威	2012/2013	94.10	93.04	92.15	93.90	88.90	86.11	84.40	86.90	79.83	81.90	83.83	80.50	87.13
	平均	85.90	90.27	71.78	67.85	80.95	69.91	55.20	58.35	54.57	53.00	61.57	46.25	66.30
	2011/2012	91.70	91.05	93.78	90.05	87.78	83.51	81.89	75.11	74.40	75.60	73.70	78.00	83.05
景泰	2012/2013	94.10	95.00	93.80	94.10	77.80	76.50	71.10	78.90	79.10	75.20	79.10	80.20	82.91
	平均	92.90	93.03	93.79	92.08	82.79	80.01	76.50	77.01	76.75	75.40	76.40	79.10	82.98
	2011/2012	87.20	90.10	77.60	75.10	73.59	76.50	63.30	—	46.90	35.60	41.80	44.80	64.77
兰州上川	2012/2013	93.10	79.87	51.12	38.70	40.10	23.61	37.51	53.59	31.89	72.37	59.38	23.89	50.43
	平均	90.15	84.99	68.77	62.97	62.43	58.54	54.70	61.45	41.90	47.86	47.66	37.83	59.94
	2011/2012	91.90	90.07	91.60	92.40	90.40	83.60	78.60	80.80	80.10	74.80	78.90	77.80	84.25
会宁	2012/2013	—	—	89.70	89.30	94.10	82.90	78.10	88.20	80.00	80.00	81.20	83.10	84.66
	平均	91.90	90.07	90.65	90.85	92.25	83.25	78.35	84.50	80.05	77.40	80.05	80.45	84.98
	2011/2012	93.50	92.60	82.50	73.00	80.60	83.10	79.00	89.90	76.20	80.90	79.50	80.10	82.58
镇原	2012/2013	95.20	96.00	86.10	82.30	85.40	87.2	64.30	87.10	82.30	83.90	81.90	85.40	84.54
	平均	94.35	94.30	84.30	77.65	83.00	83.10	71.65	88.50	79.25	82.40	80.70	82.75	83.50
	2011/2012	76.80	80.00	77.00	73.00	65.00	66.00	56.00	59.00	61.00	60.00	57.00	55.00	65.48
银川	2012/2013	90.00	91.00	82.00	80.00	78.00	75.00	75.00	71.00	74.00	76.00	76.00	74.00	78.50
		83.40	85.50	79.50	76.50	71.50	70.50	65.50	65.00	67.50	68.00	66.50	64.50	71.99
	2011/2012	93.00	92.00	87.00	82.00	77.00	77.00	78.00	73.00	71.00	72.00	72.00	73.00	78.92
泾源	2012/2013	95.00	94.00	88.00	85.00	78.00	80.00	81.00	82.00	81.00	79.00	78.00	78.00	83.25
	平均	94.00	93.00	87.50	83.50	77.50	78.50	79.50	77.50	76.00	75.50	75.00	75.50	81.08
	2011/2012	73.00	74.00	65.00	61.40	36.10	30.20	28.00	25.00	14.00	13.50	12.00	10.30	36.88
临河	2012/2013	75.90	76.40	68.10	66.50	39.00	38.70	35.50	32.20	26.50	23.90	26.00	25.40	44.52
	平均	74.45	75.20	66.55	63.95	37.60	34.45	31.75	28.60	20.25	18.70	19.00	17.85	40.70
	2011/2012	81.00	83.00	—	—	—	—	—	—	—	—	—	—	82.00
靖边	2012/2013	80.00	84.00	—	—	—	—	—	—	—	—	—	—	82.00
	平均	80.50	83.50	—	—	—	—	—	—	—	—	—	—	82.00
	2011/2012	87.00	85.20	78.60	86.40	81.60	84.40	82.20	84.00	85.20	83.40	85.70	81.40	83.76
祁县	2012/2013	—	—	89.60	85.50	87.20	91.40	86.00	89.20	83.10	84.60	85.50	85.70	86.78
	平均	87.00	85.20	84.10	85.95	84.40	87.90	84.10	86.60	84.15	84.00	85.60	83.55	85.21

续表

试点	年份	陇油6号	陇油7号	07皋DQW-1-3	07兰MXW-1-3	0临延2-9	07兰天2-2	宁油2号	平油1号	06468	07302	0737	天油4号	平均
晋源	2011/2012	80.20	81.00	81.00	77.00	76.00	74.00	71.00	72.00	70.00	69.00	68.00	63.00	73.52
	2012/2013	83.10	83.40	85.70	89.40	82.30	80.50	78.20	77.90	82.30	79.81	80.60	80.40	81.97
	平均	81.65	82.20	83.35	83.20	79.15	77.25	74.60	74.95	76.15	74.41	74.30	71.70	77.74
天津	2011/2012	74.20	76.60	70.80	71.30	65.70	66.70	34.20	44.10	35.00	40.80	45.00	49.20	56.13
	2012/2013	—	—	78.30	75.80	86.60	84.20	44.20	45.00	50.80	61.70	55.00	54.20	63.58
	平均	74.20	76.60	74.55	73.55	76.15	75.45	39.20	44.55	42.90	51.25	50.00	51.70	60.84
顺义	2011/2012	98.20	97.10	97.20	98.60	90.50	98.30	78.20	76.30	77.50	79.40	81.80	80.40	87.79
	2012/2013	90.00	91.00	85.00	90.00	85.00	90.00	90.00	83.00	91.00	60.00	60.00	85.00	83.33
	平均	94.10	94.05	91.10	94.30	87.75	94.15	84.10	79.65	84.25	69.70	70.90	82.70	85.56
塔山	2011/2012	70.00	70.10	60.00	44.00	22.00	23.00	20.00	6.50	7.80	14.60	21.00	15.00	31.17
	2012/2013	96.90	80.90	44.40	84.30	70.50	20.20	24.70	71.70	47.60	4.60	52.10	11.80	50.81
	平均	83.45	75.50	52.20	64.15	46.25	21.60	22.35	39.10	27.70	9.60	36.55	13.40	40.99
绥中	2011/2012	76.90	80.90	44.40	84.30	70.50	22.20	24.70	71.70	47.60	0.00	52.10	11.80	48.93
普兰店	2011/2012	83.00	83.00	10.30	7.00	45.00	17.70	9.70	24.70	11.00	14.00	13.00	15.00	27.78
凤城	2011/2012	75.00	74.00	71.00	71.50	46.40	40.30	38.00	37.00	34.00	27.50	25.00	26.30	47.17
长春	2011/2012	70.50	72.80	66.60	58.70	37.50	35.20	29.10	25.80	21.10	19.60	18.40	22.50	39.82
延边	2011/2012	72.00	73.00	67.00	61.00	55.00	42.00	44.00	48.00	45.00	45.00	40.00	41.00	52.75
	2012/2013	100.00	80.50	97.60	90.00	63.60	78.70	81.80	69.50	98.40	63.00	83.90	62.00	80.75
	平均	86.00	76.75	82.30	75.50	59.30	60.35	62.90	58.75	71.70	54.00	61.95	51.50	66.75
定州	2011/2012	72.10	83.50	76.50	79.70	71.20	59.10	66.60	33.20	60.70	59.30	42.50	47.60	64.50

新疆乌鲁木齐 1 个点次（2012～2013 年），越冬率 62.0%～100.0%，12 个参试品种 8 个越冬率在 70%以上，平均越冬率 80.75%。

西藏拉萨试点 2 年越冬率 39.11%～81.0%，12 个参试品种中 3 个品种越冬率在 70% 以上，平均越冬率 62.17%。

青海平安 2011～2012 年越冬率 53.1%～82.1%，10 个参试品种 7 个品种越冬率在 70%以上，平均越冬率 72.90%；民和 2012～2013 年 10 个参试品种越冬率均在 70% 以上。

甘肃设 7 个试点 13 点次试验，参试品种越冬率 0.22%～99.30%。其中酒泉 2 年越冬率 50.37%～94.15%，12 个参试品种中 7 个品种越冬率在 70%以上，平均越冬率 72.03%；敦煌 2012～2013 年越冬率 83.72%～96.34%，12 个参试品种越冬率均在 70%以上，平均越冬率 92.05%；武威 2 年越冬率 46.25%～90.27%，12 个参试品种中 4 个品种越冬率在 70%以上，平均越冬率 66.30%；景泰 2 年越冬率 76.4%～93.79%，12 个参试品种越冬率均在 70%以上，平均越冬率 82.98%；兰州上川 2 年越冬率 37.83%～90.15%，12 个参试品种中 2 个品种越冬率在 70%以上，平均越冬率 59.94%；会宁 2 年越冬率 77.4%～91.9%，12 个参试品种越冬率均在 70%以上，平均越冬率 84.98%；镇原 2 年越冬率 71.65%～94.35%，12 个参试品种越冬率均在 70%以上，平均越冬率 83.5%。

宁夏 2 个试点 4 点次试验,越冬率为 55.0%～95.0%。其中银川 2 年越冬率为 64.50%～85.5%,12 个参试品种中 6 个品种越冬率在 70% 以上,平均越冬率 71.99%;泾源 2 年越冬率为 75.00%～94.00%,参试品种越冬率均在 70% 以上,平均越冬率 81.08%。

陕北靖边 2 年越冬率 80.5%～83.5%,平均越冬率 82.0%。

内蒙古临河 2 年越冬率 17.85%～75.2%,12 个参试品种 2 个品种越冬率在 70% 以上,平均越冬率 40.70%。

山西 4 点次试验的越冬率 63.0%～91.4%,其中祁县 2 年越冬率为 83.55%～87.90%,12 个参试品种越冬率均在 70% 以上,平均越冬率 85.21%;晋源 2 年越冬率为 71.70%～83.35%,12 个参试品种越冬率均在 70% 以上,平均越冬率 77.74%。

河北定州 2011～2012 年越冬率 33.20%～83.5%,12 个参试品种中 5 个品种越冬率在 70% 以上,平均越冬率 64.50%。

北京顺义两年越冬率 69.70%～94.30%,12 个参试品种中 11 个品种越冬率在 70% 以上,平均越冬率 85.56%。

辽宁设 4 个试点 5 点次试验,越冬率 0.00%～96.90%。其中塔山越冬率 9.60%～83.45%,12 个参试品种中 2 个品种越冬率在 70% 以上,2 年平均越冬率 40.99%;普兰店 2011～2012 年越冬率 7.0%～83.0%,12 个参试品种中 2 个品种越冬率在 70% 以上,平均越冬率 27.78%;绥中 2011～2012 年越冬率 0.00%～84.30%,12 个参试品种中 5 个品种越冬率在 70% 以上,平均越冬率 48.93%;凤城 2011～2012 年越冬率 25.0%～75.0%,12 个参试品种中 4 个品种越冬率在 70% 以上,平均越冬率 47.17%。

吉林 2 个点 3 次试验,越冬率为 18.40%～100.0%。其中延边 2 年越冬率为 51.5%～86.0%,12 个参试品种中 5 个品种越冬率在 70% 以上,平均越冬率 66.75%;长春 2011～2012 年越冬率 18.40%～72.80%,12 个参试品种中 2 品种个越冬率在 70% 以上,平均越冬率 39.82%。

(二)北方冬油菜越冬安全稳定性分析

越冬率(%)高低是品种抗寒性强弱的最客观反映,因此一般以越冬率高低为指标来判断越冬作物品种抗寒性的强弱。油菜为无限花序,个体自我调节能力很强。研究结果表明,当越冬率大于 70% 时,产量和农艺性状能够达到设计目标,并保持较高稳定水平,因此本书以越冬率大于 70% 作为安全越冬的指标。

1. 安全越冬的适定性参数法分析

适定性参数法是余世蓉提出的判断品种稳定性的方法,适定性参数以 a_i 表示,$a_i = s_i / \bar{s}$,式中的 s_i 为第 i 个试点越冬率的标准差,$\bar{s}$ 为所有试点越冬率的平均标准差。以 a_i 值为横轴,越冬率 x_i 为纵轴,(1,70%)为原点坐标作图。凡位于象限 I 的试点($a_i > 1$,$x_i > 70\%$)越冬率高而不稳定,位于象限 II 的试点($a_i < 1$,$x_i > 70\%$)高而稳定,位于象限 III 的试点($a_i < 1$,$x_i < 70\%$)越冬率低而稳定,位于象限 IV 的试点($a_i > 1$,$x_i < 70\%$)越冬率低而不稳定。能够安全越冬的试点应该位于第二象限和第一象限,第二象限内的试点越冬率大于 70%,$a_i < 1$,说明年越冬率标准差小于平均标准差,越冬率变化较小,稳定性较高,所有品种均有较好适应性。位于第一象限的试点,虽然稳定性较差,但最

低越冬率均在70%以上，仍属于安全越冬地区。

能够安全越冬的适宜试点不仅适应品种广泛，而且越冬率年份间品种间稳定性要高。2008～2011年越冬率适定性参数法分析结果表明（图2-2-2），临河落入第四象限，对品种抗寒性要求苛刻，选择适应品种范围较狭窄，越冬率低且年份间不稳定。承德、宣化落入第三象限，越冬率低且年份间稳定。古浪、呼和浩特、环县、拉萨及盖州、民勤、上川越冬率较高，但年份间越冬率差异较大，适定性参数大于1.5，越冬率不太稳定。民和、林芝、平罗、塔城越冬率大于70%，且 ai 大于1但接近1，越冬安全性高。乌鲁木齐、张掖、武威、会宁、西峰、银川、泾源、灵寿、绥中等越冬率都在80%以上，ai 小于0.5，属于安全越冬地区。喀什、奇台、拜城、酒泉、兰州、景泰、华池、顺义、通州、灵武、大名、潍坊等高纬度地区落在第二象限，适应品种广泛，越冬安全性高，为安全越冬区。

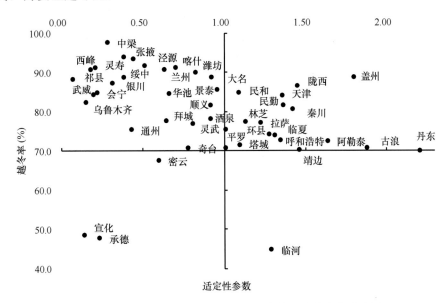

图 2-2-2　2008～2011 年各试点越冬安全性适定性参数法分析

2011～2013年越冬率分析结果（图2-2-3），临河等试点落在第四象限，越冬率低（小于70%）且不稳定。上川、延边、酒泉等试点落入第一象限，越冬率大于70%，但年份间变化大，对品种抗寒性较敏感，只有超强或强抗寒品种才能越冬。拉萨、会宁、景泰、镇原、民和、银川、顺义、定州、晋源、天津落入第二象限，越冬率均大于70%，并且年份间越冬率差异较小，对品种适应范围广，越冬安全性高。

2. 安全越冬性的变异系数法分析

变异系数法是 Francis 和 Kannenberg 提出的判断品种稳定性的方法。变异系数用 CV_i 表示，$CV_i=(S_i/X_i)\times100\%$，式中的 S_i 和 X_i 分别为第 i 个试点越冬率的标准差和平均越冬率。以 CV_i 值为横轴，越冬率 X_i 为纵轴，$(\overline{cv}, 70\%)$ 为原点坐标作象限图。变异系数越小，越冬率越稳定。其原理与适定性参数法得出的象限分布相同。

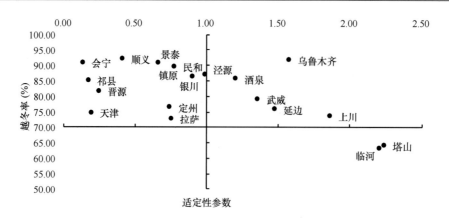

图 2-2-3　2011～2013 年各试点越冬安全性的适定性参数分析

变异系数法能够评价一个试点越冬率的静态稳定性，越冬率越高，变异系数越小，则试点的越冬率越稳定。变异系数法分析结果表明（图 2-2-4，图 2-2-5），在新疆乌鲁木齐、喀什、拜城、河西走廊以东，包括甘肃张掖、武威、景泰、会宁、兰州、陇西、西峰，宁夏灵武、泾源，山西祁县、晋源，北京等地越冬率都在 70% 以上，变异系数较小，年份间、品种间越冬率差异较小，为安全越冬地区。而河北承德、宣化越冬率都小于 70%，且年份间不稳定，越冬安全性差。

3. 适定性参数法分析结果与变异系数法分析结果的相关性

适定性参数法、变异系数法间的相关性分析结果表明，相关系数为 0.965[**]，相关性显著，说明适定性参数法、变异系数法均能够反映各试点与品种越冬率稳定性及适应性。

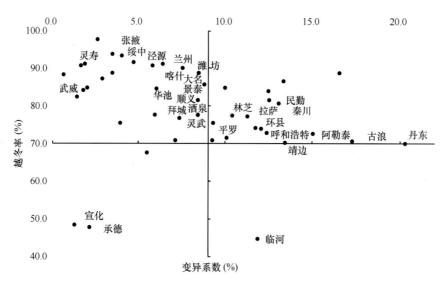

图 2-2-4　2008～2011 年各试点越冬率变异系数分析

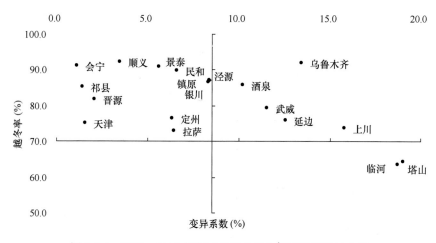

图 2-2-5　2011～2013 年各试点越冬安全性变异系数法分析

（三）品种与试点安全越冬评价

横跨北方 13 省区市的北方旱寒区，从东经 73.20°（喀什）到东经 122.21°（盖州），纬度从北纬 35°到北纬 48.08°（阿勒泰），各地气温、降水条件、积雪覆盖条件不同，南北气候垂直性地带明显，东西自然条件差异大。

2002～2013 年冬油菜越冬试验结果表明，大多数年份越冬率在 80%以上，期间也有极端气候年份出现，但强抗寒冬油菜品种越冬率均达到 70%以上。2008/2009 年与 2010/2011 年的冬季是华北、西北 50 年未遇的冷冬，而且 2010/2011 年是冷冬加倒春寒天气，华北的北京、河北及西北的河西走廊、新疆等地均遭遇严酷冬季低温和倒春寒影响，且持续低温时间长，冬季负积温值明显大于常年，入冬早，春来迟，冬季天数较常年延长 15 天左右，冬油菜越冬率较常年显著降低，但越冬率仍保持在较高水平，强抗寒品种安全越冬。山西祁县越冬率 83.1%～91.4%；甘肃景泰越冬率 71.1%～99.1%，会宁越冬率 73.8%～94.1%；青海平安越冬率 53.1%～83.1%；天津越冬率 50.8%～86.6%；特别是乌鲁木齐试验点，2009/2010 年，极端最低气温比 2008/2009 年降低 7℃，达到−28℃，春季冬油菜返青期初期又遭遇罕见暴风雪，气温骤降至−5～−3℃，持续一周左右，在这样的严酷条件下，抗寒品种仍然安全越冬，经受住了严冬与倒春寒考验，越冬率达到 57.78%～87.93%。2011/2012 年乌鲁木齐连续第二次遭遇多年未遇的寒冷天气，降雪时间较往年偏晚、偏少，极端最低气温−35℃，积雪厚度 12cm。尽管因为没有稳定的积雪及极端气温偏低且持续时间较长，造成冬油菜越冬率总体较低，春季气温上升较慢，冬油菜返青推迟至 4 月 15 日开始返青，但'陇油 7 号'越冬率仍然达到 78.7%。

10 余年（2002～2013 年）400 余点次、30 余个不同抗寒性白菜型冬油菜品种试验结果表明，品种间抗寒性与越冬率有较大差异。在参试品种中'陇油 7 号'的平均越冬率最高，为 81.4%，'天油 5 号'最低，为 50.7%。陇油号系列的品种平均越冬率为 71.5%～81.4%，天油号系列的品种平均越冬率为 50.7%～69.7%。

不同地区冬油菜越冬率有巨大差异。西北地区越冬率普遍高，在 80%以上，以新疆阿勒泰、塔城、乌鲁木齐，甘肃河西走廊，宁夏银川及南部的泾源越冬率分别达到为 86.3%、

77.8%、70.8%、78.6%～82.1%、87.0%、87.9%。北京地区平均越冬率为 63%，其中，抗寒品种'陇油 6 号'、'陇油 7 号'在 80%以上。靖边地区平均越冬率为 40%，其中，抗寒性强的'陇油 7 号'、'陇油 6 号'品种越冬率达到 80.0%以上。内蒙古临河地区平均越冬率为 30%，但抗寒性强的'陇油 7 号'、'陇油 6 号'品种越冬率达到 81.0%以上。

北方冬油菜区生态差异大，尤其是热量条件差异很大，因此对品种的抗寒性要求也完全不同。例如，在南疆、宁夏南部及河北中南部地区，对抗寒性的要求没有高海拔、高纬度区苛刻，'天油 4 号'、'天油 7 号'、'天油 8 号'越冬率仍然较高，都在 70%左右，而且成熟期早，有利于后茬作物的播种、生长发育和获得高产，利用前景较好。而在陕北、北京等高海拔、高纬度区，只有陇油系列的品种越冬率能够达到 70%以上，保证越冬安全。在新疆北部、内蒙古中部和辽宁南部、吉林中部越冬率较低，即使在这些越冬率较低的地区，抗寒性强的品种越冬率仍然达到 80%左右，可见只要品种选择得当，这些地区冬油菜越冬仍有保障。所以，北方旱寒区发展冬油菜生产，先决条件是品种选择正确、栽培技术科学。

二、白菜型冬油菜在北方旱寒区的产量表现

（一）历年试验中参试品种产量

1. 2005～2007 年甘肃中部及河西走廊试验结果

甘肃农业大学等 2005～2007 年采用'天油 2 号'、'延油 2 号'、'WYW-1'、'MXW-1'、'DQW-1'、'02C 杂 9'、'9852'、'9889'等 8 个品种在甘肃中部及河西走廊进行的两个生长季、22 点次油菜试验结果表明，靖远刘川参试品种产量 183.7～212.7kg/亩，平均产量 199.35kg/亩，6 个品种较对照增产，其中，'DQW-1'平均产量 212.7kg/亩，较对照'天油 2 号'增产 14.12%；靖远北滩两年产量为 197.11～218.18kg/亩，平均产量 206.01kg/亩；兰州两年参试品种产量 171.79～221.79kg/亩，平均产量 198.55kg/亩；永登中川两年参试品种产量 196.69～227.44kg/亩，平均产量 208.01kg/亩；武威两年参试品种产量 137.57～230.46kg/亩，平均产量 194.04kg/亩；张掖两年参试品种产量 93.06～240.84kg/亩，平均产量 158.19kg/亩；张掖大满两年产量 204.16～272.75kg/亩，平均产量 236.64kg/亩；张掖安阳参试品种产量 100.01～238.35kg/亩，平均产量 160.64kg/亩；酒泉试点越冬品种参试品种产量 11.57～203.35kg/亩；临夏两年参试品种产量 148.22～184.48kg/亩，平均产量 164.51kg/亩；临洮两年参试品种产量 266.45～298.06kg/亩，平均产量 288.54kg/亩；酒泉清泉越冬品种平均产量 70.73kg/亩（表 2-2-5）。

2. 2008～2011 北方各地冬油菜联合试验结果

2008～2011 年甘肃农业大学等在新疆、甘肃、宁夏、内蒙古、北京、陕西、天津、西藏、山西等地进行了 36 个试点、66 点次 9 个品种鉴定试验。试验结果（表 2-2-6）表明，参试品种均保持了较高产量，9 个参试品系平均产量 150.3～173.56kg/亩，平均产量 161.81kg/亩。'陇油 8 号'产量最高，平均产量 173.56kg/亩，较统一对照'天油 2 号'增产 9.63%，增产幅度 0.14～91.83%；'陇油 9 号'平均产量 173.44kg/亩，较统一对照

表 2-2-5　2005～2007 年多点试验产量结果（单位：kg/亩）

试点	年份	天油2号（CK）	延油2号	WYW-1	MXW-1	DQW-1	02C杂9	9852	9889	平均
刘川	2005～2006	197.47	185.50	201.43	201.20	200.60	203.53	206.87	194.20	198.85
	2006～2007	175.30	181.90	225.1	234.1	224.80	211.90	201.70	200.50	199.35
	平均	186.39	183.70	201.43	201.20	212.70	207.72	204.29	197.35	199.35
	较CK±（%）	0.00	−1.44	8.07	7.95	14.12	11.44	9.60	5.88	6.95
北滩	2005～2006	193.61	200.94	205.71	211.91	206.25	192.07	194.71	198.76	200.50
	2006～2007	205.90	211.6	198.70	227.40	230.10	215.20	199.50	203.80	211.51
	平均	199.76	206.27	202.21	219.66	218.18	203.64	197.11	201.28	206.01
	较CK±（%）	0.00	3.26	1.23	9.96	9.22	1.94	−1.33	0.76	3.13
兰州	2005～2006	198.68	199.12	201.79	206.68	202.32	211.57	207.57	193.79	202.69
	2006～2007	191.57	227.57	241.79	213.79	222.23	164.01	144.45	149.79	194.40
	平均	195.13	213.35	221.79	210.24	212.28	187.79	176.01	171.79	198.55
	较CK±（%）	0.00	9.34	13.66	7.74	8.79	−3.76	−9.80	−11.96	1.75
永登	2005～2006	190.97	199.43	205.48	220.67	208.85	205.04	202.75	198.61	203.98
	2006～2007	202.40	207.30	211.10	234.20	222.17	201.90	211.20	206.10	212.05
	平均	196.69	203.37	208.29	227.44	215.51	203.47	206.98	202.36	208.01
	较CK±（%）	0.00	3.40	5.90	15.63	9.57	3.45	5.23	2.88	5.76
武威	2005～2006	130.23	207.12	234.23	217.79	232.90	83.12	92.45	97.34	161.90
	2006～2007	223.57	250.23	268.01	238.23	228.01	211.12	182.68	207.57	226.18
	平均	176.90	228.68	251.12	228.01	230.46	147.12	137.57	152.46	194.04
	较CK±（%）	0.00	29.27	41.96	28.89	30.28	−16.83	−22.23	−13.82	9.69
张掖	2005～2006	164.90	246.68	293.34	233.79	222.23	138.23	111.12	125.78	192.01
	2006～2007	91.67	105.01	188.34	193.34	183.34	86.67	75.00	71.67	124.38
	平均	128.29	175.85	240.84	213.57	202.79	112.45	93.06	98.73	158.19
	较CK±（%）	0.00	37.07	87.73	66.47	58.07	−12.35	−27.46	−23.04	23.31
大满	2005～2006	211.12	266.68	305.80	228.01	216.90	228.01	238.68	244.46	242.46
	2006～2007	197.20	221.30	239.70	241.70	231.20	232.40	225.9	226.3	227.25
	平均	204.16	243.99	272.75	234.86	224.05	230.21	238.68	244.46	236.64
	较CK±（%）	0.00	19.51	33.60	15.04	9.74	12.76	16.91	19.74	15.91
安阳	2005～2006	150.01	166.68	238.35	180.01	178.34	100.01	121.67	150.01	160.64
	平均	150.01	166.68	238.35	180.01	178.34	100.01	121.67	150.01	160.64
	较CK±（%）	0.00	11.11	59.22	19.20	18.89	−33.31	−18.90	—	8.03
酒泉	2005～2006	0.00	77.34	55.11	233.35	100.01	10.67	0.00	0.00	59.56
	2006～2007	11.57	11.57	20.89	173.34	94.23	32.00	36.00	20.00	49.95
	平均	11.57	44.46	38.00	203.35	97.12	21.34	36.00	20.00	58.98
	较CK±（%）	0.00	284.24	228.44	1657.56	739.41	84.44	211.15	72.86	409.76
临夏	2005～2006	146.40	169.60	157.40	131.20	125.50	158.60	177.80	180.00	155.81
	2006～2007	176.72	172.27	182.27	174.50	171.17	137.83	181.95	188.96	173.21
	平均	161.56	170.94	169.84	152.85	148.34	148.22	179.88	184.48	164.51
	较CK±（%）	0.00	5.80	5.12	−5.39	−8.19	−8.26	11.34	14.19	1.83
临洮	2005～2006	288.67	347.34	256.67	298.67	298.67	299.30	306.00	312.67	301.00
	2006～2007	258.70	247.14	276.23	287.34	287.31	281.30	287.10	283.45	276.07
	平均	273.69	297.24	266.45	293.01	292.99	290.30	296.55	298.06	288.54
	较CK±（%）	0.00	8.60	−2.65	7.06	7.05	6.07	8.35	8.90	5.43
清泉	2006～2007	4.70	23.30	51.70	213.40	167.60	36.70	43.40	25.00	70.73
	较CK±（%）	0.00	395.74	1000.00	4440.43	3465.96	680.85	823.40	431.91	1404.79

表 2-2-6　2008～2011 北方各地冬油菜联合试验产量结果（单位：kg/亩）

试点	年份	陇油 6 号	陇油 7 号	陇油 8 号	陇油 9 号	天油 2 号	天油 4 号	天油 5 号	天油 7 号	天油 8 号	平均
阿勒泰	2008～2009	—	—	222.10	—	—	231.20	—	—	237.20	230.17
	2009～2010	286.43	242.94	304.19	271.58	260.04	230.75	175.99	199.92	196.44	240.92
	平均	286.43	242.94	263.15	271.58	260.04	230.98	175.99	199.92	216.82	238.65
	较 CK±（%）	10.15	−6.58	1.19	4.44	0.00	−11.18	−32.32	−23.12	−16.62	−8.23
伊犁	2008～2009	103.30	104.80	80.00	96.70	79.60	84.80	113.00	95.60	110.80	96.51
	较 CK±（%）	29.77	31.66	0.50	21.48	0.00	6.53	41.96	20.10	39.20	21.24
奇台	2010～2011	152.9	116.29	119.73	166.66	185.19	195.07	174	143.21	93.83	149.65
	2011～2012	164.21	191.37	200.63	204.34	153.71	162.36	133.34	167.91	93.8	163.52
	2012～2013	188.9	179.02	186.43	153.09	161.74	162.97	180.26	151.86	169.14	172.69
	平均	168.67	162.23	168.93	174.7	166.88	173.47	162.53	155.56	118.92	161.32
	较 CK±（%）	1.07	−2.79	1.23	4.69	0.00	3.95	−2.61	−6.79	−28.74	−3.33
乌鲁木齐	2008～2009	295.90	255.70	318.80	333.10	317.50	303.20	337.60	315.20	313.00	310
	2009～2010	210.57	212.79	221.12	257.51	217.79	197.23	207.23	185.01	194.18	211.49
	2010～2011	196.10	203.20	187.20	213.10	184.30	190.10	177.30	172.10	180.50	189.32
	2011～2012	203.32	208.01	204.15	235.3	201.06	193.68	192.26	178.56	187.34	200.41
	2012～2013	186.67	198.89	185.56	208.89	191.49	174.45	183.34	117.04	112.22	173.17
	平均	218.51	215.72	223.37	249.58	222.43	211.73	219.55	193.58	197.45	216.88
	较 CK±（%）	−7.19	−4.45	0.18	11.14	0.00	−5.06	−0.62	−13.36	−12.20	−3.51
拜城	2008～2009	239.50	288.90	205.00	212.40	202.50	192.60	192.60	180.30	214.80	214.289
	2009～2010	222.23	239.52	229.64	256.80	254.33	204.95	264.21	244.46	269.15	242.81
	2010～2011	205.57	192.60	216.68	181.49	—	—	—	—	—	199.09
	2011～2012	187.57	201.22	174.69	211.73	219.76	200.01	219.15	193.84	199.08	200.78
	2012～2013	83.89	77.23	109.45	125.01	112.20	93.34	112.78	120.56	108.89	104.82
	平均	187.75	199.89	187.09	197.49	197.575	172.73	197.19	184.79	197.98	191.39
	较 CK±（%）	−0.99	5.21	0.27	2.24	0.00	−13.73	0.10	−4.17	4.38	−0.74
和田	2008～2009	167.2	157.8	301.7	327.1	284.5	349.1	310.7	316.9	358.6	285.96
	2009～2010	113.34	101.12	109.02	177.17	180.63	175.69	186.79	175.79	191.61	156.80
	2010～2011	126.3	100.38	118.39	188.89	126.67	165.56	182.86	190.95	157.42	150.82
	平均	135.61	119.77	176.37	231.05	197.27	230.12	226.78	227.88	235.88	197.86
	较 CK±（%）	−31.23	−39.29	−10.59	17.12	—	16.65	14.96	15.52	19.57	0.32
喀什	2008～2009	139.70	163.20	129.70	119.00	135.10	125.10	125.00	124.60	126.10	131.94
	2009～2010	151.72	169.24	138.69	131.03	151.30	132.20	128.95	133.50	137.13	141.53
	平均	145.71	166.22	134.20	125.02	143.20	128.65	126.98	129.05	131.62	136.74
	较 CK±（%）	1.75	16.08	−6.29	−12.70	0.00	−10.16	−11.33	−9.88	−8.09	−4.51
塔城	2009～2010	198.78	216.06	229.64	225.94	130.87	138.28	118.52	145.69	156.79	173.40
	2010～2011	—	—	—	189.2	—	—	—	—	—	189.2
	2011～2012	129.64	166.68	171.61	182.73	176.55	186.43	148.16	190.13	207.42	173.26
	平均	164.21	191.37	200.63	199.29	153.71	162.36	133.34	167.91	182.11	172.77
	较 CK±（%）	0.07	0.25	0.31	0.33	0.00	0.06	−0.13	0.09	0.18	0.13
酒泉	2008～2009	184.30	186.20	154.50	196.90	120.10	36.60	18.50	64.00	95.80	117.43
	2009～2010	183.00	191.20	195.00	188.30	135.00	59.00	46.00	75.00	82.00	128.28
	平均	183.65	188.70	174.75	192.60	127.55	47.80	32.25	69.50	88.90	122.86

试点	年份	陇油6号	陇油7号	陇油8号	陇油9号	天油2号	天油4号	天油5号	天油7号	天油8号	平均
	较CK±（%）	43.98	47.94	37.01	51.00	0.00	−62.52	−74.72	−45.51	−30.30	−3.68
张掖	2008～2009	306.7	300	262	326.7	326.7	298	333.4	298	268.7	302.24
	2009～2010	195.6	208.92	191.1	186.61	188.77	182.11	197.76	191.18	200.19	193.58
	2010～2011	219.7	223	156.1	140.7	—	—	—	—	—	184.88
	平均	240.67	243.97	203.07	218.00	257.74	240.06	265.58	244.59	234.45	238.68
	较CK±（%）	−0.03	−0.01	−0.12	0.00	0.00	−0.07	0.03	−0.05	−0.09	−0.04
武威	2008～2009	261.11	241.67	290	245.84	236	220.84	173.34	150	152.78	219.06
	2009～2010	175.8	181.8	225.3	220.2	214.2	182.8	179.8	168.7	194	193.62
	2010～2011	228.7	172.6	170.5	133.3	104.7	42.7	—	—	—	142.08
	平均	221.87	198.69	228.6	199.78	184.97	148.78	176.57	159.35	173.39	188.0
	较CK±（%）	−0.03	−0.06	0.14	0.04	0.00	−0.10	−0.22	−0.29	−0.23	−0.08
民勤	2008～2009	242.60	238.10	257.40	240.90	215.90	227.00	188.10	213.10	192.70	223.98
	较CK±（%）	12.37	4.89	13.39	6.12	−4.89	0.00	−17.14	−6.12	−15.11	−0.72
古浪	2009～2010	190	197	—	—	—	—	—	—	—	193.5
	2010～2011	185	180	80	90.2	54.8	45.7	—	40.2	60	91.99
	2010～2011	199	207	—	—	—	—	—	—	—	203.0
	平均	191.33	194.67	80.0	90.2	54.8	45.7	—	116.85	131.5	113.13
	较CK±（%）	55.11	45.99	−45.26	46.35	0.00	−16.61	—	−26.64	9.49	8.55
景泰	2009～2010	160.3	164.75	186.98	164.97	149.19	124.73	116.06	149.19	170.31	154.05
	2010～2011	164	171.7	165.6	173.2	154.9	153.4	—	150.4	148.8	160.25
	平均	162.15	168.22	176.29	169.09	152.05	139.07	116.06	149.80	159.56	154.7
	较CK±（%）	−5.33	8.89	−0.94	−0.68	0.00	−19.22	−29.70	−2.91	10.42	−4.39
临夏	2008～2009	157.9	191.2	269	257.9	224.6	233.5	171.2	237.9	226.8	218.89
	2009～2010	184.2	199	189.34	223.1	217.9	224.1	182.1	217.4	218.56	206.19
	平均	171.05	195.1	229.17	240.5	221.25	228.8	176.65	227.65	222.68	212.54
	较CK±（%）	−22.69	−11.82	3.58	8.70	0.00	3.41	−20.16	2.89	0.65	−3.94
兰州	2008～2009	224	275	225	129	159	210	223	148	126	191.0
	2009～2010	161.31	164.97	200.43	164.47	125.35	144.83	116.36	150.82	170.46	155.44
	2010～2011	214.2	223.4	208.3	212.6	167.9	172.1	135.8	162.9	153.5	183.41
	平均	199.84	221.12	211.24	168.69	150.75	175.64	158.39	153.91	149.99	176.62
	较CK±（%）	35.29	54.51	49.40	2.99	−0.21	24.57	19.13	4.87	4.04	21.62
镇原	2010～2011	147.40	136.40	129.00	190.00	114.10	84.50	79.30	152.00	163.80	132.94
	较CK±（%）	29.18	19.54	13.06	66.52	0.00	−25.94	−30.50	33.22	43.56	16.52
华池	2010～2011	144.50	—	191.00	189.10	101.20	—	—	—	—	156.45
	较CK±（%）	42.79	—	88.74	86.86	0.00	—	—	—	—	54.60
西峰	2010～2011	210.40	—	251.10	228.90	197.80	188.90	205.20	211.10	200.70	211.76
	较CK±（%）	6.37	—	26.95	15.72	0.00	−4.50	3.74	6.72	1.47	7.06
陇西	2008/2009	148.99	135.67	165.63	153.65	157.81	141.2	145.6	138.7	163.47	150.08
	较CK±（%）	−5.59	−14.03	4.96	−2.64	—	−10.53	−7.74	−12.11	3.59	−5.51
庄浪	2008～2009	177.62	194.55	145.33	143.83	136.0	146.82	130.01	135.9	123.68	148.74
	较CK±（%）	30.6	43.05	6.86	5.76	—	7.96	−4.41	0.0	−9.06	10.10
礼县	2008～2009	152.32	168.19	152.37	153.98	139.42	139	151.48	—	156.9	151.71

试点	年份	陇油6号	陇油7号	陇油8号	陇油9号	天油2号	天油4号	天油5号	天油7号	天油8号	平均
	较CK±（%）	9.25	20.64	9.29	10.44	—	-0.3	8.65	—	12.54	10.07
天水	2009～2010	142.66	141.16	148.65	150.15	138.17	143.66	156.65	156.15	159.48	148.53
	较CK±（%）	3.25	2.17	7.59	8.67	0.00	3.98	13.38	13.02	15.43	7.50
银川	2008～2009	116.70	143.70	108.50	129.60	173.70	139.30	179.60	92.20	129.30	134.73
	2009～2010	158.53	147.04	156.30	154.08	155.93	147.04	155.19	150.75	146.30	152.35
	平均	137.62	145.37	132.40	141.84	164.82	143.17	167.40	121.48	137.80	143.54
	较CK±（%）	-16.51	-11.80	-19.67	-13.94	0.00	-13.14	1.56	-26.30	-16.39	-12.91
平罗	2009～2010	185.20	169.60	191.50	191.50	181.15	151.10	135.90	132.20	137.20	163.93
	较CK±（%）	2.24	-6.38	5.71	5.71	0.00	-16.59	-24.98	-27.02	-24.26	-9.51
泾源	2009～2010	202.00	218.40	221.30	136.00	139.70	137.20	137.80	132.00	133.40	161.98
	较CK±（%）	44.60	56.34	58.41	-2.65	0.00	-1.79	-1.36	-5.51	-4.51	15.95
呼和浩特	2008～2009	95.30	63.30	65.30	40.30	52.00	78.30	53.30	32.00	40.30	57.79
	较CK±（%）	83.27	21.73	25.58	-22.50	0.00	50.58	2.50	-38.46	-22.50	11.13
怀柔	2008～2009	90.00	80.90	88.80	111.00	114.50	96.60	129.30	82.80	134.70	103.18
	2009～2010	127.10	138.60	113.00	142.10	97.10	90.10	113.00	86.30	94.70	111.33
	平均	108.55	109.75	100.90	126.55	105.80	93.35	121.15	84.55	114.70	107.26
	较CK±（%）	2.60	3.73	-4.63	19.61	0.00	-11.77	14.51	-20.09	8.41	1.37
通州	2009～2010	97.60	98.00	100.40	120.30	97.10	92.70	119.00	99.90	50.70	97.3
	较CK±（%）	0.51	0.93	3.40	23.89	0.00	-4.53	22.55	2.88	-47.79	0.20
房山	2009～2010	127.1	138.6	113.0	142.1	97.1	90.1	113.0	86.3	94.7	111.3
	较CK±（%）	30.9	42.74	16.38	46.34	—	-7.21	16.38	-11.12	-2.47	16.49
靖边	2009～2010	131.20	135.40	147.60	50.20	64.40	23.38	9.60	28.00	52.50	71.36
	2010～2011	145.50	159.00	139.00	76.50	85.00	54.50	89.00	131.50	85.00	107.22
	平均	138.35	147.20	143.30	63.35	74.70	38.94	49.30	79.75	68.75	89.29
	较CK±（%）	85.21	97.05	91.83	-15.19	0.00	-47.87	-34.00	6.76	-7.97	19.54
天津	2010～2011	95.60	67.80	96.70	121.20	99.46	116.20	——	89.50	77.10	95.45
	较CK±（%）	-3.88	-31.83	-2.77	21.86	0.00	16.83	——	-10.01	-22.48	-4.04
拉萨	2010～2011	91.60	108.30	66.60	99.90	83.30	141.60	58.30	99.90	74.90	91.60
	较CK±（%）	9.96	30.01	-20.05	19.93	0.00	69.99	-30.01	19.93	-10.08	9.96
祁县	2010～2011	182.30	186.90	207.50	138.00	190.30	172.70	——	170.60	180.20	178.56
	较CK±（%）	-4.20	-1.79	9.04	-27.48	0.00	-9.25	——	-10.35	-5.31	-6.17
葫芦岛	2012～2013	108.80	91.10	111.10	124.50	144.40	142.20	145.10	145.10	147.70	128.89
	较CK±（%）	-24.72	-37.01	-23.13	-13.82	0.00	-1.53	0.49	0.49	2.29	-10.77
普兰店	2012～2013	116.9	105.8	124.8	114.9	116.9	——	——	——	—	113.63
	较CK±（%）	0.0	9.5	6.76	-1.71	0.0	——	——	——	—	-2.91
	平均	169.74	170.20	173.56	173.44	158.31	151.45	154.36	150.30	154.95	161.81
	较CK±（%）	7.22	7.52	9.13	9.56	—	-4.33	-2.50	-5.06	-2.12	3.02

'天油2号'增产9.56%，增产幅度0.04～86.86%；'陇油6号'平均产量169.74kg/亩，较统一对照'天油2号'增产7.22%，增产幅度0.00～85.21%；'陇油7号'平均产量170.20kg/亩，较统一对照'天油2号'增产7.52%，增产幅度0.25～97.05%；对照'天油2号'平均产量158.31kg/亩。'天油4号'平均产量151.45kg/亩，较'天油2号'减

产 4.33%，'天油 5 号'平均产量 154.36kg/亩，较'天油 2 号'减产 2.5%，'天油 7 号'平均产量 150.3kg/亩，较'天油 2 号'减产 5.06%，'天油 8 号'平均产量 154.95kg/亩，均较统一对照'天油 2 号'减产 2.12%，各试验点产量结果如下。

新疆设 8 个试点、24 个点次试验。参试品种在不同试点表现出较大丰产潜力。其中阿勒泰两年参试品种产量 175.99～286.43kg/亩，平均产量 238.65kg/亩；塔城 3 年参试品种产量 133.34～200.63kg/亩，平均产量 172.77kg/亩；乌鲁木齐 5 年参试品种产量 193.58～249.58kg/亩，平均产量 216.88kg/亩；拜城 5 年参试品种产量 172.73～197.98kg/亩，平均产量 191.39kg/亩；和田 3 年参试品种产量 119.77～235.88kg/亩，平均产量 197.86kg/亩；喀什两年参试品种产量 125.02～166.22kg/亩，平均产量 136.74kg/亩；奇台 3 年参试品种产量 118.92～174.7kg/亩，平均产量 161.32kg/亩。

甘肃设 15 个试点、26 个点次试验。酒泉 2 年参试品种产量 32.25～192.6kg/亩，平均产量 122.86kg/亩；张掖 3 年参试品种产量 203.07～265.58kg/亩，平均产量 238.68kg/亩；武威 3 年参试品种产量 148.78～228.6kg/亩，平均产量 188.0kg/亩；民勤参试品种产量 188.1～257.4kg/亩，平均产量 223.98kg/亩；景泰 2 年参试品种产量 116.06～176.29kg/亩，平均产量 154.7kg/亩；古浪 3 年参试品种产量 45.7～194.67kg/亩，平均产量 113.13kg/亩；临夏 2 年参试品种产量 171.05～240.5kg/亩，平均产量 212.54kg/亩；兰州 3 年参试品种产量 149.99～221.12kg/亩，平均产量 176.62kg/亩；镇原参试品种产量 79.3～190.0kg/亩，平均产量 132.94kg/亩；华池参试品种产量 101.2～191.0kg/亩，平均产量 156.45kg/亩；西峰参试品种产量 188.9～251.1kg/亩，平均产量 211.76kg/亩；陇西参试品种产量 135.67～165.63kg/亩，平均产量 150.08kg/亩；庄浪参试品种产量 123.68～194.55kg/亩，平均产量 148.74kg/亩；礼县参试品种产量 139.0～168.19kg/亩，平均产量 151.71kg/亩；天水参试品种产量 138.17～159.48kg/亩，平均产量 148.53kg/亩。

宁夏设 3 个试点、4 个点次试验。其中银川 2 年参试品种产量 121.48～167.40kg/亩，平均产量 143.54kg/亩；平罗参试品种产量 132.2～191.5kg/亩，平均产量 163.93kg/亩；泾源参试品种产量 132.0～221.3kg/亩，平均产量 161.98kg/亩。

内蒙古设 1 个试点，参试品种产量 32.0～95.3kg/亩，平均产量 57.79kg/亩。

北京设 3 个试点，其中怀柔 2 年参试品种产量 84.55～126.55kg/亩，平均产量 107.26kg/亩；房山参试品种产量 86.3～142.1kg/亩，平均产量 111.3kg/亩；通州参试品种产量 50.7～120.3kg/亩，平均产量 97.3kg/亩。

陕北靖边 2 年参试品种产量 38.94～147.2kg/亩，平均产量 89.29kg/亩。

天津参试品种产量 67.8～121.2kg/亩，平均产量 95.45kg/亩。

山西祁县参试品种产量 138.0～207.5kg/亩，平均产量 178.56kg/亩。

西藏拉萨参试品种产量 58.3～141.6kg/亩，平均产量 91.6kg/亩。

辽宁设 2 个试点，葫芦岛参试品种产量 91.1～147.7kg/亩，平均产量 128.89kg/亩；普兰店参试品种产量 105.80～124.8kg/亩，平均产量 113.63kg/亩。

3. 2011～2013 北方冬油菜联合试验结果

2011～2013 年甘肃农业大学等在甘肃、新疆、青海、西藏、宁夏、山西、河北、天津、北京、辽宁等地进行了 10 个品种、23 个试点、41 点次的品种联合鉴定试验，试验结果，各试点产量 75.17～246.07kg/亩，平均产量 169.03kg/亩。各试点试验结果如下（表 2-2-7）。

表 2-2-7　　2011～2013 年北方各地冬油菜联合试验产量结果（单位：kg/亩）

试点	年份	737	6468	7302	天油4号（CK）	平油1号	07临延2-9	07兰天2-2	07皋DQW-1-3	07兰MXW-1-3	宁油2号	平均
乌鲁木齐	2011～2012	208.9	235.48	212.36	210.01	197.17	201.22	177.97	188.75	194.33	200.82	202.70
	2012～2013	151.48	174.45	122.96	120.74	118.89	170.37	181.12	141.11	161.85	202.97	154.59
	平均	180.19	204.97	167.66	165.38	158.03	185.80	179.55	164.93	178.09	201.90	178.65
	较CK±（%）	8.96	23.94	1.38	—	-4.44	12.35	8.57	-1.28	7.69	22.08	8.81
拉萨	2011～2012	78.58	110.17	84.44	73.86	69.72	97.70	97.13	61.13	76.98	99.00	84.87
	2012～2013	38.88	70.99	90.05	72.04	55.60	86.42	48.70	50.03	52.22	89.76	65.47
	平均	58.73	90.58	87.25	72.95	62.66	92.06	72.92	55.58	64.60	94.38	75.17
	较CK±（%）	-19.49	24.17	19.60	—	-14.11	26.20	-0.05	-23.81	-11.45	29.38	3.38
平安	2011～2012	213.30	186.70	191.10	257.80	253.30	257.80	262.20	194.10	254.80	241.50	231.26
	较CK±（%）	-17.26	-27.58	-25.87	—	-1.75	0.00	1.71	-24.71	-1.16	-6.32	-11.44
敦煌	2011～2012	163.20	181.00	173.50	167.00	178.60	198.50	231.90	241.10	252.10	176.10	196.3
	2012～2013	121.03	158.98	143.29	138.98	147.70	145.14	173.85	146.16	134.88	180.01	149.00
	平均	142.12	169.99	158.40	152.99	163.15	171.82	202.88	193.63	193.49	178.06	172.65
	较CK±（%）	-7.11	11.11	3.53	—	6.64	12.31	32.61	26.56	26.47	16.38	14.28
酒泉	2011～2012	75.10	117.80	99.20	24.53	102.90	81.80	112.90	129.00	136.30	96.70	97.623
	2012～2013	266.80	313.50	346.80	300.20	266.80	366.90	240.10	270.80	340.20	440.20	315.23
	平均	170.95	215.65	223.00	162.37	184.85	224.35	176.50	199.90	238.25	268.45	206.43
	较CK±（%）	5.28	32.81	37.34	—	13.84	38.17	8.70	23.11	46.73	65.33	30.15
张掖	2011～2012	—	—	—	200.02	206.18	—	204.68	172.54	—	214.34	199.55
	2012～2013	187.03	205.35	155.55	195.35	200.68	148.37	205.51	163.21	200.85	172.7	183.46
	平均	187.03	205.35	155.55	197.69	203.43	148.37	205.10	167.88	200.85	193.52	186.48
	较CK±（%）	-5.39	3.87	-21.32	—	2.90	-24.95	3.75	-15.08	1.60	-2.11	-6.30
武威	2011～2012	166.75	63.90	88.95	47.25	72.25	175.10	200.10	200.10	141.75	77.80	123.40
	2012～2013	171.22	260.26	204.46	73.34	132.32	208.90	258.91	244.46	307.24	266.57	212.77
	平均	168.99	162.08	146.71	60.30	102.29	192.00	229.51	222.28	224.50	172.19	168.08
	较CK±（%）	180.24	168.79	143.29	—	69.63	218.41	280.61	268.62	272.30	185.55	198.60
景泰	2011～2012	239.70	204.20	232.80	193.20	205.10	249.80	251.20	223.80	247.60	211.40	225.88
	2012～2013	152.3	194.8	195.7	163	191	182	198.5	171.4	194.3	145.9	178.89
	平均	196	199.5	214.25	178.1	198.05	215.9	224.85	197.6	220.95	178.65	202.39
	较CK±（%）	24.07	5.69	20.50	—	6.16	29.30	30.02	15.84	28.16	9.42	18.80
永登	2011～2012	166.80	63.90	89.00	73.30	72.30	175.10	194.70	200.10	141.80	77.80	125.48
	2012～2013	187.95	224.10	203.7	167.50	171.60	288.75	106.65	222.15	204.60	190.65	196.77
	平均	177.38	144.00	106.3	120.40	121.95	231.93	150.68	211.13	173.20	134.23	157.12
	较CK±（%）	47.32	19.60	782.89	—	1.29	92.63	25.15	75.35	43.85	11.48	122.17
临夏	2011～2012	154.70	165.30	234.70	221.30	144.00	162.70	186.70	133.30	173.30	160.00	173.6
	2012～2013	154.70	165.30	234.70	121.35	107.87	162.70	150.31	139.33	173.30	181.27	159.08
	平均	154.70	165.30	234.70	171.33	125.94	162.70	168.51	136.32	173.30	170.64	166.34
	较CK±（%）	-9.71	-3.52	36.99	—	-26.50	-5.04	-1.65	-20.44	1.15	-0.41	-3.24

续表

地点	年份											
侯川	2011～2012	195.90	208.80	205.30	185.90	190.50	206.50	197.20	191.50	179.90	194.40	195.59
	2012～2013	195.40	183.90	195.30	174.70	189.00	214.2	218.70	196.10	217.20	177.30	194.18
	平均	195.65	196.35	200.30	180.30	189.75	206.50	207.95	193.80	198.55	185.85	195.5
	较CK±（%）	8.51	8.90	11.09	—	5.24	14.53	15.34	7.49	10.12	3.08	9.37
天水	2011～2012	149.50	135.00	168.50	136.50	143.50	134.00	149.00	139.50	154.00	150.50	146.0
	2012～2013	149.50	135.00	168.50	159.18	142.05	—	157.02	141.55	—	171.66	153.06
	平均	149.50	135.00	168.50	147.84	142.78	134.00	153.01	140.53	154.00	161.08	148.62
	较CK±（%）	1.12	−8.69	13.97	—	−3.43	−9.36	3.50	−4.95	4.17	8.96	0.59
陇西	2011～2012	189.83	167.80	205.80	184.80	184.80	194.70	204.80	164.80	169.80	194.70	186.18
	2012～2013	189.83	—	—	146.70	153.00	—	106.70	106.70	—	126.70	138.27
	平均	189.83	167.80	205.80	165.75	168.90	194.70	155.75	135.75	169.80	160.70	171.48
	较CK±（%）	14.53	1.24	24.16	0.00	1.90	17.47	−6.03	−18.10	2.44	−3.05	3.46
镇原	2011～2012	182.00	189.20	203.20	184.50	165.40	206.50	196.90	183.40	198.50	192.20	190.18
	2012～2013	182.00	—	—	188.66	182.90	—	212.99	216.32	—	218.49	200.23
	平均	182.00	189.20	203.20	186.58	174.15	206.50	204.95	199.86	198.50	205.35	195.03
	较CK±（%）	−2.45	1.40	8.91	—	−6.66	10.68	9.84	7.12	6.39	10.06	5.03
平凉	2011～2012	192.50	227.90	121.00	174.90	204.30	144.00	230.90	150.90	132.10	202.90	178.14
	2012～2013	192.50	—	—	193.30	198.00	—	193.50	174.70	—	197.90	191.48
	平均	192.50	227.90	121.00	184.10	201.15	144.00	212.20	162.80	132.10	200.40	177.82
	较CK±（%）	4.56	23.79	−34.27	—	9.26	−21.78	15.26	−11.57	−28.25	8.85	−3.79
西峰	2011～2012	144.40	162.80	148.90	117.40	136.00	169.00	131.00	128.70	138.90	160.70	143.78
	2012～2013	144.40	—	—	190.24	179.23	—	188.91	202.73	—	207.40	185.49
	平均	144.40	162.80	148.90	153.82	157.62	169.00	159.96	165.72	138.90	184.05	158.52
	较CK±（%）	−6.12	5.84	−3.20	—	2.47	9.87	3.99	7.73	−9.70	19.65	3.39
银川	2012～2013	—	—	189	—	—	—	197	186	—	190	190.5
	较CK±（%）	—	—		—	—	—			—		
祁县	2011～2012	198.50	279.70	257.80	227.60	289.40	273.50	241.50	216.60	175.30	266.70	242.66
	2012～2013	282.7	324.5	249.9	269.8	292.3	210.0	265.2	159.6	223.1	292.3	256.94
	平均	240.6	302.1	253.85	248.7	290.85	241.75	253.35	188.1	199.2	279.5	249.8
	较CK±（%）	−3.26	21.47	2.07	—	16.95	−2.79	1.87	−24.37	−19.1	12.38	−0.58
晋源	2012～2013	157.57	167.55	151.82	128.36	130.01	158.11	168.38	188.13	201.48	138.46	158.99
	较CK±（%）	22.76	30.53	18.28	0.00	1.29	23.18	31.18	46.56	56.96	7.87	23.86
顺义	2011～2012	113.70	124.10	108.50	115.00	108.10	108.70	121.60	120.80	116.50	113.70	115.07
	2012～2013	112.40	123.98	106.75	107.07	104.17	106.57	120.97	117.90	122.15	112.40	113.44
	平均	113.05	124.04	107.63	—	106.14	107.64	121.29	119.35	119.33	113.05	114.25
	较CK±（%）	1.81	11.71	−3.08	0.00	−4.42	−3.07	9.23	7.48	7.46	1.81	2.89
天津（西青）	2011～2012	78.90	62.20	112.50	59.70	63.40	124.90	134.80	45.90	69.70	92.90	84.49
	较CK±（%）	32.16	4.19	88.44	—	6.20	109.21	125.80	−23.12	16.75	55.61	46.14
定州	2011～2012	141.10	102.70	144.20	144.60	—	138.90	146.80	130.60	—	133.70	135.33
	较CK±（%）	−2.42	−28.98	−0.28	—	−100.00	−3.94	1.52	−9.68	−100.00	−7.54	−27.92

续表

辽宁	2011~2012（连山）	—	—	—	142.20	—	124.50	147.70	145.10	—	137.80	139.46
	2012~2013（绥中）	161.50	160.00	30.50	78.60	158.50	165.40	153.50	146.10	191.70	157.30	140.29
	平均	161.50	160.00	30.50	110.40	158.50	144.95	150.60	145.60	191.70	147.55	140.12
	较CK±（%）	46.29	44.93	−72.37	—	43.57	31.30	36.41	31.88	73.64	33.65	29.92
	平均	164.54	172.10	167.74	153.26	160.75	176.50	179.71	164.54	177.89	176.97	169.87

新疆设乌鲁木齐 1 个试点，参试品种产量 158.03~204.97kg/亩，平均产量 178.65kg/亩。西藏拉萨 2 年参试品种产量 55.58~94.38kg/亩，平均产量 75.17kg/亩。

青海设平安 1 个试点，参试品种产量 186.7~254.8kg/亩，平均产量 231.26kg/亩。

甘肃设 13 个试点、26 点次试验。其中，敦煌 2 年参试品种产量为 142.12~202.88kg/亩，平均为 172.65kg/亩；酒泉 2 年参试品种产量为 162.37~268.45kg/亩，平均为 206.43kg/亩；张掖 2 年参试品种产量为 148.37~205.35kg/亩，平均产量为 186.48kg/亩；武威 2 年参试品种产量 60.3~229.51kg/亩，平均产量 168.08kg/亩；景泰 2 年参试品种产量为 178.1~224.85kg/亩，平均为 202.39kg/亩；永登 2 年参试品种产量 120.4~231.93kg/亩，平均产量 157.12kg/亩；临夏 2 年参试品种产量 125.94~234.7kg/亩，平均产量 166.34kg/亩；会宁侯川 2 年参试品种产量 180.3~207.95kg/亩，平均产量 195.5kg/亩；天水 2 年参试品种产量 134.0~168.5kg/亩，平均产量 148.62kg/亩；陇西 2 年参试品种产量 135.75~205.8kg/亩，平均产量 171.48kg/亩；镇原 2 年参试品种产量 174.15~206.5kg/亩，平均产量 195.03kg/亩；西峰 2 年参试品种产量 138.9~184.5kg/亩，平均产量 158.00kg/亩；平凉 2 年参试品种产量 121.0~227.9kg/亩，平均产量 177.82kg/亩。

宁夏银川试点参试品种产量 186.0~197.0kg/亩，平均产量 190.5kg/亩。

山西设 2 个试点、3 点次试验。其中，祁县试点 2 年参试品种产量 188.1~302.1kg/亩，平均产量 249.8kg/亩；晋源试点参试品种产量 128.36~201.48kg/亩，平均产量 158.99kg/亩。

北京顺义试点 2 年参试品种产量 107.63~124.04kg/亩，平均产量为 114.25kg/亩。

天津西青参试品种产量 45.9~134.8kg/亩，平均产量为 84.49kg/亩。

河北定州试点参试品种产量 102.7~146.8kg/亩，平均产量 135.33kg/亩。

辽宁 2 个试点、3 点次试验，其中，连山试点参试品种产量 124.5~147.70kg/亩，平均产量 139.46kg/亩；辽宁绥中试点参试品种产量 30.5~191.7kg/亩，平均产量 140.29kg/亩。

如上所述，10 个参试品系均较对照增产，产量差异较大，平均产量 153.26~179.71kg/亩，平均产量 169.87kg/亩。'07 兰天 2-2'产量最高，2 年平均产量 179.71kg/亩，较统一对照'天油 4 号'增产 17.26%；'07 兰 MXW-1-3'2 年平均产量 177.89kg/亩，较统一对照'天油 4 号'增产 16.07%；'07 临延 2-9'2 年平均产量 176.5kg/亩，较统一对照'天油 4 号'增产 15.16%；'宁油 2 号'2 年平均产量 176.97kg/亩，较统一对照'天油 4 号'增产 15.47%；'6468'2 年平均产量 172.1kg/亩，较统一对照'天油 4 号'增产 12.29%；其余品种产量接近，亩产量 160.75~167.74kg/亩，但产量均高于对照，增产幅度为 4.89%~9.45%。

（二）高产案例

北方旱寒区冬油菜生长在秋末与春季冷凉季节，与油菜的喜冷凉特性吻合，同时光照充足，有利于干物质积累，产量明显高于春播油料作物，在 2005～2006 年度、2008～2009 年度、2009～2010 年度的试验中，连续出现了多个高产案例，充分展示了北方旱寒区冬油菜的产量潜力。

在 2005～2006 年度试验中，张掖新墩试点'WYW-1'小区产量达到 305.0kg/亩；2006～2007 年度试验中，张掖大满试点 24 个试验小区中'WYW-1'的 2 个小区产量超过 300kg/亩，分别达到 325.0kg/亩、333.34kg/亩，打破了甘肃冬油菜产量高产纪录（表 2-2-8）；临洮试点 27 个试验小区中 3 个小区产量超过 300kg/亩，'WYW-1'分别达到 333.34kg/亩、305.84kg/亩，200119 达到 300.0kg/亩（表 2-2-9）。

表 2-2-8 2005～2007 年度张掖试验产量结果

试点	年份	品种名称	小区折合产量（kg/亩）				较对照±（%）
			I	II	III	平均	
新墩	2005/2006	天油 2 号（CK）	175.0	175.0	146.67	165.56	—
		延油 2 号	258.34	240.0	241.67	246.67	48.99
		WYW-1	295.00	291.66	305.0	297.22	79.52
		MXW-1	245.0	241.67	215.0	233.89	41.27
		DQW-1	241.67	213.33	211.67	222.22	34.22
		O2C 杂 9	116.67	183.33	115.0	138.33	−16.45
		9852	118.33	111.68	103.33	111.11	−32.89
		9889	135.0	148.3	93.33	125.54	−24.18
大满	2006/2007	天油 2 号	191.67	216.67	225.0	210.84	—
		延油 2 号	250.0	283.33	266.67	266.68	26.49
		WYW-1	283.33	325.0	333.34	305.85	45.06
		MXW-1	233.34	233.34	216.67	227.51	7.91
		DQW-1	200.0	233.34	216.67	216.68	2.77
		O2C 杂 9	216.67	241.67	225.0	227.51	7.91
		9852	233.34	250.0	233.34	238.89	13.44
		9889	216.67	250.0	266.67	244.45	15.81

表 2-2-9 临洮试验产量结果（2006/2007）

处理名称	小区折合产量（kg/亩）				较对照±（%）
	I	II	III	平均	
MXW-1-1	211.67	172.5	177.5	187.22	−17.81
天油 4 号	218.67	272.5	258.33	249.83	9.68
宁油 1 号	200.0	230.84	202.5	211.11	−7.32
200119	300.0	233.33	218.67	250.67	10.05
天油 2 号（CK）	250.0	166.67	266.67	227.78	—
200117	188.33	177.5	188.33	184.72	−18.91
WYW-1-2	333.34	305.84	291.67	310.28	36.22
GSY-1-1	283.33	269.84	238.34	263.84	15.83
200118	221.67	177.5	233.33	210.83	−7.44

　　在 2008/2009 年度试验中, 乌鲁木齐试点 27 个试验小区中 15 个小区产量超过 300kg/亩, 其中 3 个小区产量超过 390kg/亩, '天油 8 号' 与 '天油 2 号' 分别达到 390.01 kg/亩、394.84kg/亩, '陇油 9 号' 小区产量达到 399.19kg/亩。和田试点 27 个试验小区中 14 个小区产量超过 300kg/亩, 其中 2 个小区产量超过 390kg/亩, '陇油 9 号' 产量达到 395.69kg/亩, '天油 4 号' 产量达到 417.79kg/亩, 突破了冬油菜产量高产纪录。2009~2010 年度试验中, 乌鲁木齐试点 27 个试验小区中 2 个小区产量超过 300kg/亩, '陇油 8 号'、'陇油 9 号' 小区产量分别达到 319.18kg/亩、323.35kg/亩。阿勒泰试点 27 个试验小区中 4 个小区产量超过 300kg/亩, '陇油 8 号' 分别达到 307.42kg/亩、312.53kg/亩, '陇油 9 号'、'陇油 6 号' 小区产量分别达到 322.13kg/亩、337.05kg/亩 (表 2-2-10)。

表 2-2-10　乌鲁木齐、阿勒泰、和田不同品种间产量 (2008~2010 年)

年份	试验点	处理	产量 (kg/亩)				较对照± (%)
			I	II	III	平均	
2008/2009	乌鲁木齐	陇油 6 号	310.57	302.99	274.17	295.91	15.74
		陇油 7 号 (CK)	228.90	256.79	281.29	255.66	—
		陇油 8 号	343.94	277.18	335.14	318.75	24.68
		陇油 9 号	284.04	399.19	315.96	333.06	30.28
		天油 2 号	344.33	213.34	394.84	317.50	24.19
		天油 4 号	365.14	250.01	294.46	303.20	18.59
		天油 5 号	359.12	275.78	377.99	337.63	32.06
		天油 7 号	323.51	293.76	328.40	315.23	23.29
		天油 8 号	390.01	309.07	240.01	313.03	22.44
2008/2009	和田	陇油 6 号	177.78	172.23	151.67	167.23	5.99
		陇油 7 号 (CK)	142.78	100.56	230.01	157.78	—
		陇油 8 号	266.12	264.46	374.46	301.68	91.2
		陇油 9 号	260.57	395.69	325.02	327.09	107.3
		天油 2 号	276.68	318.90	258.01	284.53	80.33
		天油 4 号	327.68	417.79	301.68	349.05	121.23
		天油 5 号	284.46	325.57	321.91	310.65	96.89
		天油 7 号	295.57	321.24	333.91	316.90	100.85
		天油 8 号	373.35	380.57	321.91	358.61	127.28
2009/2010	乌鲁木齐	陇油 6 号	294.18	153.34	184.18	210.57	−1.04
		陇油 7 号 (CK)	285.85	186.68	165.84	212.79	—
		陇油 8 号	187.51	319.18	156.67	221.12	3.92
		陇油 9 号	208.34	323.35	240.85	257.51	21.02
		天油 2 号	210.01	201.68	241.68	217.79	2.35
		天油 4 号	198.34	235.01	158.34	197.23	−7.31
		天油 5 号	162.51	216.68	242.51	207.23	−2.61
		天油 7 号	148.34	262.51	144.17	185.01	−13.06
		天油 8 号	189.18	229.18	164.17	194.18	−8.75

年份	试验点	处理	产量（kg/亩）				较对照±（%）
			I	II	III	平均	
2009/2010	阿勒泰	陇油 6 号	262.98	337.05	259.27	286.43	17.90
		陇油 7 号（CK）	240.75	285.20	202.86	242.94	—
		陇油 8 号	307.42	292.61	312.53	304.19	25.21
		陇油 9 号	251.86	240.75	322.13	271.58	11.79
		天油 2 号	259.27	255.57	265.27	260.04	7.04
		天油 4 号	277.79	222.23	192.16	230.75	−5.02
		天油 5 号	155.56	114.82	257.61	175.99	−27.56
		天油 7 号	188.90	200.01	210.86	199.92	−17.71
		天油 8 号	177.79	166.68	244.86	196.44	−19.14

（三）大面积示范产量表现

甘肃农业大学、甘肃省农技总站、新疆农业科学院、宁夏农林科学院、北京市农技站等在陇西、镇原、平凉、庆阳、永登、静宁、环县、景泰、武威、张掖、敦煌、泾源、拉萨、祁县、晋源、北京、天津、辽宁绥中、拉萨等地进行了冬油菜大面积示范，增产效果显著。

2005～2013 年甘肃农业大学先后在张掖、武威、景泰、兰州、会宁、静宁、环县、镇原等地开展了冬油菜试验示范，建立试验样板 30 200 余亩，辐射推广 15.3 万亩。其中会宁示范面积 2000 余亩，武威示范面积 5150 亩，张掖示范面积 4350 亩，静宁示范面积 8000 亩，环县示范面积 26 650 亩，镇原示范面积 37 020 亩，景泰示范面积 1240 亩。各示范点产量 167.5～236.2kg/亩，平均产量 185.5kg/亩。

2008～2009 年肃北县示范 1.8 亩，示范产量达到 250kg/亩。

2011～2012 年新疆示范 29 840 亩。其中 2011 年示范面积 1790.0 亩，平均产量 164.75kg/亩；2012 年示范面积 3750.0 亩，平均产量 166.92kg/亩；2013 年示范面积 24 300.0 亩，平均产量 169.6kg/亩。（表 2-2-11）

2013 年内蒙古在临河示范'陇油 6 号'、'陇油 7 号' 15 亩，越冬率 75%，实测产量 192.6～229.4kg/亩，平均产量 211.0kg/亩。

宁夏农林科学院 2010 年开始在银北、银南与固原干旱区设 9 个试点开展冬油菜试验示范，建立示范样板 670 亩，辐射推广 1.963 万亩。各示范点平均产量 117.5～186.2kg/亩，平均产量为 152.44kg/亩（表 2-2-12）。其中在泾源县示范推广面积 1.95 万亩，白菜型冬油菜较当地油料作物胡麻增产效果十分显著，'陇油 6 号'、'陇油 7 号'、'陇油 8 号'、'陇油 9 号'等 4 个冬油菜品种平均产量 186.2kg/亩。胡麻平均产量 105kg/亩，冬油菜较胡麻增产 81.2kg/亩。吴忠利通区示范'陇油 8 号' 15 亩，平均产量 162kg/亩。宁夏农垦局暖泉农场示范 70 亩，其中'陇油 6 号'产量 172.9kg/亩，'陇油 8 号'148kg/亩。2012 年吴忠市利通区扁担沟村示范'陇油 8 号' 200 亩，越冬率为 76.8%，平均产量为 185.0kg/亩。

表 2-2-11　新疆冬油菜示范产量

年份	示范地区	种植品种	示范面积（亩）	平均产量（kg/亩）
2013	乌鲁木齐	陇油 7 号	150.0	165.2
	塔城	陇油 7 号	2 500.0	170.2
	拜城	陇油 9 号	1 000.0	175.3
	阿勒泰	陇油 7 号	200.0	180.2
	奇台	陇油 7 号	300.0	170.5
	墨玉	陇油 7 号	150.0	150.0
	莎车	陇油 7 号	20 000.0	176.0
	平均		24 300.0	169.6
2012	乌鲁木齐	陇油 7 号	150.0	145.3
	塔城	陇油 7 号	2 000.0	159.2
	拜城	陇油 9 号	400.0	177.3
	阿勒泰	陇油 7 号	200.0	180.2
	奇台	陇油 7 号	200.0	170.5
	墨玉	陇油 7 号	300.0	150.0
	莎车	陇油 7 号	500.0	186.0
	平均			166.92
	合计		3 750.0	
2011	乌鲁木齐	陇油 9 号	10.0	151.3
	塔城	陇油 9 号	1 360.0	189.2
	拜城	陇油 9 号	200.0	147.3
	福海	陇油 7 号	150.0	186.2
	奇台	陇油 7 号	20.0	160.5
	墨玉	陇油 7 号	500	154.0
	平均			164.75
	合计		2 240	

表 2-2-12　宁夏冬油菜示范面积与产量表（2010 年）

示范地区	种植品种	示范面积（亩）	平均产量（kg/亩）	产值（元/亩）	总产值（万元）
永宁	陇油 6 号、陇油 8 号	10	136.0	680	0.68
吴忠	陇油 8 号	15	162.0	810.0	1.22
平罗	陇油 6 号	20	117.5	587.5	1.18
泾源	陇油 6 号、陇油 8 号	19 500	186.2	931.0	1 815.5
暖泉农场	陇油 6 号、陇油 8 号	70	160.5	802.5	5.62
红寺堡区	陇油 8 号	15	150.5	752.5	1.13
平均			152.44		
合计		19 630			1 825.33

　　辽宁省农技站 2011～2012 年在凤城、绥中、兴城、普兰店进行冬油菜—玉米套种示范。冬油菜 8 月 31 日至 9 月 8 日播种，玉米收获后及时割秆。试验结果表明，冬油菜产量 137.1kg/亩，冬油菜与玉米套种解决了季节不足的问题，实现两年三季，这种轮作模式在绥中、兴城、普兰店、凤城等地也取得了较好效果。

　　西藏自治区农牧科学院 2013 年度在拉萨、米林县丹娘乡、扎囊县进行冬油菜示范，结果表明，越冬率均在 80% 以上，拉萨点'陇油 9 号'产量为 186.1kg/亩，扎囊县'陇油 8 号'产量为 251.4kg/亩，米林县丹娘乡'陇油 8 号'产量为 187.9kg/亩。

2012～2013 年河北省邢台市、保定市、大名县示范冬油菜 2.0 万亩，平均产量达到 138.0kg/亩，后茬复种花生，叶斑病明显轻于对照，产量较春播覆膜花生减产 50kg/亩，但产量明显高于夏播花生，取得显著经济效益。

2009 年，北京市农技站在通州、房山、怀柔、门头沟、丰台、朝阳和顺义等 7 个区县建成冬油菜试验、示范区 7 个，发展冬油菜 3 万亩，平均产量 102.0～168.5kg/亩，取得了很好的生态、景观、经济和社会效益。2010 年度在顺义等 7 个区县示范'陇油 6 号'、'陇油 7 号'、'陇油 8 号'、'陇油 9 号'和'天油 4 号'、'天油 5 号'等 6 个品种 1300 亩，其中怀柔桥梓镇范各庄村 450 亩，房山长阳镇、琉璃河镇 400 亩，密云河南寨镇 120 亩，门头沟 120 亩，通州 100 亩，丰台 110 亩。2011～2012 年在密云、怀柔、通州、顺义、房山、朝阳等区县示范种植'陇油 6 号'和'陇油 9 号'冬油菜 5000 亩，越冬率在 90% 以上，4 月 19 日左右开花，6 月 3～5 日成熟，平均产量 132.5kg/亩。同时取得显著社会生态效益，主要有以下几个方面。

一是生态效益显著。北京地区 8 月底至 9 月上旬种植冬油菜，春季 3~4 月抑尘效果高达 99%，覆盖效果高于冬小麦。

二是景观效益良好。冬油菜常年在 4 月中旬开花，"五一"进入盛花期，成片的金黄色油菜花提升了农田景观，吸引了大批市民前往游览，带动了京郊旅游，促进了城乡一体化发展。由于冬油菜是在春季开花最早的作物，而且花期长（一个月左右），冬油菜花已成为北京市民春游的一大景点，尤其是旅游资源较好的密云和怀柔，通过冬油菜花带动了当地的民俗旅游，密云北庄镇的朱家湾村已成为了北京的油菜花村，从不知名的偏远小山村变成了"五一"左右市民向往的赏花地，吸引了大批游客前往游览，激发了当地政府做强做大京郊旅游的意识，开辟了村民借助冬油菜花增加收入的途径。怀柔桥梓的中天瀚海农业园区更是打造成了京郊的油菜花影视拍摄地，开花期拍婚纱照、拍电影电视，游览的人络绎不绝，只门票收入就达 10 万元，平均增收 1000 元/亩。

三是经济效益显著。主要是有效地解决了北京多年存在的一年两茬积温不足的矛盾，冬油菜播种期和收获期比冬小麦提前 20 天以上，有效缓解了冬小麦+夏玉米一年两茬种植模式中夏玉米由于光热资源不足导致的成熟不好的矛盾，提高了单位面积经济效益，增加了农民收入。

（四）历年试验中参试品种产量稳定性 GGE 分析

GGE-Biplot 是严威凯提出的评价作物品种产量稳定性的分析方法。该方法对原始数据进行矩阵处理，使数据只含处理主效应（基因型，G）和处理与环境互作效应 GE，对 GGE（基因型和基因与环境互作效应）作单值分解，并以第一主成分（PC1）和第二主成分（PC2）为代表，将其放到二维图形成 GGE 双标图，通过图解方式直观清晰地标示出品种的稳产性、区域适应性及试验环境对品种的分辨能力，从而筛选出高产稳产兼备、适应性较广的理想品种，对品种的利用价值和合理布局作出评价。GGE 依据表现型值（P）为性状总体平均值（M）、品种主效应（G）、环境主效应（E）和品种与环境互作效应（GE）之和的线性统计模型，将多点试验数据进行环境中性化，并采用遗传力平方根 h 校正的

GGE 双标图。GGE 数学模型可表示为 $Y_{ij} - \overline{Y_j} = \xi_{i1}\eta_{j1} + \xi_{i2}\eta_{j2} + \varepsilon_{ij}$, $\xi_{in} = \lambda_n^{\frac{1}{2}}\xi_{in}$, $\eta_{jn} = \lambda_n^{\frac{1}{2}}\eta_{jn}$, $n=1,2$, Y_{ij} 表示基因型 i 在环境 j 中的产量, $\overline{Y_j}$ 表示所有基因型在环境 j 中的产量表现, ξ_{i1} 与 ξ_{i2} 分别表示基因型 i 在 PC1 与 PC2 的得分, η_{j1} 与 η_{j2} 分别表示基因型 j 在 PC1 与 PC2 的得分, ε_{ij} 为模型中的残差。

1. 年份间品种的产量稳定性

　　利用 GGE-Biplot 软件对 2009～2013 年新疆乌鲁木齐试点 9 个品种的产量进行稳定性分析。在 GGE 双标图中, 单箭头直线是平均年份轴(AEA), 所指方向为品种在所有年份下的近似平均值。箭头所示方向为正, 即各个品种(系)在 AEA 上的投影点越靠右, 其产量越高。图 2-2-6 中主成分 PC1 和 PC2 解释了 94.6% 的变异信息, 集中了 G+GE 的大部分变异信息。各年份产量平均值从高到低依次为 G4('陇油 9 号')＞G2('陇油 7 号')＞G1('陇油 6 号')＞G3('陇油 8 号')＞G5('天油 2 号')＞G6('天油 4 号')＞G7('天油 5 号')＞G9('天油 8 号')＞G8('天油 7 号')。'陇油 9 号' 在几年试验中产量最高, '陇油 7 号'、'陇油 6 号'、'陇油 8 号' 和 '天油 2 号' 产量高于各年份平均值。与 AEA 垂直并通过原点的、带双箭头的直线(AEC)代表各品种(系)与各年份相互作用的倾向性。箭头向外指向较大的不稳定性, 越偏离 AEA 越不稳定。从图可知, '陇油 6 号'(G1)和 '陇油 7 号'(G2)在各年份的产量稳定性最高, 其次为 '陇油 8 号'(G3)。从以上分析可以看出, 陇油系列品种不但产量高, 而且年份间稳定性好。

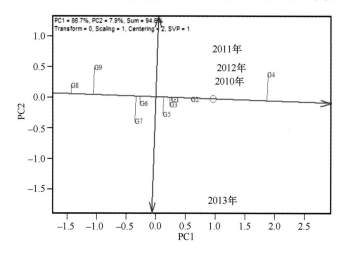

图 2-2-6　基于 GGE 双标图分析参试品系的产量稳定性

2. 不同环境(试点)下品种产量稳定性

　　图 2-2-7 中主成分 PC1 和 PC2 解释了 2008～2011 年 54.1% 和 2011～2013 年 50.6% 的变异信息, 集中了 G+GE 的大部分变异信息, 由此可知分析结果可靠性较高。图 2-2-7 显示, 2008～2011 年试验中陇油系列品种在各环境(试点)下的产量均高于所有环境下的产量平均值, 而天油系列品种产量均低于所有环境下的品种产量平均值。产量从高到低顺序

依次为'陇油8号'（G3）＞'陇油7号'（G2）＞'陇油6号'（G1）＞'陇油9号'（G4）＞'天油2号'（G5）＞'天油4号'（G6）＞'天油7号'（G8）＞'天油8号'（G9）＞'天油5号'（G7）。2011～2013年试验结果显示，G9（'07兰MXW-1-3'）产量最高，G6（'07临延2-9'）次之，G7（'07兰天2-2'）第三，而G10（'宁油2号'）与所有环境下的产量平均值相近，最低的是G4（'天油4号'）和G5（'平油1号'）。

2008～2011年试验中，在高于所有环境下的产量平均值的品种中，在各环境下稳定性最高的品种是G1（'陇油6号'）和G3（'陇油8号'），G4（'陇油9号'）次之。稳定性最差的是G7（'天油5号'），G5（'天油2号'）、G8（'天油7号'）和G9（'天油8号'）虽然表现出了较好的稳定性，但是这种稳定性是低产的稳定，产量均低于各环境下产量平均值，不利于农业生产。2011～2013年试验结果表明，G1（'737'）和G5（'平油1号'）在各环境下稳定性最高，但产量太低。在高于各环境产量平均值的品种中，G6（'07临延2-9'）、G7（'07兰天2-2'）和G9（'07兰MXW-1-3'）是稳定性较好的品种。综合高产和稳定性，在2008～2013年试验中在各环境下表现较好的品种有'陇油6号'、'陇油8号'、'07临延2-9'、'07兰天2-2'和'07兰MXW-1-3'。

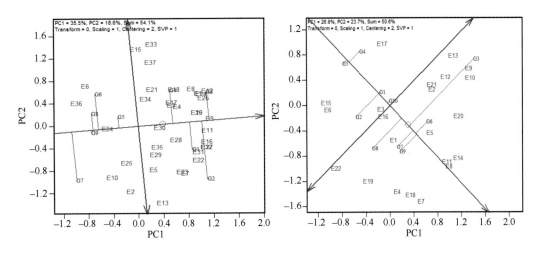

图2-2-7　基于GGE双标图分析参试品系的产量稳定性

3. 不同冬油菜品种生态适应区

将图2-2-8中同一方向离原点（0，0）最远的品种用直线相连，构成一个多边形，其余品种则全部落在多边形中。过原点作各边的垂线，将双标图分成几个扇形区，将试点划分成不同的区域。各区顶角的品种（系）是在本区各试点中冬油菜最适宜的品种，而离原点越近的品种（系）对环境变化迟钝。2008～2011年试验结果图分为4个扇区，一扇区的试点有E6（和田）、E15（临夏）和E36（葫芦岛），G6（'天油4号'）是该区表现最好的品种（系）；二扇区的试点有E2（伊犁）、E10（张掖）、E24（天水）和E25（银川），而该区表现最好的品种（系）为G7（'天油5号'）；三扇区的试点有E5（拜城）、E7（喀什）、E11（武威）、E13（古浪）、E16（兰州）、E23（礼县）、E27（泾源）、E22（庄浪）、E28（呼和浩特）、E29（北京）、E30（通州）、E31（房山）、E32（靖边）和E35

（祁县），该区表现最好的是 G2（'陇油 7 号'）；四扇区的试点有 E1（阿勒泰）、E4（乌鲁木齐）、E8（塔城）、E9（酒泉）、E14（景泰）、E17（镇原）、E18（华池）、E19（西峰）、E21（陇西）、E26（平罗）、E33（天津）、E34（拉萨）和 E37（普兰店）等，该区表现最好的是 G3（'陇油 8 号'）。

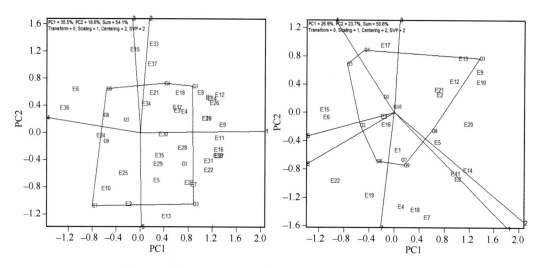

图 2-2-8　基于 GGE-biplot 双标图分析参试品系的适应区域

2011～2013 年'宁油 2 号'等 10 个品种试验结果，可将图分为 6 个扇区，第一扇区的试点有 E2（拉萨）、E5（酒泉）、E9（永登）、E10（临夏）、E12（天水）、E13（陇西）、E14（镇原）、E20（天津）和 E21（定州），G3（'7302'）是该区表现最好的品种（系）；第二扇区的试点有 E1（乌鲁木齐）、E4（敦煌）、E7（武威）、E8（景泰）、E11（会宁）和 E18（晋源），而该表现最好的品种（系）为 G9（'07 兰 MXW-1-3'）；第三扇区的试点有 E16（庆阳）、E19（北京）和 E22（绥中），该区表现最好的是 G8（'07 皋 DQW-1-3'）；第四扇区的试点只有 E3（互助），该区表现最好的是 G2（'6468'）；第五扇区的试点有 E6（张掖）和 E15（平凉），该区表现最好的是 G5（'平油 1 号'）；第六扇区的试点只有 E17（祁县），该区表现最好的是 G4（'天油 4 号'）。

三、北方白菜型冬油菜生育期

北方地区生态条件差异大，不同地区由于热量条件不同而播种期、生育期也不同。

北方冬油菜一般在 8 月 20 日至 9 月 20 日播种，播后 6 天左右出苗，于 11 月中旬左右多数试点冬油菜先后进入越冬期（枯叶期），冬前苗期生长时间约 60 天，次年 3 月初到 3 月中下旬开始返青，4 月上中旬进入花期，5 月中下旬至 6 月上中旬成熟，生育期 240～300 天。

（一）品种间生育期差异

品种生态型、抗寒性及感温性不同，生长发育所需要的热量也不完全相同，导致生育期不同。

　　2009～2011 年采用'陇油 6 号'等 9 个品种在多个试点试验结果（表 2-2-13，表 2-2-14），'陇油 6 号'生育期 276～280 天、'陇油 7 号'生育期 276～282 天，'陇油 8 号'、'陇油 9 号'生育期 274～278 天，'天油 2 号'、'天油 4 号'、'天油 5 号'、'天油 7 号'、'天油 8 号'生育期 273～276 天。抗寒性强的品种'陇油 6 号'、'陇油 7 号'较抗寒性弱的'天油 2 号'生育期长 2～4 天。'陇油 6 号'枯叶期在 11 月 13 日至 12 月 13 日，返青期 3 月 20 日至 4 月 17 日；'天油 2 号'枯叶期 11 月 15 日至 12 月 14 日，返青期 3 月 17 日至 4 月 17 日；'陇油 6 号'枯叶期提前 1～2 天，返青期推后 3 天左右，现蕾期、初花期、终花期也较'天油 2 号'推迟 2～3 天。2011～2013 年以'陇油 6 号'、'陇油 7 号'为对照，采用'宁油 2 号'等 12 个品种在多个试点试验结果表明，'陇油 6 号'、'陇油 7 号'越冬率高，抗寒性优异，生育期较长，'陇油 6 号'各点平均生育期达到 272～286 天，'陇油 7 号'273～287 天，'天油 4 号'为 268～273 天（表 2-2-15，表 2-2-16）。抗寒性强的品种枯叶期较抗寒性弱的品种提前，越冬期较长，返青期延迟，相应的现蕾、抽薹期延迟，花期较长，终花期延迟，因此生育期较长。但总体来看，品种间生育期差异较小，主要原因一是有高温逼熟现象，二是抗寒性差的品种产生较多无效分枝，延长了其生育期。这样使品种间生育期表现出的差异小于实际存在的差异。

表 2-2-13　2009～2011 年参试品种生育期比较（月/日）

品种/系名称	播期	出苗期	枯叶期	返青期	抽薹期	现蕾期	初花期	盛花期	终花期	成熟期	生育期（天）
陇油 6 号	8/20～9/15	9/1～9/23	11/13～12/13	3/20～4/17	4/1～4/28	4/14～4/29	4/19～5/7	4/23～5/15	5/11～5/29	5/23～6/21	276～280
陇油 7 号	8/20～9/15	9/1～9/23	11/13～12/13	3/20～4/17	4/1～4/28	4/14～4/29	4/19～5/8	4/23～5/15	5/11～5/29	5/23～6/23	276～282
陇油 8 号	8/20～9/15	9/1～9/23	11/15～12/14	3/19～4/17	4/1～4/27	4/14～4/26	4/17～5/5	4/20～5/13	5/10～5/27	5/21～6/19	274～278
陇油 9 号	8/20～9/15	9/1～9/23	11/15～12/14	3/19～4/17	4/1～4/27	4/14～4/26	4/17～5/5	4/20～5/13	5/10～5/26	5/21～6/19	274～278
天油 2 号	8/20～9/15	9/1～9/23	11/15～12/14	3/17～4/17	4/1～4/27	4/14～4/26	4/17～5/4	4/20～5/12	5/8～5/27	5/20～6/17	273～276
天油 4 号	8/20～9/15	9/1～9/23	11/15～12/14	3/17～4/17	4/1～4/27	4/14～4/26	4/17～5/4	4/20～5/12	5/8～5/27	5/20～6/17	273～276
天油 5 号	8/20～9/15	9/1～9/23	11/15～12/14	3/17～4/26	4/1～4/27	4/14～4/26	4/17～5/4	4/20～5/12	5/8～5/27	5/20～6/17	273～276
天油 7 号	8/20～9/15	9/1～9/23	11/15～12/14	3/17～4/17	4/1～4/26	4/14～4/26	4/17～5/4	4/20～5/28	5/8～5/27	5/20～6/17	273～276
天油 8 号	8/20～9/15	9/1～9/23	11/15～12/14	3/17～4/17	4/1～4/29	4/14～4/26	4/17～5/4	4/20～5/12	5/8～5/29	5/20～6/17	273～276

表 2-2-14　2009～2011 参试品种生育时期天数比较（单位：天）

品种/系名称	播种-出苗	出苗-枯叶	枯叶-返青	返青-初花	初花-终花	终花-成熟	冬前期	越冬期	冬后期	生育期
陇油 6 号	8～12	51～58	123～130	21～30	22～28	12～22	85～89	125～129	64～65	276～280
陇油 7 号	8～12	51～58	123～130	21～30	22～28	12～22	85～89	126～129	64～67	276～282
陇油 8 号	8～12	53～59	120～129	18～29	22～23	11～22	85～90	125～128	63～63	274～278
陇油 9 号	8～12	53～59	120～129	18～29	21～23	11～23	85～90	125～128	63～63	274～278
天油 2 号	8～12	53～59	118～129	18～28	21～23	12～22	85～90	125～127	62～63	273～276
天油 4 号	8～12	53～59	118～129	19～28	21～23	12～22	85～90	125～127	62～63	273～276
天油 5 号	8～12	53～59	118～129	19～31	21～23	12～22	85～90	125～127	62～63	273～276
天油 7 号	8～12	53～59	118～129	19～31	21～23	12～21	85～90	123～129	62～63	273～276
天油 8 号	8～12	53～59	118～129	19～31	21～23	12～22	85～90	125～127	62～63	273～276

表 2-2-15　　2011～2013 年参试品种生育期比较（月/日）

品种/系名称	播期	出苗期	枯叶期	返青期	现蕾期	抽薹期	初花期	盛花期	终花期	成熟期	生育期（d）
陇油 6 号	8/24～9/24	8/29～9/28	11/14～12/10	3/13～4/17	4/10～4/22	4/14～4/19	4/19～5/4	4/23～5/21	5/12～5/26	6/5～6/22	272～286
陇油 7 号	8/24～9/24	8/29～9/28	11/15～12/10	3/13～4/19	4/2～4/23	4/14～4/20	4/20～5/7	4/24～5/21	5/14～5/27	6/5～6/23	273～287
737	8/24～9/24	8/29～9/28	11/16～12/13	3/12～3/28	4/14～4/23	4/18～4/25	4/17～4/29	4/20～5/24	5/12～5/27	5/23～6/14	264～273
6468	8/24～9/24	8/29～9/28	11/16～12/13	3/12～3/28	4/14～4/23	4/18～4/25	4/19～4/28	4/22～5/27	5/11～5/27	5/23～6/19	269～273
7302	8/24～9/24	8/29～9/28	11/16～12/13	3/12～3/28	4/15～4/23	4/18～4/25	4/17～5/1	4/21～5/29	5/11～5/27	5/24～6/18	269～274
天油 4 号	8/24～9/24	8/29～9/28	11/15～12/13	3/12～3/29	4/15～4/24	4/18～4/25	4/17～4/30	4/20～5/28	5/9～5/28	5/23～6/18	268～273
平油 1 号	8/24～9/24	8/29～9/28	11/14～12/13	3/12～3/30	4/14～4/25	4/18～4/27	4/18～5/1	4/21～5/26	5/8～5/29	5/23～6/18	268～273
07 临延 2-9	8/24～9/24	8/29～9/28	11/16～12/13	3/12～3/28	4/15～4/23	4/18～4/25	4/17～4/29	4/20～5/28	5/10～5/27	5/24～6/16	266～274
07 兰天 2-2	8/24～9/24	8/29～9/28	11/15～12/13	3/12～3/29	4/15～4/24	4/18～4/26	4/18～4/30	4/21～5/23	5/10～5/23	5/24～6/17	267～274
07 皋 DQW-1-3	8/24～9/24	8/29～9/28	11/16～12/13	3/12～3/28	4/16～4/21	4/19～4/25	4/19～4/29	4/22～5/27	5/10～5/27	5/25～6/15	265～275
07 兰 MXW-1-3	8/24～9/24	8/29～9/28	11/14～12/13	3/12～3/30	4/15～4/20	4/18～4/27	4/23～5/1	4/22～5/24	5/11～5/29	5/24～6/16	266～274
宁油 2 号	8/24～9/24	8/29～9/28	11/16～12/13	3/12～3/28	4/14～4/23	4/18～4/25	4/17～4/29	4/20～5/24	5/8～5/27	5/23～6/14	264～273

表 2-2-16　　2011～2013 年参试品种生育时期天数比较（单位：天）

品种/系名称	播种-出苗	出苗-枯叶	枯叶-返青	返青-初花	初花-终花	终花-成熟	冬前期	越冬期	冬后期	生育期
陇油 6 号	4～5	73～77	120～129	27～37	21～22	24～27	77～82	120～129	72～86	276～286
陇油 7 号	4～5	73～78	119～129	29～38	20～24	22～27	77～83	119～129	71～89	276～287
737	4～5	76～79	106～117	32～36	25～28	11～18	80～84	106～117	68～82	264～273
6468	4～5	76～79	106～117	31～38	22～28	12～23	80～84	106～117	65～89	269～273
7302	4～5	76～79	106～117	33～36	20～24	13～18	80～84	106～117	66～78	269～274
天油 4 号	4～5	76～78	107～118	32～28	13～14	80～83	107～118	67～78	268～273	268~273
平油 1 号	4～5	76～77	108～119	32～37	20～28	15～22	80～82	108～119	65～87	268～273
07 临延 2-9	4～5	76～79	106～117	32～36	23～28	13～21	80～84	106～117	68～85	266～274
07 兰天 2-2	4～5	76～78	107～118	32～37	22～23	13～20	80～82	107～118	67～80	267～274
07 皋 DQW-1-3	4～5	76～79	106～117	32～38	21～28	14～19	80～84	106～117	67～85	265～275
07 兰 MXW-1-3	4～5	76～77	108～119	32～40	18～28	13～18	80～82	108～119	63～84	266～274
宁油 2 号	4～5	76～79	106～117	32～36	21～28	15～18	80～84	106～117	68～82	264～273

（二）地区间生育期差异

不同试点由于土壤墒情、热量、播种期差异，生育期不同。总体表现为西部地区、高海拔区生育期偏长，而东部地区、低海拔区生育期较短（表 2-2-17，表 2-2-18，表 2-2-19）。

表 2-2-17　冬油菜品种生育期（'陇油6号'，2010）

地点	播种期（月/日）	出苗期（月/日）	五叶期（日/月）	枯叶期（月/日）	返青期（月/日）	现蕾期（月/日）	抽薹期（月/日）	初花期（月/日）	盛花期（月/日）	终花期日/月	成熟期（月/日）	生育期（天）
乌鲁木齐	9/10	9/18	10/16	12/13	4/15	4/22	4/27	5/7	5/15	5/29	6/15	270
塔城	9/15	9/23	10/16	11/26	4/8	4/18		4/26	5/10	6/8	6/26	285
阿勒泰	9/1	9/6	9/20	11/8	4/20	5/4		5/8	5/13	5/17	6/23	296
拜城	9/24	10/2	11/5	11/10	3/25	4/8		4/25	4/30	5/31	6/18	267
和田	9/15	9/20	10/20	11/25	3/3	4/2		4/8	4/12	4/16	5/20	247
喀什	9/28	10/3	10/29	11/28	2/25	5/4		4/12	4/28	5/5	6/3	248
武威	8/20	9/1	9/23	11/13	4/2	4/8	4/14	4/26	5/5	5/15	6/12	285
兰州	8/20	9/1	9/27	11/13	4/10	4/17	4/22	4/29	5/7	5/20	6/20	293
银川	8/30	4/9	9/16	11/4	3/22	4/22		4/28	5/10	5/20	6/7	276
泾源	8/15	8/22	9/2	10/11	4/13	4/27		5/2	5/17	5/26	6/23	305
祁县	9/3	9/8	10/1	11/25	3/13	3/26	3/27	4/10	4/13	5/5	5/31	267
北京	9/10	9/17	9/22	11/25	3/31	4/15	4/25	5/3	5/10	5/22	6/7	263
天津	9/11	9/15	10/8	12/9	3/20	4/11	4/17	4/19	4/23	5/11	5/23	250

表 2-2-18　不同试点生育时期比较（单位：天）

地点	播种-出苗	出苗-枯叶	枯叶-返青	返青-初花	初花-终花	终花-成熟	冬后期	生育期
塔城	8～10	63～66	131～134	18～22	43～45	16～17	74～79	285～290
阿勒泰	8～10	62～67	157～162	18～21	25～30	30～35	63～66	296～299
拜城	8～10	39～42	133～136	31～33	30～35	15～19	85～88	267～270
和田	6～8	65～66	88～89	16～18	25～30	12～14	58～60	279～281
喀什	6～8	46～48	86～88	18～20	23～25	27～28	70～72	250～252
乌鲁木齐	8～10	81～82	126～128	18～19	23～25	23～27	63～64	278～282
酒泉	6～9	60～70	131～134	20～27	28～34	18～30	61～100	303～315
张掖	6～8	55～65	106～120	24～29	23～30	17～17	81～89	294～303
武威	6～8	55～65	108～112	34～37	25～30	24～27	67～71	292～296
上川	8～10	50～60	110～130	36～38	25～30	25～27	70～80	319～328
兰州	6～8	60～70	87～91	24～28	20～27	15～15	60～70	288～293
银川	6～8	60～70	130～135	36～39	23～27	17～19	77～80	282～285
泾源	7～9	50～60	139～140	19～27	25～31	28～31	71～77	297～301
祁县	6～8	69～75	115～120	20～28	25～27	26～28	74～79	265～269
河北	6～8	55～60	120～123	25～27	20～25	12～13	55～60	240～242
北京	6～8	55～60	130～135	31～33	20～25	16～17	65～67	276～278
天津	6～8	55～60	99～101	30～31	21～22	12～15	63～64	252～255

表 2-2-19　各地冬油菜生育期表（单位：天）

试点	陇油6号	陇油7号	陇油8号	陇油9号	天油2号	天油5号	天油7号	天油8号
北京	277	277	273	270	270	270	270	270
靖边	286	286	282	280	280	280	280	280
银川	285	285	283	281	279	279	279	281
泾源	302	302	297	294	294	294	294	294
兰州	300	300	295	290	290	289	290	290
伊犁	269	269	269	269	269	269	269	269
乌鲁木齐	282	282	278	278	276	276	276	276
拜城	270	275	270	275	270	277	275	275
和田	251	251	248	244	244	244	244	244
喀什	248	248	240	241	239	241	239	239
生育期	251～300	251～300	248～295	244～290	255～290	244～290	244～290	244～290

研究结果显示，不同试点的生育期长短差异明显，总体表现为：①西部高海拔地区生育期长，东部低海拔区缩短。秦川、泾源平均海拔都在 2200m 以上，生育期长达 319 天和 297～301 天；武威、张掖、酒泉、阿勒泰平均海拔都在 1500m 以上，生育期分别为 292～296 天、294～303 天、303～315 天、296～299 天。河北定州平均海拔 43.6m，天津海拔 3.4m，参试品种生育期仅为 240～242 天和 252～255 天。②气候寒冷的地区生育期长，气候炎热的地区生育期缩短。塔城、阿勒泰、酒泉极端最低温度都在-35℃以下，年均气温 8℃以下，生育期较长，阿勒泰长达 296～299 天，北京年均温度均在 12℃左右，且 6 月高温炎热，促成早熟，生育期较短，北京仅 276～278 天。③播种期较早的地区生育期长，播期较晚的地区生育期缩短。泾源、上川、兰州、武威、酒泉、张掖 8 月 15～31 日播种，生育期均在 285～290 天；拜城、喀什、河北播种期在 9 月 24～28 日，生育期均相对较短，为 240～270 天。生育期相差 20 天以上，产生这种现象的主要原因是气候寒冷的地区，如秦川、酒泉等地冬前低温较低，冬油菜出苗、冬前生长需要的时间较长，需要早播，因此冬前生长期较气候暖热的地区延长，因此生育期延长。④高纬度地区生育期相对较长，低纬度地区生育期相对较短。高纬度地区，气温相对低纬度地区较低，播期较早，因此生育期较长，如新疆喀什、和田、拜城、乌鲁木齐、塔城、阿勒泰，随着纬度的升高，生育期延长，喀什生育期仅 250～252 天，而阿勒泰长达 296～299 天。在同一试点不同冬油菜品种生育期相差不大，差异不明显。同一试点品种间生育期差异较小的主要原因一是有高温逼熟现象，二是抗寒性差的品种产生较多无效分枝，延长了生育期。

不同试点生育时期差异，主要在于不同试点冬油菜各个生育时期的有效积温、降水量不同，因此播种期、出苗速度、通过各个生育时期所需的时间不同，导致生育期不同。研究结果显示，不同地区，冬油菜各个生育时期差异较大（表 2-2-18），突出地表现为高纬度、高海拔、冬前积温较低的地区越冬期延长，营养生长向生殖生长的过渡时期相对缩短，花期延长，生育期延长。由于不同地区气温和降雨不同，冬油菜播种到出苗所需的时间不同，一般播种后 4～8 天就可以出苗，而上川等地气温较低，降雨稀少，出苗所需的时间较长，最长达 12 天。极端低温较低的高纬度地区，由于低温来临较早，持续时间长，越冬期延长，酒泉、拜城、阿勒泰、塔城越冬期为 130～160 天，占整个生育期的近一半，而兰州越冬期为 87～91 天，与高纬度地区相差 50～70 天。返青到初花期是冬油菜营养生长向生殖生长的过渡阶段，对于花等器官的形态建成至关重要，研究结果表明，越冬期较长的地区营养生长向生殖生长的过渡期均相对缩短，如武威需要 35 天左右，张掖需要 25 天左右，而北京只有 20 天。终花期到成熟期是籽粒灌浆成熟期，持续时间越长，籽粒千粒重越大，对产量的增进越大。

（三）年份间生育期差异

不同年份间冬油菜生育期变化较大（表 2-2-20）。以乌鲁木齐为例，2008/2009 年度与 2009/2010 年度，冬季降雪量大，越冬率高，生育期短，分别为 273 天、274 天；2010/2011 年度与 2011/2012 年度，生育期延长，为 280 天左右；2012/2013 年度较 2010/2011 年度与 2011/2012 年度，生育期缩短，为 277～279 天。这种变化主要与当年冬季的气温、降雪量和越冬率有关。播种期晚，一般生育期短，播种期早则生育期长。当年冬季的气温较高，热量条件较好或降雪量大，则生育短。越冬率高时，单位面积群体大，生育期相对缩短。新疆试验结果还表明，相对短的生育期与高的产量有关。

北京试点生育期变化也与当年冬季气温及越冬率有密切关系。2012/2013年度、2009/2010年度冬季为华北地区近50年未遇的低温和寒冬，越冬率降低，生育期延长，而2011/2012年度则生长期较短。

表 2-2-20　不同年份生育期比较（单位：天）

地区	年度	陇油 6 号	陇油 7 号	陇油 9 号	天油 4 号	宁油 2 号
乌鲁木齐	2008/2009	273	273	273	277	275
	2009/2010	274	274	273	274	274
	2010/2011	280	280	280	280	280
	2011/2012	280	280	280	280	280
	2012/2013	279	279	277	277	277
北京	2009/2010	272	272	270	270	270
	2011/2012	265	265	264	265	264
	2012/2013	269	269	270	270	272

（四）冬油菜与其他作物生育期比较及种植制度的拟合度

近10年试验结果表明，冬油菜播种期、成熟期与生育期均能够与北方主要农作物实现较好搭配，为北方地区种植制度改革提供了空间，对促进一年一熟转向二年三熟/一年二熟具有重要意义。

由表 2-2-21 可以看出，在甘肃中部及自然条件类似地区，冬油菜 8 月下旬播种，6月上中旬成熟，生育期 280 天左右；荞麦、谷子、糜子 6 月上旬播种，9 月下旬成熟，生育期 100 天左右；冬小麦 9 月下旬播种，7 月中旬成熟，生育期 280 天左右。冬油菜成熟收获后复种向日葵、糜子、谷子、荞麦、马铃薯，后茬复种作物成熟收获后播种冬小麦，实现二年三茬或一年二茬。

表 2-2-21　冬油菜与主要作物生育期比较（月/日）

地区	作物	播种期	出苗期	返青期	初花期	终花期	成熟期	生育期（天）
甘肃中部	冬小麦	9/20	9/30	3/25	5/1	6/10	7/15	288
	春小麦	3/25	4/10		6/25	7/15	8/5	117
	马铃薯	5/15	5/30		7/10	7/25	9/30	122
	玉米	4/20	4/30		6/10	6/25	9/30	153
	荞麦	6/5	6/15		7/15	7/30	9/25	102
	谷子	6/5	6/15		7/15	7/30	9/25	102
	糜子	6/5	6/15		7/15	7/30	9/25	102
	冬油菜	8/25	9/1	3/25	5/1	6/10	6/15	278
	油葵	6/5	6/15		7/15	7/30	9/25	102
华北	冬油菜	9/10	9/20	3/25	5/1	6/10	6/1	259
	冬小麦	10/1	9/30	3/25	5/1	6/10	6/20	263
	夏花生	6/15	6/20				9/10	82
	夏玉米	6/20	6/20				9/25	97
	夏大豆	6/20	6/20				9/25	97

在华北及其自然条件类似地区，冬油菜9月上中旬播种，5月下旬至6月上旬成熟，生育期260天左右；夏花生6月上旬播种，9月上中旬成熟，生育期90天左右；夏玉米、夏大豆6月下旬播种，9月下旬成熟，生育期100天左右；夏棉花6月初移栽，10月上旬成熟，冬小麦10月上旬播种，6月下旬成熟，生育期260天左右。冬油菜成熟收获后播种夏花生、夏玉米、夏大豆或移栽棉花，夏花生、夏玉米、夏大豆、移栽棉花收获后播种冬小麦，实现二年三茬或一年二茬。

四、白菜型冬油菜主要农艺性状

北方旱寒区冬油菜植株比较矮小，一般株高95.01～170.00cm，分枝部位9.41～17.86cm，总分枝数11.70～17.16个，主花序长度49.6～54.9cm，单株角果数131.53～248.86个，角粒数17.58～25.37粒，千粒重2.66～3.5g，单株产量7.47～11.95g，但不同品种、不同试点间农艺性状存在较大差异。

（一）不同地区间农艺性状差异

不同地区间冬油菜经济性状差异较大（表2-2-22）。株高以酒泉、上川、武威最低，分别为70.7cm、75.9cm、78.5cm，天水、陇西、拉萨、拜城最高，分别为153.3cm、138.9cm、128cm、126.7cm；单株角果数122.0～411.4个，以平凉、上川、乌鲁木齐等地最高，分别为411.4个、372.2个、366.0个，以祁县、庆阳等地最低，分别为122.0个、124.0个；角粒数16.5～26.1粒，以拉萨、酒泉、塔山等地最低，分别为16.5粒、17.8粒、17.9粒，以陕北、塔城、张掖、拜城等地最高，分别为26.1粒、24.1粒、23.9粒、23.7粒；千粒重2.0～3.5g，以北京、上川、银川、酒泉等地最低，分别为2.0g、2.7g、2.7g、2.7g，以拜城、平凉、张掖、塔城等地最高，分别为3.5g、3.4g、3.2g、3.2g；单株产量5.5～15.7g，以北京、天水、拉萨等地最低，分别为5.5g、7.8g、7.9g，以乌鲁木齐、塔山、拜城等地最高，分别为15.7g、15.1g、14.9g；总体表现为西北地区株高降低，千粒重增加；低海拔地区或热量条件较好地区如北京、天津等地，株高增加，千粒重降低。

2010年'陇油9号'大面积示范结果，乌鲁木齐试点株高达到147.9cm，而在北京则为110.2cm；角粒数，乌鲁木齐试点为30.1粒，而在北京则为11.0粒；千粒重，乌鲁木齐试点为3.2g，而在北京则为2.75g。可见，地区间农艺性状有较大差异。

（二）不同品种（系）间农艺性状差异

各参试品种（系）间经济性状差异较大。2009～2010年采用'陇油7号'等3个品种在多个试点试验结果，'陇油6号'、'陇油7号'由于成熟一致，群体密度大，株高、单株角果数、角粒数、千粒重、单株产量等性状均优于对照品种'天油4号'（表2-2-23）。

2009～2010年在新疆进行了10个品种3个试点的品种适应性试验，试验结果（表2-2-24），'陇油6号'、'陇油7号'等品种均表现出良好的农艺性状。乌鲁木齐试点，株高146.6～170.9cm，以'陇油9号'株高最高，'天油7号'最低，相差24.3cm；角粒数20.64～25.54粒，以'陇油9号'角粒数最多，'天油7号'最低，相差5.08粒；千粒重2.72～3.23g，'陇油9号'最高，'天油7号'最低，相差1.2g。分枝高度在各品

表2-2-22 不同地区冬油菜农艺性状差异性分析

试点	株高(cm)	分枝部位(cm)	一次分枝(个)	二次分枝(个)	主花序长度(cm)	主序角果数(个)	单株角果数(个)	角果长(cm)	角粒数(粒)	千粒重(g)	单株产量(g)
拉萨	128±2.4c	32.0±1.8a	7.2±0.3ab	10.2±0.6bc	52.2±1.1cd	42.1±2.5def	225.7±18.9ef	4.5±0.1g	16.5±0.6e	2.9±0.1def	7.9±1.0bcd
塔城	115.4±6.2de	23.5±2.7bc	4.3±0.4e	4.4±0.4def	44.9±2.2fg	27.0±3.9h	251.3±21.8de	6.2±0.3cd	24.1±0.9ab	3.2±0.1bcd	9.6±0.6bc
拜城	126.7±3.3c	18.8±3.1cd	6.1±0.4cd	9.2±1.2bcd	52.4±1.6cd	35.4±1.4fg	270.9±19.1cde	5.9±0.2de	23.7±0.9abc	3.5±0.1a	14.9±1.0a
乌鲁木齐	122.4±6.5cd	12.3±0.9ef	7.4±0.2ab	13.2±0.6ab	44.2±1.4fg	31.0±1.4gh	366.0±22.1a	5.4±0.1ef	21.4±0.4bcd	3.1±0.0cde	15.7±1.4a
酒泉	70.7±2.7i	9.5±1.3fg	5.7±0.3cd	8.2±1.3cd	41.3±2.5fgh	35.2±0.9fg	165.0±5.5gh	4.5±0.1g	17.8±1.6e	2.7±0.1fg	9.3±0.2de
张掖	88.2±9.7h	3.6±0.6h	8.4±0.3a	4.9±0.5def	87.3±1.6a	40.5±2.3def	237.0±14.4ef	7.6±0.3a	23.9±1.0ab	3.2±0.1bcd	10.0±0.5b
武威	78.5±9.6i	5.3±0.5gh	8.3±0.5a	15.8±1.6a	36.9±2.4h	36.9±2.4efg	358.8±28.7ab	5.9±0.1de	23.0±1.1bcd	2.8±0.1g	11.8±0.3e
上川	75.9±10.0i	5.6±0.6gh	8.4±0.6a	15.8±1.8a	36.6±2.7h	36.6±2.7efg	372.2±26.2a	5.9±0.1de	23.4±1.0abcd	2.7±0.1fg	12.0±0.4e
兰州	114.4±3.9de	8.3±1.3fgh	7.4±0.1ab	7.2±0.5cde	48.8±0.7de	48.8±0.7c	225.6±7.8ef	5.8±0.1de	22.4±0.3bcd	2.8±0.0fg	10.4±0.4b
陇西	138.9±6.3b	15.5±3.3de	8.1±0.3a	4.7±0.5def	49.7±2.9cde	49.7±2.9bc	300.7±26.1cd	6.2±0.3cd	26.1±0.9a	3.0±0.2bc	9.9±0.5bc
天水	153.3±10.9a	20.9±1.1c	8.4±0.2d	5.1±0.2f	55.6±1.9c	55.6±1.9b	265.4±6.0gh	6.2±0.2cd	20.9±0.8cd	2.8±0.1bcd	7.8±0.6bcd
平凉	87.2±7.5h	6.5±0.5gh	7.5±0.4ab	16.3±0.8a	70.2±3.4b	70.2±3.4a	411.4±24.6a	5.3±0.1f	21.5±1.0bcd	3.4±0.1ab	9.9±2.0bc
庆阳	110.5±6.9ef	14.9±1.3de	6.6±0.2bc	8.7±0.5bcd	46.7±1.3def	46.7±1.3cd	124.0±4.2h	6.6±0.1bc	22.8±0.7bcd	2.9±0.1def	8.3±0.5bc
银川	101.2±6.9g	21.2±3.2c	6.7±0.9bc	2.9±0.3ef	47.4±1.6def	41.8±1.4def	184.4±11.3fg	7.0±0.2b	21.3±1.1bcd	2.7±0.1fg	9.0±0.8bc
祁县	115.5±5.2de	29.6±2.0a	8.1±0.3a	8.0±4.9cd	39.3±2.3gh	43.3±2.2cde	122.0±3.8h	5.5±0.2ef	20.7±0.6d	2.8±0.1efg	9.1±0.4cde
北京	125.1±5.6c	26.7±1.7ab	8.3±0.2a	1.8±0.4f	41.3±0.7fgh	41.3±0.7def	140.4±1.0gh	6.1±0.1cd	22.9±0.1bcd	2.0±0.0h	5.5±0.1de
塔山	104.2±8.6fg	8.5±1.3fgh	7.9±0.3a	11.8±1.5abc	39.5±1.2gh	35.7±1.3fg	310.6±28.9bc	5.2±0.1f	17.9±0.7e	2.9±0.1def	15.1±1.3a
变化范围	70.7~153.5	3.6~32.0	4.3~8.4	1.1~15.8	36.6~87.3	27.0~70.2	122.0~411.4	4.5~7.6	16.5~26.1	2.0~3.5	5.5~15.7

注：表中不同小写字母表示在0.05水平上的差异显著

表 2-2-23　不同抗寒品种经济性状

处理	株高（cm）	分枝位（cm）	一次分枝（个）	二次分枝（个）	主花序长度（cm）	主序角果数（个）	角果长（cm）	单株角果数（个）	角粒数（粒）	千粒重（g）	单株产量（g）
陇油 7 号	120.6	23.9	6.15	4.95	56.9	42.5	6.45	188.41	21.2	3.00	12.3
陇油 9 号	125.54	19.28	7.16	6.18	61.08	43	6.43	225.04	23.58	3.22	14.32
天油 4 号	117.22	22.89	5.99	4.36	53.7	38.14	6.24	177.4	20.96	2.97	9.25

表 2-2-24　2009/2010 年度新疆 3 个试点不同抗寒品种经济性状

品种	试验点	株高（cm）	分枝位（cm）	一次分枝（个）	二次分枝（个）	主花序长度（cm）	主序角果数（个）	角果长（cm）	单株角果数（个）	角粒数（粒）	千粒重（g）	单株产量（g）
陇油 6 号	乌鲁木齐	162.70	26.20	7.30	6.80	68.40	50.10	8.13	275.7	25.15	3.17	10.31
	拜城	122.53	10.75	7.46	13.77	51.36	33.23	5.41	331.9	21.73	2.76	16.54
	奇台	129.9	4.33	4.50	6.90	54.5		8.18	25.4	22.2	4.2	10.12
	平均	138.38	13.76	6.42	9.16	58.09	41.67	7.24	271	23.03	3.38	12.32
陇油 7 号	乌鲁木齐	163.70	26.10	7.90	8.70	70.10	50.70	8.19	284.7	25.37	3.15	11.06
	拜城	132.03	9.25	8.08	16.45	49.72	34.49	5.68	431.3	23.04	2.77	24.61
	奇台	126.1	4.78	2.30	8.60	53.0		7.26	199.9	21.7	3.1	10.05
	平均	140.61	13.38	6.09	11.25	57.61	42.60	7.04	305.3	23.37	3.01	15.24
陇油 8 号	乌鲁木齐	159.20	26.90	7.10	4.30	64.70	43.60	7.57	228.1	22.67	3.06	9.09
	拜城	128.77	11.13	6.92	14.79	47.62	32.24	5.18	424.8	22.7	3.36	18.08
	奇台	127.7	4.65	4.20	7.40	45.7		7.76	191.8	21.8	3.8	9.78
	平均	138.56	14.23	6.07	8.83	52.67	37.92	6.84	281.57	22.39	3.41	12.32
陇油 9 号	乌鲁木齐	170.90	25.50	8.50	9.60	73.00	52.40	8.44	285.8	25.54	3.23	15.11
	拜城	140.39	18.91	6.94	11.15	42.5	31.15	5.85	342.1	26.43	3.4	19.05
	奇台	136.4	4.61	6.10	5.60	52.0		7.43	186.9	24.2	2.8	9.56
	平均	149.23	16.34	7.18	8.78	55.83	41.78	7.24	271.6	25.39	3.14	14.57
天油 2 号	乌鲁木齐	154.70	36.60	6.90	3.40	61.80	40.60	7.46	196.1	22.42	3.06	8.79
	拜城	127.42	12.5	6.9	10.9	53.7	34.4	5.44	330.7	22.2	3.64	19.14
	奇台	137.2	5.75	7.10	3.20	52.0		6.96	285.1	19.0	3.2	13.67
	平均	139.77	18.28	6.97	5.83	55.83	37.5	6.62	270.63	21.21	3.3	13.87
天油 4 号	乌鲁木齐	161.40	27.90	7.10	4.60	67.10	46.70	8.02	244.6	24.65	3.17	10.13
	拜城	138	13.73	6.6	10.53	57.4	34.2	6.27	267.1	24.9	3.2	13.74
	奇台	128.3	7.40	5.10	5.40	55.2		7.56	182.6	23.4	3.2	9.23
	平均	142.57	16.34	6.27	6.84	59.9	40.45	7.28	231.43	24.32	3.19	11.03
天油 5 号	乌鲁木齐	149.90	40.50	6.30	2.60	59.40	37.00	7.32	183.4	21.69	2.75	8.11
	拜城	124.7	13.03	7.2	14.5	45.6	32.57	5.42	376.0	22	3.03	13.5
	奇台	144.6	6.29	4.12	4.90	56.1		9.15	182.0	26.5	3.8	9.31
	平均	139.73	19.94	5.87	7.33	53.7	34.78	7.30	247.13	23.40	3.19	10.31
天油 7 号	乌鲁木齐	146.60	42.80	6.60	2.10	54.80	35.90	7.07	172.9	20.64	2.72	7.73
	拜城	131.5	11.01	5.88	10.9	47.9	27.7	5.5	276.4	26.6	3.35	18
	奇台	137.8	5.07	7.20	4.40	56.6		8.27	182.4	22.5	3.4	9.25
	平均	138.63	19.63	6.56	5.8	53.1	31.8	6.95	210.57	23.25	3.16	11.66
天油 8 号	乌鲁木齐	159.20	26.90	7.10	4.30	64.70	43.60	7.57	228.1	22.67	3.06	9.09
	拜城	132	10.81	6.1	11.26	51.1	32.1	5.94	278.6	23.2	3.32	12.21
	奇台	125.6	5.51	6.10	3.50	45.3		7.75	243.6	25.1	3.4	11.24
	平均	138.93	14.41	6.43	6.35	53.7	37.85	7.09	250.1	23.66	3.26	10.85

种中以'天油 7 号'最高,'天油 4 号'最低。由此可以看出,农艺性状与抗寒性存在这样一个规律,即抗寒性强、越冬率高的品种,株高较高,分枝数较少,主花序长,主花序结角数多,单株角数少,单株产量较高。抗寒性差、越冬率低的品种,株高较低,分枝数较多,主花序短,单株角数较多,单株产量低。

(三)不同年份间农艺性状变化

各参试品种(系)不同年份间株高、单株角果数、角粒数、千粒重、单株产量等经济性状存在较大差异(表 2-2-25)。

表 2-2-25　2008～2013 年乌鲁木齐试点农艺性状变化

品种	年份	株高(cm)	分枝高度(cm)	一次分枝(个)	二次分枝(个)	主序长度(cm)	主序角果数(个)	角果长(cm)	单株角果数(个)	角粒数(粒)	千粒重(g)	单株产量(g)
陇油6号	2008/2009	123.6	16.9	6.2	5.9	51.5	39.3	6.3	123.7	23.4	3.8	13.0
	2009/2010	141.6	23.5	7.2	7.8	59.7	46.8	7.7	250.6	25.6	2.9	17.7
	2010/2011	162.70	26.20	7.30	6.80	68.40	50.1	8.13	225.7	25.2	3.17	10.31
	2012/2013	122.3	9.0	8.5	15.9	37.9	26.9	5.0	317.5	20.1	2.95	10.68
陇油7号	2008/2009	123.8	16.1	6.2	6.5	50.9	40.4	6.3	144.6	22.7	3.9	13.9
	2009/2010	142.6	20.8	7.5	7.9	64.8	47.3	7.8	250.8	25.6	3.1	22.6
	2010/2011	163.70	26.10	7.90	8.70	70.10	50.7	8.19	234.7	25.4	3.15	11.06
	2012/2013	131.8	14.3	8.4	15.2	49.9	36	5.2	375.7	19.6	2.9	16.56
天油4号	2008/2009	112.8	22.7	5.8	4.5	47.3	35.9	5.9	107.7	21.9	3.6	11.2
	2009/2010	137.9	28.2	7.2	7.1	59.6	45.8	7.7	209.7	23.5	2.8	13.5
	2010/2011	161.40	27.90	7.10	4.60	67.10	46.70	8.02	294.60	24.7	3.17	10.13
	2012/2013	117.66	10.98	7.15	14.43	45.65	36.45	5.4	343.48	20.9	2.99	15.57

以'陇油 6 号'为例,乌鲁木齐试点 2012～2013 年度株高 122.3cm,2010/2011 年度株高 162.7cm,较 2012/2013 年度高 40.4cm;分枝数,2008/2009 年度为 12.1 个,2012/2013 年度 17.5 个;主花序结角数 2012/2013 年度为 26.9 个,2010/2011 年度为 50.1 个,较 2012/2013 年度增加 23.2 个;单株角果数 2012/2013 年度为 317.5 个,2010/2011 年度为 225.7 个,较 2012/2013 年度少 91.8 个,角粒数 2012/2013 年度为 20.1 粒,2010/2011 年度 25.2 粒,较 2012/2013 年度增加 5.1 粒,千粒重 2012/2013 年度为 2.95g,2010/2011 年度为 3.17g,较 2012/2013 年度增加 0.22g,单株产量 2012/2013 年度为 10.68g,2010/2011 年度为 10.31g,较 2012/2013 年度低 0.37g。其余品种变化趋势与'陇油 6 号'一致。

北京试点各年份农艺性状也有相似变化趋势(表 2-2-26)。例如,2012 年度参试品种株高、分枝部位、角粒数、千粒重、单株产量等均较 2011 年、2010 年有较大幅度提高。

表 2-2-26　2009～2012 年北京试点'陇油 6 号'农艺性状

年份	株高(cm)	分枝高度(cm)	一次分枝(个)	二次分枝(个)	主序长度(cm)	单株角果数(个)	角果长(cm)	角粒数(粒)	千粒重(g)	单株产量(g)
2009/2010	98.7	6.2	9.0	1.3	32.5	105	4.9	13.7	2.0	3.39
2010/2011	104.4	7.7	8.9	3.2	51	196.7	7.5	22.8	2.3	6.1
2011/2012	120.0	18.7	8.3	2.3	42.7	143.3	6.0	23.3	2.6	6.7

五、白菜型冬油菜含油率

试点间含油率存在较大差异（表 2-2-27）。2008～2009 年在甘肃 7 个试点测定结果表明，含油率均在 42%左右，品种间含油率有一定差异，WYW-1 与 MXW-1 含油率较高，其他'参试品种中 6 个品种含油率在 42%左右。

表 2-2-27　2008～2009 年甘肃 7 个试点含油率（%）测定结果

品种	刘川	北滩	兰州	永登	武威	张掖	酒泉	变异幅度	平均
天油 2 号	41.40	42.00	41.70	42.40	43.06	43.53		41.40～43.50	42.35
延油 2 号	42.10	42.60	42.50	42.60	42.80	43.93		42.10～43.93	42.76
WYW-1	43.80	45.80	43.10	44.30	43.89	44.04		43.10～45.80	44.15
MXW-1	42.70	43.80	42.50	42.90	43.90	44.28	44.40	42.50～44.28	43.50
DQW-1	42.00	43.60	42.30	42.50	44.00	42.81	42.99	42.00～44.00	42.89
02C 杂 9	42.30	42.10	42.10	42.90	42.70	42.86		42.10～42.90	42.49
9852	42.00	41.90	42.10	42.70	40.50	41.56		42.00～42.70	41.79
9889	41.10	41.30	40.30	41.70	40.10	40.55		40.30～41.70	40.84
平均	42.18	42.89	42.08	42.75	42.62	42.95	43.70		42.58

2009～2010 年对 16 个试点 9 个品种测定结果表明，含油率为 41.25%～43.43%，平均含油率在 40%以上。不同地区间含油率变化较大，其中乌鲁木齐、酒泉、盖州、呼和浩特含油率较低，分别为 38.44%、38.35%、38.68%、38.09%，景泰、上川、陇西含油率高，分别达到 45.88%、44.61%、45.44%（表 2-2-28）。

表 2-2-28　2009～2010 年全国 16 个试点参试品系含油率（%）测定结果

地点	陇油 6 号	陇油 7 号	陇油 8 号	陇油 9 号	天油 2 号	天油 4 号	天油 5 号	天油 7 号	天油 8 号	平均
兰州	39.25	41.72	41.03	44.38	38.7	45.57	41.38	43.26	41.64	41.88
陇西	45.14	43.14	46.74	46.01				45.69	45.93	45.44
阿勒泰	43.3	37.28	38.01	40.9	38.97	38.43	40.3	37.51	40.52	39.47
拜城	39.06	38.86	40.05	40.41	41.06	39.26	38.31	39	39.4	39.49
和田	40.39	38.66	39.43	38.06	39.72	40.2	40.42	40.6	41.6	39.90
乌鲁木齐	37.28	37.78		39.31	40.04	39.71	37.67	38.4	37.3	38.44
永宁	40.64	41.59	40.31	40.17	40.86	41.4	40.48	40.7	41.7	40.87
平罗	39.85		38.85	39.81	40	38.63	40.14	38.4	39.8	39.44
民勤	43.04	43.16	44.83	43.2	41.02	42.73	43.95	40.57	43.72	42.91
景泰	46.43	45.35	46.58	47.38	46.31	44.79	44.13	45.95	46	45.88
酒泉	38.07	38.53	43.2	36.8	40.61	37.4	32.73	37.01	40.78	38.35
张掖	39.04	40.73	44.03	44.22	41.96	45.66	43.96	43.13	41.62	42.71
武威	41.79	41.25	42.49	40.2	40.52	39.43	40.21	41.98	41.04	40.99
上川	45.8	44.69	46.52	46.06	42.1	44.57	44.22	42.29	45.24	44.61
呼和浩特	38.34	42.01	41.43	37.09	33.6	38.42	40.15	40.59	40.17	38.09
盖州	37.99	37.86	38.37	40.39	37.88	39.22	39.3	40.18	36.96	38.68
含油率变异范围	38.34～46.43	38.53～45.35	38.01～46.74	36.8～47.38	33.6～46.31	37.4～45.66	32.73～44.22	37.01～45.95	36.96～46	38.13～45.88
平均	40.65	40.71	42.12	41.52	40.22	41.03	40.49	40.95	41.46	

2013 年对新疆 3 个试点 9 个品种测定结果表明，新疆乌鲁木齐平均含油率 41.67%，奇台平均含油率 43.76%，拜城平均含油率 39.56%（表 2-2-29）。

表 2-2-29 2013 年新疆 3 个试点含油率（%）测定结果

地点	陇油 6 号	陇油 7 号	陇油 8 号	陇油 9 号	天油 2 号	天油 4 号	天油 5 号	天油 7 号	天油 8 号	平均
乌鲁木齐	41.73	45.84	40.81	39.09	41.21	43.39	39.63	41.98	41.31	41.67
拜城	38.25	39.05	41.43	40.71	39.32	38.93	38.63	40.13	39.63	39.56
奇台	43.67	43.48	43.42	44.00	39.63	45.17	44.1	44.78	45.62	43.76
含油率变异范围	38.25~43.67	39.05~45.84	40.81~43.42	39.09~44.00	39.32~41.21	38.93~45.17	38.63~44.1	40.13~44.78	39.63~45.62	39.56~43.76
平均	41.22	42.79	41.89	41.27	40.05	42.50	40.79	42.30	42.19	

第三节 北方旱寒区甘蓝型冬油菜适应性

冬性冬油菜包括甘蓝型冬油菜和白菜型冬油菜两个种，一般来讲，甘蓝型冬油菜的产量、品质、抗倒伏、抗病性等性状均优于白菜型冬油菜，白菜型冬油菜抗寒性则优于甘蓝型冬油菜。研究比较甘蓝型冬油菜和白菜型冬油菜在北方旱寒区的适应性，对在北方地区因地制宜进行白菜型与甘蓝型冬油菜生产布局是十分必要的。

甘肃农业大学、新疆农业科学院等在靖远、兰州、临洮、天水、永登、武威、酒泉、拜城等地进行甘蓝型冬油菜越冬试验的基础上，选择乌鲁木齐、兰州、天水作为试点对甘蓝型冬油菜的适应性进行了比较。

兰州试点位于蒙新高原、青藏高原、黄土高原交汇处，气候干燥，昼夜温差大，年日照时数 2600h，无霜期为 160~170 天，年平均降水量 250~350mm，年平均气温 5.9℃，最冷月平均气温–8.1℃，最冷月平均最低气温–14.6℃，极端低温–21.1℃，冬季负积温–307.45℃，为传统的春油菜和胡麻产区。

天水试点位于甘肃东南部的黄土梁峁沟壑区，属秦巴山区西秦岭北部，大陆性半湿润气候，油菜区划上属于北方冬、春油菜过渡区（或北方冬油菜边缘区），海拔 1000~1500m，年平均降水量 507.6mm，年均气温 10.9℃，最冷月平均气温–2.4℃，最冷月平均最低气温–7.0℃，极端低温–18.2℃。冬季负积温–151.00℃，无霜期 180 天左右，境内四季分明，光照充足。其他各试点气候条件见表 2-3-1。

表 2-3-1 试点有关气象因子

项目	天水	兰州	拜城	乌鲁木齐
纬度	34°33′N	36°36′N	41°47′N	43°47′N
海拔（m）	1083.4	1964	1229.2	920
最大冻土深度（cm）	37	145	52	79
最冷月平均气温（℃）	−2.4	−8.1	−11.5	−12.1
最冷月平均最低气温（℃）	−7.0	−14.6	−24.7	−15.6
极端最低气温（℃）	−18.2	−19.3	−28.8	−30
年均温度（℃）	10.9	7.5	8.19	7.34
无霜期天数（天）	186	162	219.5	174
降水量（mm）	507.6	287	136.6	298.6
年平均蒸发量（mm）	1420.2	1879.7	1335.0	2015

一、甘蓝型冬油菜与白菜型冬油菜的越冬率差异

2002～2005 年在靖远、兰州、永登、酒泉等地选择 40 多个甘蓝型冬油菜品种（系）和'陇油 6 号'、'陇油 7 号'等 12 个北方白菜型强冬性冬油菜品种在极端低温为–31.6（酒泉）～–15.0（兰州）℃的条件下试验结果，40 个引自欧洲的甘蓝型冬油菜品种（系）在靖远、兰州、永登、酒泉 4 个试点的平均越冬率为 0～8.8%，均未能越冬，而'天油 2 号'、'延油 2 号'、'陇油 8 号'、'陇油 7 号'、'陇油 6 号'、'964'、'813'、'8728'、'天油 1 号'、'876'、'986'、何家湾油菜等 12 个白菜型冬油菜品种（系）在 4 个试点的平均越冬率为 75.5%～95.7%，在极端低温为–31.6℃的酒泉，白菜型冬油菜'陇油 6 号'、'陇油 7 号'越冬率达到 75%以上（表 2-3-2）。

表 2-3-2　甘蓝型冬油菜与白菜型冬油菜的越冬率（%）

品种	靖远	兰州	永登	酒泉
甘蓝型冬油菜	4.6±0.5	8.8±1.4	0.0	0.0
白菜型冬油菜	95.0±2.5	95.7±2.5	90.3±4.6	75.5±2.7

2009～2010 年新疆农业科学院试验结果，在有积雪覆盖的条件下，白菜型冬油菜越冬率 62.51%～83.46%，平均越冬率 74.39%，甘蓝型冬油菜'DWKL-4'越冬率 0.01%～59.7%，平均越冬率 42.36%（表 2-3-3）。可以看出，白菜型冬油菜抗寒性远远优于甘蓝型冬油菜。在北方地区，无论冬季有无积雪覆盖，白菜型冬油菜均能够安全越冬，而甘蓝型冬油菜即使在有积雪覆盖的条件下也不能保证安全越冬。

表 2-3-3　新疆各试点白菜型冬油菜与甘蓝型冬油菜越冬率比较（%）

| 地点 | 白菜型冬油菜 | | | | | | | | | | 甘蓝型冬油菜 | 平均 |
	陇油 6 号	陇油 7 号	陇油 8 号	陇油 9 号	天油 2 号	天油 4 号	天油 5 号	天油 7 号	天油 8 号	平均	DWKL-4	
乌鲁木齐	77.87	78.95	79.27	87.93	77.93	65.94	59.56	61.92	57.78	71.91	51.25	69.84
阿勒泰	95.70	96.90	98.00	88.80	95.10	89.90	69.90	77.00	65.30	86.29	59.70	83.63
塔城	88.05	83.33	81.88	85.86	80.58	78.70	70.92	64.66	58.08	76.90	54.53	74.66
拜城	77.40	76.30	77.50	78.40	74.60	64.30	58.60	54.60	46.30	67.56	46.30	65.43
和田	78.26	45.05	67.67	67.08	69.38	72.64	77.67	61.06	85.10	69.32	0.01	62.39
平均	83.46	76.11	80.86	81.61	79.52	74.30	67.33	63.85	62.51	74.39	42.36	71.19

二、甘蓝型冬油菜品种间适应性差异

（一）甘蓝型冬油菜品种间越冬率差异

2011～2013 年甘肃农业大学在兰州、天水选择了 101 个来源于欧洲和我国的甘蓝型冬油菜进行了越冬试验，其中在兰州试点对播种材料进行了覆盖和露地越冬两种处理。试验结果表明，101 个参试品种越冬率差异巨大，试点间越冬率也具有巨大差异（图 2-3-1）。天水试点有 71 个品种越冬率超过 70%，占参试品种的 70.3%，其中 66 个品种越

冬率为 80%～100%，占参试品种的 65.35%，而兰州露地栽培条件下无一品种越冬，只有覆盖处理试验中部分品种个别单株存活，但越冬率极低，20 个参试品种的越冬率为零，占参试品种的 20%；19 个品种越冬率＜20%，22 个品种越冬率 20%～30%，越冬率 50% 左右的品种 2 个（图 2-3-2）。

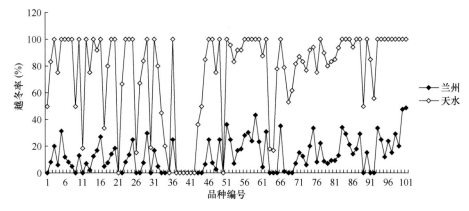

图 2-3-1　甘蓝型冬油菜在兰州、天水的越冬率

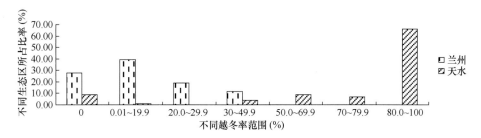

图 2-3-2　甘蓝型冬油菜品种在兰州、天水的越冬率分布

（二）甘蓝型冬油菜品种在兰州、天水试点的农艺性状变化

由表 2-3-4 可以看出，天水试点株高、分枝部位、一次分枝数、二次分枝数、主花序长度、主花序角果数、角果长度、全株角果数、千粒重、单株产量分别较兰州试点高 22.05cm、31.58cm、0.10 个、1.42 个、2.18cm、13.82 个、0.21cm、117.33 个、0.66g、6.51g。这种差异主要是由越冬率引起的。由于兰州试点甘蓝型冬油菜不能越冬，生长点死亡，没有主茎，存活的植株均由缩茎段腋芽发育而来，导致发育延迟，而且由于单位面积群体过小，无效分枝大量增加，千粒重降低，单株产量下降。

农艺性状与越冬率相关性分析结果表明，在兰州试点（表 2-3-5），越冬率与千粒重、株高、角果长度呈显著性相关，与单株产量、根颈直径、主花序长度、全株角果数达到极显著相关；天水试点（表 2-3-6），越冬率与株高、根长、根颈直径、单株产量的相关性达到极显著水平，与分枝部位呈显著性正相关，与角果长度为负相关，与主花序有效角果数、千粒重呈显著正相关。综合两个试点越冬率与农艺性状的相关性分析可以看出，越冬率与株高、根长、根颈直径呈正相关，越冬率与单株产量也呈显著性正相关。

表 2-3-4　天水与兰州试点甘蓝型冬油菜主要农艺性状

项目	兰州			天水			兰州较天水±
	变异幅度	均值	变异系数(%)	变异幅度	均值	变异系数（%）	
株高（cm）	59.00～155.00	111.47±2.23	30.2	60.00～212.02	133.52±1.81	21.57	−22.05
根长（cm）	8.02～34.01	19.77±0.59	36.19	6.01～39.04	20.27±0.36	27.92	−0.5
根颈直径（mm）	7.39～49.69	17.93±0.68	38.16	7.42～35.87	16.85±0.34	31.92	+1.08
分枝部位（cm）	0～14.01	1.21±0.33	312.57	0～119.00	32.79±1.38	67.04	−31.58
一次分枝（个）	3～20	9.15±0.39	46.33	1～22	9.25±0.23	39.24	−0.1
二次分枝（个）	0～33	13.73±0.82	47.71	0～56	12.31±0.61	78.76	−1.42
主花序长度（cm）	14.03～79.01	48.90±1.27	27.13	15.02～99.01	51.37±0.81	24.95	−2.18
主花序角果数（个）	4～106	31.93±1.6	55.6	12～271	55.86±1.47	41.78	−13.82
全株角果数（个）	42～1387	368.54±36.74	82.84	88～2073	485.87±20.98	68.53	−117.33
角果长度（cm）	4.07～8.84	6.95±0.10	15.16	3.83～12.67	7.16±0.07	15.91	−0.21
角粒数（粒）	2～35	18.61±0.65	35.52	3～33	18.561±0.4	34.17	−0.05
千粒重（g）	0.54～3.85	2.49±0.08	30.94	0.15～5.32	3.15±0.06	31.78	−0.66
单株产量（g）	0.15～24.62	2.93±2.97	125.7	0.02～50.54	9.98±0.65	103.03	−6.51

（三）甘蓝型冬油菜品种在兰州、天水试点的生育期差异

由表 2-3-7 可以看出，兰州试点生育期 301 天，天水试点生育期 281 天，生育期相差 20 天，这种差异主要是受试点的播种期、热量条件影响及越冬率的影响所致。天水试点播种期晚，返青早，越冬率高，单位面积群体大，个体发育受到限制，分枝少，故成熟早，生育期短。而兰州试点则相反，由于有效积温低、早霜早，播种期早，越冬率低，返青迟，单位面积群体小，从叶腋处产生大量分枝，故成熟晚且不一致，导致生育期较天水大大延长。

（四）甘蓝型冬油菜品种在兰州、天水试点的含油率

如表 2-3-8 所示，天水试点含油率为 33%～51.09%，平均值为 42.59%；兰州试点含油率为 30.73%～40.91%，平均值为 36.06%，天水试点较兰州试点高 6.53 个百分点。天水试点由于越冬率高，能够自然成熟，种子饱满、千粒重高，含油率高，而兰州试点不能安全越冬，即使越冬存活的植株，产量也多由腋芽发育的侧枝形成，花期延长，种子成熟度差，秕瘦，千粒重低，导致含油率偏低。

（五）甘蓝型冬油菜品种在兰州、天水试点光合特性的变化

天水试点与兰州试点甘蓝型冬油菜冬前叶片蒸腾速率、光合速率、胞间二氧化碳浓度等有较大差异（表 2-3-9）。兰州试点较天水试点，叶片气孔导度、蒸腾速率降低；而光合速率、胞间二氧化碳浓度增大。兰州试点胞间二氧化碳浓度平均为 390.11μmol/mol，蒸腾速率平均值为 4.84mol/（m²·s），光合速率平均值为 0.52mol/（m²·s）。天水试点，胞间二氧化碳浓度平均值 377.05μmol/mol，蒸腾速率平均值 5.49mol/（m²·s），光合速率平均值 0.52mol/（m²·s）。变异分析结果，兰州试点，胞间二氧化碳浓度变异系数为 49.34%，较天水试点高 48.52%；光合速率变异系数为 201.6%，较天水试点高 161.14%。冬前叶片气孔导度、蒸腾速率、光合速率、胞间二氧化碳浓度等的变化与试点的气候环境因子具有密切关系。

表 2-3-5　兰州试点越冬率与农艺性状的相关性

	越冬率%	单株产量	千粒重	株高	根长	根颈直径	一次分支	二次分支	主花序长度	主花序角数	全株角数	角果长	角粒数
越冬率%	1												
单株产量	0.280**	1											
千粒重	0.216*	0.563**	1										
株高	0.196*	0.328**	0.336**	1									
根长	0.060	0.497**	0.310**	0.594**	1								
根颈直径	0.434**	0.663**	0.460**	0.416**	0.514**	1							
一次分支	0.068	0.434**	0.438**	0.118	0.289**	0.196*	1						
二次分支	0.193	0.575**	0.486**	-0.003	0.345**	0.432**	0.544**	1					
主花序长度	0.263**	0.262**	0.236**	0.755**	0.451**	0.461**	0.046	0.058	1				
主花序角果数	0.100	0.364**	0.125	0.506**	0.282**	0.392**	0.157	0.168	0.499**	1			
全株角果数	0.425**	0.896**	0.461**	0.395**	0.473**	0.702**	0.419**	0.543**	0.361**	0.380**	1		
角果长度	0.195*	0.237*	0.216*	0.097	0.052	0.309**	0.232*	0.128	0.089	-0.003	0.308**	1	
角粒数	-0.083	0.417**	0.262**	0.089	0.228*	0.190	0.243*	0.482**	0.017	0.239*	0.216*	0.022	1

*差异在 0.05 水平上显著相关
**差异在 0.01 水平上显著相关

表 2-3-6　天水试点越冬率与农艺性状的相关性

	越冬率%	单株产量	千粒重	株高	根长	根颈直径	一次分枝	二次分枝	主花序长度	主花序角果数	全株角果数	角果长度	角粒数
越冬率%	1												
单株产量	0.16**	1											
千粒重	0.10	0.46**	1										
株高	0.23**	0.09	-0.10	1									
根长	0.22**	0.278**	-0.01	0.49**	1								
根颈直径	0.16**	0.50**	0.19**	0.33**	0.33**	1							
一次分枝	0.12	0.42**	0.19**	-0.06	0.03	0.53**	1						
二次分枝	0.05	0.41**	0.17**	0.07	0.21**	0.76**	0.62**	1					
主花序长度	-0.02	0.10	-0.06	0.53**	0.29**	0.17**	-0.18**	0.08	1				
主花序角果数	0.12	0.14*	-0.07	0.50**	0.36**	0.16*	0.01	0.02	0.47**	1			
全株角果数	0.11	0.47**	0.18**	0.26**	0.27**	0.79**	0.58**	0.86**	0.19**	0.18**	1		
角果长度	-0.05	0.06	0.01	0.05	0.24**	0.07	-0.12*	-0.04	0.13*	0.02	-0.07	1	
每角粒数	0.07	0.04	-0.09	0.09	0.17**	0.07	-0.08	-0.03	0.17**	-0.01	-0.06	0.28**	1

*差异在 0.05 水平上显著相关
**差异在 0.01 水平上显著相关

表 2-3-7　天水与兰州物候期差异

地点	物候期（月/日）									生育期（天）
	播种期	出苗期	枯叶期	返青期	现蕾期	抽薹期	初花期	终花期	成熟期	
天水	9/3	9/10	12/1	3/21	4/12	4/7	4/25	5/27	6/18	281
兰州	8/25	9/1	11/20	3/29	4/20	4/12	5/5	6/6	6/28	301

表 2-3-8　甘蓝型冬油菜品种在兰州与天水的含油率等性状差异

项目	兰州			天水			天水较兰州 ±%
	变异幅度	均值	变异系数（%）	变异幅度	均值	变异系数（%）	
芥酸	0.58～41.12	16.49±2.39	51.18	0.25～45.85	27.20±1.6	54.85	10.71
含油量	30.73～40.91	36.06±0.46	6.27	33.00～51.09	42.59±0.41	9.06	6.59
硫苷	19.61～113.52	62.23±5.71	35.72	16.47～145.18	93.15±3.48	34.85	30.92

表 2-3-9　不同生态区主要光合参数变异分析

项目	兰州				天水			
	变异范围	均值	标准差	变异系数（%）	变异范围	均值	标准差	变异系数（%）
胞间二氧化碳浓度（C_i）（μmol·mol）	269.01～441.06	390.11±13.01	192.49	49.34	369.00～383.02	377.05±0.33	3.1	0.82
蒸腾速率（T_r）[mol/（m²·s）]	0.17～9.55	4.84±0.13	1.97	40.73	2.82～8.74	5.49±0.13	1.26	22.97
气孔导度（G_s）[mol/（m²·s）]	0.01～1.29	0.35±0.02	0.19	55.27	0.10～0.44	0.23±0.01	0.07	30.88
光合速率（P_n）[mol/（m²·s）]	0.05～3.51	0.72±0.09	1.44	201.6	0.08～0.95	0.52±0.02	0.21	40.46

三、甘蓝型冬油菜种植北界

　　试验结果表明，新疆甘蓝型冬油菜越冬率较高，为 0.01%～59.7%，平均越冬率 42.36%，但新疆的越冬率是以一定的冬季积雪覆盖量保障的，由于年份间降雪量变化较大，越冬率随积雪厚度、初雪的早晚变化较大。初雪适当早、积雪厚度较大时，越冬率较高；反之，则低。而在兰州试点，多年试验结果，在露地播种条件下甘蓝型冬油菜品种均没有越冬率超过 20% 的品种，即使在保护地栽培条件下，也仅有个别品种越冬率在 50% 左右，越冬率变异系数为 36.81%。天水试点 70% 的参试甘蓝型冬油菜品种越冬率大于 70%，越冬率变异系数为 25.33%，越冬稳定性好，农艺性状优良，含油率高。在天水试点，能够越冬的甘蓝型冬油菜品种均为强冬性品种。强冬性甘蓝型冬油菜的抗寒性、农艺性状及产量在天水都表现较好，产量达到 200kg/亩左右，含油率 42.0% 左右，生育期基本适合当地一年二熟的耕作制度。据此可见，在我国北方地区，甘蓝型冬油菜的种植北界为天水海拔 1000m 左右的川水区，其相应主要气候生态因子冬季负积温、最冷月平均气温、最冷月平均最低气温、极端最低气温分别高于–151.0℃、–2.4℃、–7.0℃、–14.2℃，年均温度大于 10.9℃。

四、影响甘蓝型冬油菜抗寒性的原因分析

　　甘肃农业大学研究结果，甘蓝型冬油菜适应性差的主要原因在于其抗寒性差，而抗寒性差的原因则有多个方面。

（一）植物学形态结构与生长习性不利于抗寒

冬前苗期生长阶段，甘蓝型冬油菜与白菜型冬油菜叶片数、根型、生长点生长习性与苗期叶片生长习性、形态特征存在显著差异（表 2-3-10）。总体表现为白菜型冬油菜根颈直径大，主根发达，根系入土深，生长点凹，匍匐生长，枯叶期早。发达的根系有利于更多地储存营养物质，凹的生长点有利于生长点处于含水量较稳定的土层内，窥避地面剧烈的温度变化，保护生长点不致受冻；而较早的枯叶期则较早在土壤表面形成枯叶层，减少了土壤水分无效蒸发，可保持土壤水分，降低土壤耕层的温度变化，保护根系。在北方地区冬季低温严寒、多风、蒸发量大的情况下，这些特征特性有利于抵御低温侵袭和土壤温度的昼夜、日间剧烈变化，维持细胞的稳定性，是形成强抗寒能力的物质基础；而甘蓝型冬油菜则相反，根颈直径小，主根弱，根系入土浅，生长点凸，直立生长，生长速度快，叶片大，没有枯叶期，即使叶片因低温冷冻而成为干粉末状，叶片色泽也不转换，仍保持绿色，从而加速了体内养分与水分消耗蒸发，这些特性均不利于抵御冬季低温和寒风侵袭。因此，甘蓝型冬油菜的植物学形态结构和生物学特性决定了其抗寒性不及白菜型冬油菜。

表 2-3-10　甘蓝型冬油菜与白菜型冬油菜特征特性比较

品种类型	枯叶期	生长速度	真叶刺毛	根颈	根系	生长点	生长习性
白菜型冬油菜	早	缓慢	多	大	主根发达	凹	匍匐
甘蓝型冬油菜	晚	快	无	小	主根弱	凸	直立

（二）干物质积累特性不利于抗寒

甘蓝型冬油菜与白菜型冬油菜干物质积累特性具有显著差异（表 2-3-11）。甘蓝型冬油菜地上部生长迅速，出叶数速度快，叶片大，苗期冠幅大，光合产物优先用于地上部叶片生长，主根弱，根系小；而白菜型冬油菜生长较缓慢，叶片较小，苗冠幅较小，根系庞大，光合产物被优先分配运输到地下部用于根系生长，形成庞大的根部，地下部鲜重、干重，白菜型冬油菜均大于甘蓝型冬油菜。北方冬油菜越冬期间，地上部叶片全部枯死，根是越冬的唯一器官。因此，根的性状是决定冬油菜能否安全越冬的最重要的因子之一。由此可见，根部大量有机物储备是白菜型冬油菜抵御冬季越冬期低温的能量保障，是形成强抗寒能力的物质基础，而甘蓝型冬油菜相反，地上部发达，根部较弱，是甘蓝型冬油菜抗寒性差的主要原因之一。

表 2-3-11　甘蓝型冬油菜与白菜型冬油菜干物质分配及积累特征（单位：g）

类型	品种	鲜重		干重		根冠比	
		地下部	地上部	地下部	地上部	鲜重	干重
白菜型冬油菜	陇油 7 号	0.267a	2.120	0.060a	0.257	0.118ab	0.224a
	陇油 9 号	0.263a	1.933	0.050ab	0.233	0.132a	0.205ab
	天油 2 号	0.113ab	1.900	0.023ab	0.173	0.061abc	0.125ab
	平均	0.214	1.984	0.044	0.221	0.104	0.185
甘蓝型冬油菜	美切实	0.100ab	1.767	0.017b	0.167	0.061abc	0.096b
	vision	0.097ab	1.767	0.020ab	0.197	0.059bc	0.098ab
	平均	0.099	1.767	0.019	0.182	0.06	0.097

注：表中不同小写字母表示在 0.05 水平上差异显著

（三）保护性酶活性调控能力低

自由基学说认为，在正常情况下，植物细胞中存在着活性氧产生和消除两个过程。逆境胁迫会促进活性氧产生，损伤膜系统。超氧化物歧化酶（SOD）、过氧化物酶（POD）、过氧化氢酶（CAT）等保护性酶可清除活性氧自由基，从而减轻或防止自由基的毒害，SOD、POD、CAT 活性高，清除自由基能力就强，减轻自由基对细胞伤害的能力强。

SOD、POD、CAT 等保护酶的测定结果表明，在低温胁迫条件下，白菜型冬油菜与甘蓝型冬油菜 POD、SOD、CAT 活性均有所降低，但甘蓝型冬油菜 POD、SOD、CAT 活性降低程度均大于白菜型冬油菜（图 2-3-3，图 2-3-4，图 2-3-5）。清除自由基能力差，低温胁迫时细胞膜受到的伤害大于白菜型冬油菜，也说明甘蓝型冬油菜抗寒能力低于白菜型冬油菜的主要原因之一在于生理生化调控能力的差异。

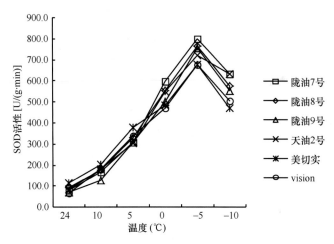

图 2-3-3 低温胁迫条件下甘蓝型冬油菜与白菜型冬油菜 SOD 变化

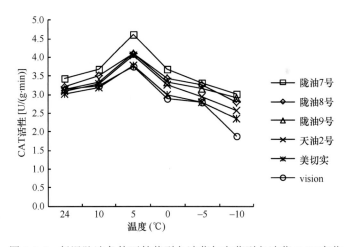

图 2-3-4 低温胁迫条件下甘蓝型冬油菜与白菜型冬油菜 CAT 变化

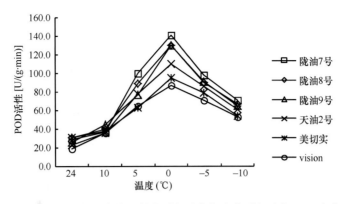

图 2-3-5　低温胁迫条件下甘蓝型冬油菜与白菜型冬油菜 POD 变化

（四）低温胁迫条件下膜质过氧化产物丙二醛（MDA）高

植物细胞膜中的不饱和脂肪酸含量与抗寒性强弱直接相关。在低温逆境条件下，多数不饱和脂肪酸在活性氧作用下发生脂质过氧化作用，而脂质过氧化损伤的主要部位是质膜和亚细胞器，最终导致多聚核糖体的解聚、脱落，抑制蛋白质的合成，因此反应生成的毒性物质丙二醛（MDA）可用来衡量膜质在活性氧作用下的损伤程度。由图 2-3-6 可以看出，随着温度不断降低，MDA 含量均呈显著增加，整体来看甘蓝型冬油菜的 MDA 含量高于白菜型冬油菜。而且在白菜型冬油菜中，高抗寒品种'陇油 7 号'MDA 含量最低，可见抗寒性与MDA 具有密切关系，它的含量越高抗寒性越差，是一个比较稳定的抗寒性评价指标。

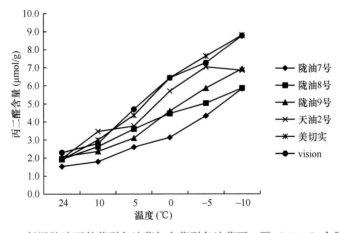

图 2-3-6　低温胁迫下甘蓝型冬油菜与白菜型冬油菜丙二醛（MDA）含量变化

（五）低温胁迫条件下可溶性蛋白含量下降幅度大

蛋白质与植物的抗寒性具有密切关系，低温胁迫条件下，随着可溶性蛋白的增加，植物的抗寒性增强。甘肃农业大学研究结果表明，低温胁迫处理，白菜型冬油菜与甘蓝型冬油菜可溶性蛋白含量均呈上升趋势，但白菜型冬油菜可溶性蛋白含量上升幅度大于甘蓝型冬油菜（图 2-3-7）。说明，可溶性蛋白上升幅度小是甘蓝型冬油菜抗寒性较白菜型冬油菜差的主要原因之一。

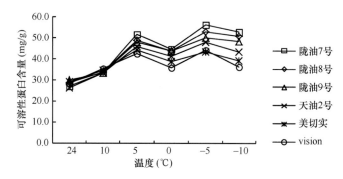

图 2-3-7 甘蓝型冬油菜与白菜型冬油菜在低温条件下可溶性蛋白含量变化

（六）低温胁迫条件下可溶性糖含量低于白菜型冬油菜

低温可以促进植物体内可溶性糖的积累，增加细胞质浓度，降低细胞冰点，增强抗寒性。在甘蓝型冬油菜与白菜型冬油菜低温胁迫过程中，可溶性糖含量（图 2-3-8）变化与可溶性蛋白含量变化趋势相似，但与可溶性蛋白相比，可溶性糖在 5℃时达到峰值。当受到低温胁迫后，可溶性糖含量急剧升高，且白菜型冬油菜的可溶性糖含量增加幅度较甘蓝型冬油菜明显。甘蓝型冬油菜的可溶性糖含量始终低于白菜型冬油菜。可以看出，甘蓝型冬油菜之所以抗寒性差，是与其在低温条件下可溶性糖含量低有关。

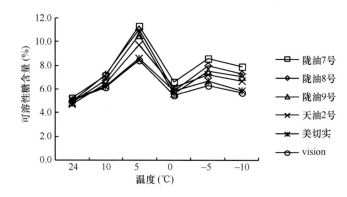

图 2-3-8 低温胁迫条件下甘蓝型冬油菜与白菜型冬油菜可溶性糖含量变化

综合上述研究结果可以看出，导致甘蓝型冬油菜抗寒性差、难以适应北方旱寒区生态条件的主要原因，一是甘蓝型冬油菜植物学形态结构与生长习性难以适应北方旱寒区严酷的自然生态条件，二是甘蓝型冬油菜在低温条件下对其生理生化活动调控能力难以适应北方旱寒区生态条件，超氧化物歧化酶（SOD）、过氧化物酶（POD）、过氧化氢酶（CAT）等活性低于白菜型冬油菜，清除活性氧自由基的能力差，同时可溶性糖、可溶性蛋白含量低于白菜型冬油菜，导致抗寒差，低温胁迫条件下，细胞结构与功能完整性会遭到破坏，最终造成细胞受冻害死亡。

五、甘蓝型冬油菜抗寒性改良的策略与途径

研究表明，甘蓝型冬油菜抗寒性差，现有国内外甘蓝型冬油菜品种无一能适应北方

严酷的自然条件。因此，要使甘蓝型冬油菜在北方旱寒区安全越冬，必须对其抗寒性和适应性进行从形态特征到遗传特性的全面改良、改造。改良的策略与途径主要有以下几个方面。

（一）通过白菜型冬油菜与甘蓝型冬油菜远缘杂交选育强抗寒性甘蓝型冬油菜品种

甘蓝型冬油菜要融入北方旱寒区冬油菜生产，关键是改良其抗寒性，而改良的主要目标是根部形态结构与生长习性。与甘蓝型冬油菜相较而言，白菜型冬油菜根部结构特性和生长习性有利于其窥避北方严酷的自然环境条件。因此，可通过远缘杂交，将白菜型冬油菜根部结构特性和生长习性转移到甘蓝型冬油菜上，选育根颈直径大、根系发达、根冠比大、匍匐生长、生长点凹的强抗寒性甘蓝型冬油菜品种。

（二）在严寒环境下通过抗寒性定向选择，选育抗寒甘蓝型冬油菜品种

严寒环境胁迫会使基因型产生有利于适应环境的变异，非抗寒个体则由于难以适应北方冬季严苛的环境条件而在越冬期死亡，而抗寒个体得以存活，返青开花后存活的抗寒个体间相互传粉，使抗寒基因得以累积和聚集，群体的抗寒性得以提高，随着选择世代的增加，抗寒性得到逐渐增强，越冬率显著增加。运用定向选择，甘肃农业大学在兰州上川极端低温为–28℃左右条件下从耐寒品种'天油2号'中选出了'陇油14号'等强抗寒品种，已成功应用于北方寒区冬油菜生产。同时，育成了一批越冬率大于80%的甘蓝型冬油菜强抗寒材料。育种环境对育种后代群体性状的影响很早就受到人们注意。例如，Adair（1946）将水稻同一杂交组合的 F_2 种子分别种植于美国的北部、中南部和南部。连续种植8年以后，将这些材料统一放在中南部试验。发现来自北部的材料矮而早熟，来自中南部的材料中熟，来自南部的材料均晚熟。3个群体的生育日数依次为（102.26±0.32）日、（110.0±50.23）日、（120.11±0.32）日，说明杂种在不同的地区生态环境条件下，由于自然选择的作用，选留了对当地气候、土质、栽培等生态条件相适应的类型。这是群体在不同环境下基因分离、聚合和自然选择作用的结果。因此，在严寒环境下通过抗寒性定向选择，选育具有强抗寒性甘蓝型冬油菜品种是完全可行的。

（三）通过对甘蓝型冬油菜进行诱变等处理，选育抗寒甘蓝型冬油菜品种

甘蓝型冬油菜可供利用的优异抗寒种质资源非常有限，严格地讲，目前尚无适宜北方旱寒区严酷自然条件的甘蓝型冬油菜种质资源，需要进行新种质、新材料的创制。诱变技术可以诱发基因突变、打破基因连锁，提高重组率，产生自然界原来没有的或一般常规育种方法难以获得的新类型、新性状、新基因。通过将诱变技术获得的新种质材料在创设的抗寒育种环境下进行选择，可以直接选育出新的抗寒品种，也可以将获得的抗寒材料作为育种资源利用。

（四）通过转基因技术，将相关抗寒基因导入甘蓝型冬油菜，选育抗寒品种

转基因技术是指利用分子生物学技术，将人工分离或修饰的外源基因通过载体精确导入受体生物的基因组中，并使其在受体生物体内正常表达，从而改变生物性状的技术，可

以打破遗传物质在门、纲、目、科、属的界限,实现基因在物种间的"自由"转移,从而拓宽作物的遗传基础,为作物改良开辟了新的途径。目前,西北师范大学、甘肃农业大学、河西学院等已经从'陇油 6 号'、'陇油 7 号'等品种中克隆到 BnMPK6(GenBank:HQ156228)、BnMKK2(GenBank:HQ848661)、BnMKK4(GenBank:JF268686)、BnICE1(GenBank:JF268687)、BnAPX(GenBank:AFR23351.1)、Cu/Zn-SOD(GenBank:KF356248)和 Fe-SOD(GenBank:KF178713)等 7 个抗寒相关基因。通过转基因技术,将这些相关抗寒基因导入甘蓝型冬油菜,将大大加快抗寒甘蓝型冬油菜品种选育步伐,加快育种进程。

第四节　北方旱寒区冬油菜生长发育特性

冬油菜是北方旱寒区新型作物,对其生长发育特性进行比较分析,对合理选择适宜的冬油菜品种、制定科学的栽培技术,保证北方旱寒区冬油菜生产稳定发展十分必要。

甘肃农业大学研究表明,北方旱寒区冬油菜的生态条件及生长发育特性、经济性状等与原北方冬油菜种植区具有较大差异。

一、北方旱寒区冬油菜产区生态条件

以天水、张掖为例(天水为原种植区的代表试点,张掖为北方旱寒区冬油菜北移区代表试点)进行分析。天水试点位于甘肃东南部,属秦巴山区西秦岭北部,大陆性半湿润气候,属于北方冬、春油菜过渡区,一般在河谷川水区种植甘蓝型冬油菜,半山及高山地区种植白菜型冬油菜。张掖试点位于甘肃河西走廊中部,是传统春油菜区。农作物生长靠祁连山区的较多降水和积雪所形成的河流(黑河)灌溉,年平均气温 7℃,≥10℃积温 3063.6℃,极端最低气温-30℃,年降水量 100~200mm,无霜期 150 天左右(表2-4-1)。为一年一熟制农业区。海拔 1500m 左右,农作物生产一季有余、二季不足。

表 2-4-1　天水与张掖主要气象因子比较

项目	天水	张掖
纬度	34°33′N	38°36′N
海拔(m)	1083.4	1482.7
最大冻土深度(cm)	37	123.0
最冷月平均气温(℃)	−2.4	−10.2
最冷月平均最低气温(℃)	−7.0	−17.1
极端最低气温(℃)	−18.2	−30.0
年均温度(℃)	10.9	7.1
无霜期天数(天)	186	156
降水量(mm)	507.6	136.8
12~2 月平均蒸发量(mm)	119.7	130.3
年平均蒸发量(mm)	1420.2	2047.9

张掖冬油菜生育期间主要气象因子与原种植区存在巨大差异,最大冻土深度较原种植区增加 100cm 左右,最冷月平均气温较原种植区低 5.8~8.6℃;极端最低气温较原种植区低 9~13.4℃;无霜期天数较原种植区减少 24~32 天;降水量较原种植区减少 116.6~

415.6mm；年平均蒸发量远远高于原种植区。

从图 2-4-1 可知，在冬油菜播种期 8 月下旬，张掖平均温度比天水低约 1.4℃、幼苗期 9 月月均气温低约 1.9℃。越冬期间，是两地气温差异最大的时期，最冷的 12 月与 1 月的上、中、下旬均温差值达到 7℃左右，12 月均温相差 6.9℃，1 月均温相差 7.8℃。气温低的特点对张掖冬油菜的安全越冬形成较大威胁，因此，天水地区的主栽品种在张掖死苗严重，不能安全越冬。

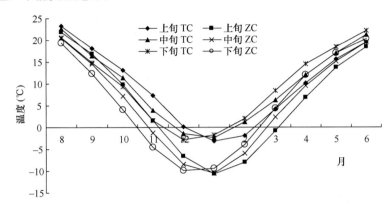

图 2-4-1 张掖、天水 8～6 月上、中、下旬气温差异（TC 为天水，ZC 为张掖）

3 月平均气温天水已达 6.4℃，而张掖只有 2.0℃，相差 4.4℃，造成冬油菜返青明显推迟。天水一般最迟在 2 中旬冬油菜就开始返青，而张掖气温回升慢，直到 3 月下旬冬油菜才开始返青。同时张掖该阶段 0℃以下低温频繁出现，造成春季冻害，是冬油菜生产的重大威胁。冬油菜生育后期，张掖 6 月的日平均温度为 19.4℃，天水为 21.0℃，两地相差 1.6℃，此时正值北移冬油菜灌浆成熟期，相对低温有利于籽粒干物质积累与产量形成，是张掖冬油菜高产的重要气候原因。

从以上分析可见，张掖等北方旱寒区冬油菜生长期间伴随严寒低温、多风、蒸发量大、干旱等自然灾害，是完全不同于原北方冬油菜种植区的一种全新的生态环境。

二、北方旱寒区冬油菜越冬率变化

试验结果表明，所有白菜型冬油菜品种在天水均能安全越冬，但在兰州以西、以北地区及河西地区不同试点，因海拔、极端低温等不同，品种（系）间越冬率表现出很大差异（图 2-4-2）。例如，在武威海拔 1500m 左右的地区，除'天油 6 号'、'天油 7 号'、'天油 2 号'等品种外，其他品种均能够越冬；但在海拔 1700m 以上地区，参试品种中只有'陇油 6 号'、'陇油 7 号'、'陇油 8 号'等 3 个品种越冬率达到 94.60%～96.00%，'延油 2 号'越冬率为 73.30%，其他品种不能越冬。张掖试点越冬率明显分为 3 个水平，'陇油 6 号'、'陇油 7 号'、'陇油 8 号'等 3 个品种越冬率最高，均达到 92%～95.00%；其次为'延油 2 号'，越冬率为 82.00%；其他品种未能越冬。在酒泉试点，只有'陇油 6 号'、'陇油 7 号'越冬率分别达到 79.00%、83.00%，其他品种未能越冬。可见，冬油菜北移区对品种抗寒性的要求远较原种植区苛刻，平均越冬率也远远低于原种植区。因此，张掖等北方旱寒区冬油菜生产的关键是选用强抗寒品种。

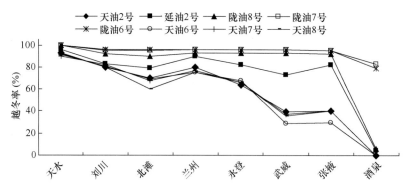

图 2-4-2　不同白菜型冬油菜品种（系）在不同生态条件下的越冬率

三、北方旱寒区冬油菜生长发育特点

1. 生长缓慢，日出叶数减少

由表 2-4-2 可以看出，张掖冬油菜日出叶数明显低于天水。以'陇油 6 号'为例，9月 12 日调查结果，天水'陇油 6 号'叶片数为 4，日出叶数为 0.36，而张掖叶片数为 3，日出叶数为 0.31；10 月 5 日调查结果，天水叶片数为 10，日出叶数 0.31，而张掖叶片数为 8，日出叶数 0.15；10 月 13 日调查结果，天水叶片数为 12，而张掖叶片数为 10，日出叶数相同，均为 0.13；11 月 3 日调查结果，天水叶片数为 13，日出叶数为 0.05，而张掖叶片数仍为 10，日出叶数为 0。冬前生长阶段日出叶数与生态条件有密切关系，北移区冬油菜停止生长期要比原种植区早 30 天左右。

表 2-4-2　张掖与天水冬油菜品种'陇油 6 号'冬前叶片生长情况（2008～2010 年）

品种（系）名称	地点	叶片生长	调查时间（月/日）			
			9/12	10/5	10/13	11/3
陇油 6 号	天水	叶片数	4	10	12	13
		日出叶数	0.36	0.31	0.13	0.05
陇油 6 号	张掖	叶片数	3	8	10	10
		日出叶数	0.31	0.15	0.13	0.00

2. 干物质积累缓慢

干物质积累测定结果显示，酒泉、张掖与天水冬油菜干物质积累存在较大差异。以'陇油 6 号'为例，10 月 1 日测定，天水干物质积累量为 4.73g，酒泉、张掖分别为 3.21g、3.45g；10 月 22 日测定，天水干物质积累量为 8.32g，酒泉、张掖分别为 7.45g、7.12g；11 月 3 日（越冬前）测定，天水干物质积累量为 20.60g，酒泉、张掖分别为 14.43g、14.76g（图 2-4-3）。从冬前营养生长进程来看，张掖、酒泉冬油菜一般在 10 月中旬以后停止生长，即冬前生长主要是在出苗后 50 天左右的生长期内完成，此阶段内具有 10～11 片叶，而天水在 11 月份干物质积累仍在继续进行。

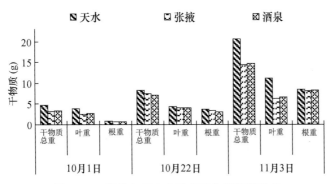

图 2-4-3　张掖与天水冬油菜干物质积累特点

3. 枯叶期提前

试验结果表明，张掖与天水虽然同期播种，但在生育进程上有很大差异。张掖与天水相比，最大的特点是枯叶期提前，其他各生育时期推迟。以'天油 2 号'为例，枯叶期提前 24 天，返青期、现蕾期、初花期、成熟期分别延迟 35 天、15 天、11 天、4 天，生育期延长 6 天。其它品种也表现出相同趋势（表 2-4-3）。

表 2-4-3　冬油菜北移生育期与原产地生育期（月/日）

品种	地点	物候期（月/日）								生育期（天）
		播种期	出苗期	枯叶期	返青期	现蕾期	初花期	终花期	成熟期	
天油 2 号	张掖	8/22	8/31	11/13	3/23	4/11	4/18	5/13	6/12	287
	天水	8/22	9/2	12/7	2/16	3/27	4/9	5/9	6/7	280
	各时期差异	0	3	24	35	15	9	4	6	7
陇油 8 号	张掖	8/22	8/31	11/13	3/22	4/11	4/18	5/15	6/12	286
	天水	8/22	9/2	12/3	2/15	3/25	4/9	5/8	6/6	279
	各时期差异	0	3	20	35	17	9	7	6	7
陇油 7 号	张掖	8/22	8/31	11/11	3/23	4/20	4/26	5/21	6/16	269
	天水	8/22	9/2	12/3	2/20	4/4	4/15	5/16	6/10	283
	各时期差异	0	3	20	30	16	10	5	6	6
陇油 6 号	张掖	8/22	8/31	11/11	3/22	4/20	4/26	5/21	6/16	289
	天水	8/22	9/2	12/5	2/20	4/2	4/15	5/15	6/11	284
	各时期差异	0	3	24	30	18	11	6	5	5
陇油 9 号	张掖	8/12	8/31	11/13	3/22	4/11	4/20	5/13	6/12	286
	天水	8/22	9/2	12/3	2/15	3/27	4/13	5/9	6/7	281
	各时期差异	10	3	20	35	15	7	4	5	5
天油 8 号	张掖	8/22	8/31	11/13	3/24	4/13	4/22	5/12	6/10	284
	天水	8/22	9/2	12/5	2/13	3/28	4/9	5/9	6/6	280
	各时期差异	0	3	22	37	16	13	3	4	4

4. 生长发育三阶段及特点

北方旱寒区冬油菜生长周期基本可划分为 3 个生长发育阶段，即冬前生长阶段、越冬期和冬后生长期。就北方旱寒区冬油菜整个生育期来看，越冬期漫长，而冬前生长阶段和冬后生长期则很短，表现为"两短一长"的特点。张掖冬油菜越冬期较天水长近 1 倍时间，达到 140 天左右，而天水越冬期则为 70 天左右；除越冬期外，其余各生育时期均缩短，如'天油 2 号'冬前生长期由天水的 107 天缩短为张掖的 85 天、返青至现蕾由天水的 39 天缩短为张掖的 19 天，现蕾至初花期天水的 13 天缩短为张掖的 9 天左右，开花期由天水的 30 天缩短为张掖的 25 天。其余 5 个参试品种也表现出相同趋势（表 2-4-4）。总体表现为冬前营养生长阶段时间缩短，返青后营养生长向生殖生长过渡阶段及后期生殖生长阶段时间缩短，但越冬期长，三段生长期结构的差异主要由各生育时期气温的差异导致。

表 2-4-4　冬油菜北移区生育期与原产地生育期的差异（单位：天）

品种	地点	播种期-枯叶期	枯叶期-返青期	返青期-现蕾期	现蕾期-初花期	初花期-终花期	终花期-成熟期
天油 2 号	张掖	85	140	19	9	25	31
	天水	107	71	39	13	30	29
	各时期差异	22	69	20	4	5	2
陇油 8 号	张掖	85	139	20	9	27	29
	天水	104	74	38	13	29	27
	各时期差异	19	65	18	4	2	2
陇油 7 号	张掖	83	142	28	10	25	26
	天水	104	79	43	11	31	25
	各时期差异	21	63	15	1	6	1
陇油 6 号	张掖	83	141	29	6	27	28
	天水	104	77	41	13	25	36
	各时期差异	21	64	12	7	2	2
陇油 9 号	张掖	85	139	20	9	23	30
	天水	104	74	40	17	23	29
	各时期差异	19	65	20	12	0	1
天油 8 号	张掖	95	139	22	9	20	29
	天水	106	70	43	12	27	28
	各时期差异	11	69	21	3	7	1

四、北方旱寒区冬油菜产量及产量构成因素变化

从表 2-4-5 可以看出，张掖与天水相比，冬油菜经济性状发生了较大变化。总的趋势是张掖冬油菜株高、分枝部位、主轴长度、单株角果数降低，而角粒数与千粒重增加。

以'天油 2 号'为例，张掖与天水相比，株高降低 47.3cm 左右，分枝部位降低 33.6cm，主花序缩短 19.6cm，单株角果数减少 21.3 个，千粒重增加 0.1g，角粒数增加 0.3 粒。6 个品种均表现出相同趋势。说明冬油菜在北方旱寒区营养体生长量降低，但经济性状有所改善。其主要原因是灌浆期间张掖的日平均温度相对较低，光照长，灌浆期延长 1～2 天，同时灌浆期较大的昼夜温差降低了呼吸消耗，最终使张掖冬油菜的经济系数显著高于天水。

表 2-4-5　冬油菜北移不同品种主要经济性状比较

品种名称	地点	株高（cm）	分枝部位（cm）	一次分枝（个）	二次分枝（个）	主序长度（cm）	单株角果数（个）	角粒数（粒）	千粒重（g）	产量（kg/亩）
天油 2 号	张掖	90.1	2.3	8.6	7.7	30.1	149.4	21.6	3.1	164.9
	天水	137.4	35.9	8.2	4.7	49.7	170.7	21.3	3.00	163.5
	差异	47.3	33.6	−0.4	−3.0	19.6	21.3	0.3	0.1	1.45
天油 8 号	张掖	84.7	6.3	7.7	5.4	29.3	162.5	23.4	3.2	111.1
	天水	128.2	35.2	7.5	3.1	52.9	183.7	23.2	3.23	167.92
	差异	43.5	28.9	−0.2	−2.3	23.6	0.8	0.2	0.23	−6.8
陇油 8 号	张掖	89.9	9.7	9.7	7.1	33.4	143.1	21.4	2.9	293.3
	天水	97.0	17.8	7.5	2.5	42.1	156.9	18.8	3.14	134.2
	差异	7.1	8.1	−2.2	−5.4	8.7	36.2	−2.6	0.24	59.1
陇油 7 号	张掖	105.1	3.0	7.5	5.6	37.1	158.1	21.8	3.0	233.80
	天水	107.1	19.4	8.5	4.1	44.1	165.3	18.8	2.87	50.4
	差异	2.0	16.4	1.0	−1.5	7.0	57.2	−3.0	−0.13	183.4
陇油 6 号	张掖	91.6	2.7	8.2	5.4	34.4	158.9	21.0	3.1	222.2
	天水	101.0	30.7	6.7	0.7	36.2	163.3	19.2	2.48	49.44
	差异	9.4	28.0	−1.5	−4.7	1.8	−45.6	−1.8	−0.62	172.8
陇油 9 号	张掖	92.9	14.7	8.6	5.9	33.7	150.2	18.8	3.3	246.7
	天水	113.9	30.5	7.6	2.7	42.4	164.5	18.5	2.95	154.2
	差异	21.0	15.8	−1.0	−3.2	8.7	14.3	−0.3	−0.35	92.5

　　冬油菜北移后产量发生了较大变化。抗寒性弱的早熟品种'天油 8 号'等产量呈下降趋势，由天水的 167.92kg/亩降为张掖的 111.1kg/亩，减产 34.0%。而抗寒性强的晚熟品种'陇油 6 号'等产量大幅增加，由天水的 49.44kg/亩加到 222.22kg/亩，增幅 349.5%。这种产量变化主要由品种的抗寒性不同产生的越冬率、生育期不同导致品种的收获群体大小、成熟期不同所致。抗寒品种生育期较长，成熟期较晚，在天水由于受到高温胁迫，产量降低，而在张掖由于越冬率高、单位面积群体大、农艺性状优良，获得了高的产量。

　　因此，北方旱寒区发展冬油菜生产除应选择抗寒性优异的品种外，应根据生长发育特点要求，采取适期早播、合理密植、科学施肥等措施，争取冬前足够的生长期与生长空间，保证冬油菜足够的营养生长量，形成壮苗，保证越冬所需干物质积累，争取较大越冬群体，依靠主花序，增大群体的角果数，同时，返青后与现蕾开花期应及时追肥，生育后期保证供水，充分利用后期有利的光热资源，最大限度延长灌浆时间，增加千粒重与角粒数，为高产打好基础。

第五节　北方旱寒区冬油菜经济效益与生态效益

　　冬油菜要融入北方现有种植制度，除技术上可行外，还要兼顾经济效益和环境友好。甘肃农业大学、北京市农技站针对冬油菜对北方地区种植业经济效益的影响及对农田土壤生态环境的影响进行的研究结果表明，冬油菜较现有油料作物显著增效，同时，由于冬、春季的良好覆盖效果，其生态效益也十分显著。

一、冬油菜与其他春播油料作物产量和经济性状比较

　　甘肃农业大学、张掖农科院在张掖、临洮等地设置了白菜型冬油菜与白菜型春油菜、胡麻、甘蓝型春油菜等作物的比较试验，对冬油菜与现有几种油料作物的产量和效益等进行了比较研究。

（一）白菜型冬油菜与白菜型春油菜、甘蓝型春油菜及胡麻的生育期

　　试验结果，白菜型冬油菜生育期为 276～281 天，甘蓝型春油菜与胡麻生育期分别为 104～107 天、100～104 天，白菜型春油菜生育期最短，为 93～99 天。就成熟期来说，以白菜型冬油菜最早，5 月底至 6 月上旬即可成熟收获；白菜型春油菜次之，7 月上旬即可成熟收获，甘蓝型春油菜及胡麻的成熟期最晚，均在 7 月下旬。白菜型冬油菜早的成熟和收获期使复种其他作物有了较长的空间（表 2-5-1）。

表 2-5-1　白菜型冬油菜、白菜型春油菜、甘蓝型春油菜和胡麻的生育期

处理名称	地点	物候期（月/日）									生育期（天）
		播种期	出苗期	五叶期	枯叶期	返青期	现蕾期	初花期	终花期	成熟期	
胡麻	张掖	3/30	4/13				5/23	6/3	6/23	7/26	104
	临洮	3/14	3/24				5/25	6/5	6/23	7/24	100
白菜型春油菜	张掖	3/30	4/13	5/15			5/17	5/25	6/20	7/13	93
	临洮	3/14	3/24	4/18			5/5	5/15	6/5	6/23	99
白菜型冬油菜	张掖	8/28	9/1	10/5	11/20	3/21	4/5	4/15	5/13	6/8	281
	临洮	9/6	9/13	10/5	12/20	3/10	4/1	4/10	5/15	6/15	276
甘蓝型春油菜	张掖	3/30	4/13	5/16			5/27	6/10	7/1	7/29	107
	临洮	3/14	3/24	4/18			5/25	6/5	6/25	7/28	104

（二）白菜型冬油菜与白菜型春油菜、甘蓝型春油菜及胡麻的经济性状

　　试验结果，胡麻株高 60.0～76.3cm，千粒重 8.1～10.5g，单株产量为 0.59～0.61g；白菜型春油菜株高 122.0～126.9cm，主花序长度 51.3～75.2cm，主花序角果数 43.0～46.0 个，单株果数 146.5～237.6 个，角粒数 18.6～20.5 粒，千粒重 3.3～3.4g，单株产量 13.2～14.1g。白菜型冬油菜株高 100.1～128.9cm，主花序长度 42.0～57.4cm，主花序角果数 47.0～49.0 个，单株角果数 172.5～186.9 个，角粒数 17.9～22.9 粒，千粒重 3.4～3.6g，单株产量 12.5～13.1g。甘蓝型春油菜株高 136.0～155.9cm，主花序长度 47.0～49.0cm，主花序角果数 47.0～51.0 个，单株角果数 123.5～214.0 个，角粒数 20.4～20.9 粒，千粒重 3.5～3.6g，单株产量 11.0～13.0g（表 2-5-2）。

（三）白菜型冬油菜与白菜型春油菜、甘蓝型春油菜及胡麻的产量

　　试验结果，参试作物中，白菜型冬油菜产量最高，为 246.66～276.13kg/亩，平均产量为 261.4kg/亩；胡麻产量 104.02～110.16kg/亩，平均产量为 107.09kg/亩；甘蓝型春油

菜 95.24~207.9kg/亩，平均产量为 151.57kg/亩；白菜型春油菜产量 102.54~208.71kg/亩，平均产量为 155.63kg/亩。白菜型冬油菜与其他几种作物产量差异达到极显著水平，较白菜型春油菜、甘蓝型春油菜和胡麻分别增产 67.96%、72.46%、144.11%（表 2-5-3）。

表 2-5-2　白菜型冬油菜与白菜型春油菜、甘蓝型春油菜及胡麻的经济性状

处理名称	地点	株高（cm）	分枝部位（cm）	一次分枝（个）	二次分枝（个）	主花序长度（cm）	主花序角果数（个）	单株角果数（个）	角果长度（cm）	角粒数（粒）	千粒重（g）	单株产量（g）
胡麻	张掖	60.0	42.0	5.0				8.0		7.0	10.5	0.59
	临洮	76.3	62.7	5.3				13.2		8.4	8.1	0.61
	平均	68.15	52.35	5.15				10.6		7.7	9.3	0.6
白菜型春油菜	张掖	122.0	17.1	5.0	6.0	51.3	43.0	146.5	6.4	20.5	3.3	13.2
	临洮	126.9	20.2	6.3	7.3	75.2	46.0	237.6	5.6	18.6	3.4	14.1
	平均	124.45	18.65	5.65	6.65	63.25	44.5	192.05	6	19.55	3.35	13.65
白菜型冬油菜	张掖	100.1	7.2	8.0	1.3	42.0	47.0	172.5	6.7	22.9	3.4	12.5
	临洮	128.9	12.6	8.4	4.6	57.4	49.0	186.8	5.7	17.9	3.6	13.1
	平均	114.5	9.9	8.2	2.95	49.7	48	179.65	6.2	20.4	3.5	12.8
甘蓝型春油菜	张掖	136.0	60.0	5.7	3.0	47.0	47.0	123.5	6.8	20.9	3.5	11.0
	临洮	155.9	61.4	7.2	2.7	49.0	51.0	214.0	5.8	20.4	3.6	13.0
	平均	145.95	60.85	6.45	2.85	48	49	168.75	6.3	20.65	3.55	12.0

表 2-5-3　白菜型冬油菜与白菜型春油菜、甘蓝型春油菜及胡麻产量

处理	试点	小区产量（kg/区）				平均亩产量（kg/亩）	产量位次	比对照增减（%）	差异显著性	
		I	II	III	总和				5%	1%
白菜型冬油菜	张掖	7.0	6.0	7.3	20.3	246.66	1	120.33	a	A
	临洮	8.35	7.72	10.03	26.1	276.13	2	32.3	b	B
	平均	7.68	6.86	8.67	23.2	261.40	2	67.96	b	B
胡麻	张掖	3.5	3.3	3.6	10.4	110.16	2	15.25	b	B
	临洮	3.1	3.25	3.48	9.83	104.02	5	−50.17	e	E
	平均	3.3	3.28	3.54	10.12	107.09	5	−31.19	e	E
白菜型春油菜（CK）	张掖	3.0	2.9	3.8	9.7	102.54	3	—	c	C
	临洮	6.59	6.8	6.35	19.74	208.71	4	—	c	C
	平均	4.80	4.85	5.08	14.72	155.63	3	—	c	C
甘蓝型春油菜	张掖	2.9	2.8	3.3	9.0	95.24	4	−3.40	d	D
	临洮	8.03	5.36	6.27	19.66	207.90	3	−0.31	d	D
	平均	5.47	4.08	4.79	14.33	151.57	3	−2.61	d	D

（四）白菜型冬油菜、白菜型春油菜与甘蓝型春油菜及胡麻的含油率比较

含油率分析结果，白菜型冬油菜含油率为 44.0%，分别较白菜型春油菜（40.0%）、甘蓝型春油菜（38.0%）和胡麻（41.0%）高 4.0 个百分点、6.0 个百分点、3.0 个百分点。

二、冬油菜经济效益

2008～2013 年，甘肃农业大学、新疆农业科学院、宁夏农林科学院、北京市农技站、甘肃省农技总站等先后在兰州中川、武威、张掖、景泰，新疆乌鲁木齐、塔城、莎车，宁夏泾源、吴忠、永宁，北京通州、怀柔等地以正茬单种冬油菜、春油菜、玉米、小麦、水稻、马铃薯、大豆、小麦—玉米套种为对照，进行了冬油菜—棉花、冬油菜—玉米、冬油菜—大豆、冬油菜—向日葵、冬油菜—水稻、冬油菜—马铃薯、冬油菜—荞麦、冬油菜—燕麦、冬油菜—谷子、冬油菜—糜子、冬油菜—花生、冬油菜—籽瓜、冬油菜—白葱等一年两熟/两年三熟高效种植模式试验示范和经济效益评价。以试验进行当年下半年当地相关作物价格为标准，计算单位面积经济效益。试验结果表明，所有"冬油菜＋"一年两熟/两年三熟种植模式的总收益均高于 CK1（小麦—玉米套种），冬油菜—棉花、冬油菜—花生、马铃薯、水稻、籽瓜、冬油菜—玉米一年两茬/二年三茬经济效益比对照 CK1 有大幅度的提高。其中，冬油菜—棉花、冬油菜—花生、冬油菜—马铃薯、冬油菜—水稻、冬油菜—籽瓜、冬油菜—玉米一年两熟/两年三熟的经济效益分别比对照 CK1 增加 28.38%、83.1%、58.3%、54.9%、39.7%、25.4%（表 2-5-4）。

（一）宁夏冬油菜经济效益

宁夏地区为"两季不足，一季有余"的地区，在小麦等夏作物收获后至土壤封冻前及翌年春季都有大量 0℃以上积温未被利用，而冬油菜比冬小麦提早成熟 25 天左右，与玉米、向日葵等作物共生期短（1～1.5 个月），冬油菜较早的收获期，为复种创造了条件，使宁夏作物生产由一年一熟制改革为一年二熟制或二年三熟制，有效增加了复种指数，提高了单位土地面积生产率和经济效益。

1. 冬油菜后茬复种玉米

2008～2012 年，宁夏农林科学院进行的多项次冬油菜复种玉米试验结果表明，生育期 120 天左右的中熟玉米品种均可成熟，经济性状表现良好（表 2-5-5）。冬油菜后茬复种的 8 个玉米品种亩产量为 630～1071kg，其中'长城 706'和'宁玉 8 号'产量最高，达到 1071kg/亩。综合两茬经济效益，冬油菜平均产量 136.0kg/亩，产值 680 元/亩，冬油菜后茬复种玉米籽粒平均产量 622.9kg/亩，按照玉米市场价 1.9 元/kg 计算，产值 1183.5 元/亩，冬油菜及复种玉米两茬纯收入 1863.5 元/亩，收益增加 218.2 元/亩，增收 20.1%（表 2-5-6）。

2010 年在吴忠示范冬油菜 15 亩，平均产量 162.0kg/亩，产值 810.0 元/亩；冬油菜后茬复种玉米 2.6 亩，其中'辽单 565'品种平均产量 690.5kg/亩；'富农 1 号'平均产量 622.9kg/亩，产值 1183.5 元/亩；'辽单 565'和'富农 1 号'玉米青贮收获产量为 5800kg/亩和 5400kg/亩，平均为 5600kg/亩，产值 1288 元/亩。冬油菜—玉米两茬产值为 1993.5 元/亩，冬油菜—青贮玉米两茬产值为 2098 元/亩，单种玉米（单产 900kg/亩，1.9 元/kg）产值为 1710 元/亩。

2012 年吴忠市利通区扁担沟镇示范'陇油 8 号'200 亩，平均产量 185kg/亩，产值 925.0 元/亩（5.0 元/kg）。冬油菜后茬复种青贮玉米的平均产量 5100kg/亩，产值达到 1632 元/亩，

表 2-5-4　不同种植方式经济效益比较

种植方式	作物	产量（kg/亩）	产值（元/亩）	基本生产成本（元/亩）	效益（元/亩）	总效益（元/亩）	较CK1±%	较CK2±%	较CK3±%	位次
冬油菜—玉米	油菜	250.0	996.7	204.2	792.4	1722.4 bcdeABCD	25.4	135.6	164.6	6
	玉米	783.7	1518.3	436.2	1082.1					
冬油菜—青玉米	油菜	236.0	947.5	200.0	747.5	1375.0 cdefghBCDE	0.1	88.1	111.2	15
	青玉米	5296.4	1218.2	590.7	627.5					
冬油菜—大豆	油菜	240.6	970.5	237.5	733.0	1401.8 cdefghBCDE	2.0	91.8	115.3	14
	大豆	172.4	898.3	306.4	591.9					
冬油菜—向日葵	油菜	242.6	1019.7	184.0	835.7	1565.0 bcdefABCDE	13.9	114.1	140.4	11
	向日葵	180.7	1022.6	303.3	717.6					
冬油菜—向日葵	油菜	253.0	1054.0	144.0	910.0	1492.2 bcdefBCDE	8.6	104.1	129.2	12
	食葵	163.0	906.1	324.0	582.2					
冬油菜-水稻	油菜	192.0	872.0	125.3	746.7	2128.1 abcAB	54.9	191.1	226.9	3
	水稻	545.7	1543.8	162.3	1381.5					
冬油菜—马铃薯	油菜	219.3	1000.0	200.0	800.0	2174.8 abAB	58.3	197.5	234.1	2
	马铃薯	2175.7	2157.4	782.8	1374.8					
冬油菜—甜荞麦	油菜	214.3	911.7	200.0	711.7	1332.3 defghBCDE	-3.0	82.3	104.6	17
	甜荞麦	196.7	828.0	150.0	678.0					
冬油菜—苦荞麦	油菜	200.0	1000.0	200.0	800.0	1475.8 bcdefgBCDE	7.4	101.9	126.7	13
	苦荞麦	266.9	800.8	125.0	675.8					
冬油菜—谷子	油菜	200.0	1000.0	200.0	800.0	1582.9 bcdefABCDE	15.2	116.5	143.1	10
	谷子	332.0	872.9	90.0	782.9					
冬油菜—蔬菜	油菜	286.0	1140.0	200.0	940.0	1622.4 bcdefABCDE	18.1	121.9	149.2	8
	白葱	2326.8	1861.4	656.4	682.4					
冬油菜-糜子	油菜	200.0	1000.0	200.0	800.0	1639.5 bcdefABCDE	19.3	124.3	151.8	7
	糜子	379.8	989.5	150.0	839.5					

续表

种植方式	作物	产量（kg/亩）	产值（元/亩）	基本生产成本（元/亩）	效益（元/亩）	总效益（元/亩）	较CK1±%	较CK2±%	较CK3±%	位次
冬油菜—籽瓜	油菜	310.0	1085.0	200.0	885.0	1919.2 abcdABC	39.7	162.5	194.8	5
	籽瓜	89.8	1166.9	132.7	1034.2					
冬油菜—花生	油菜	310.0	1085.0	200.0	885.0	2515.2 aA	83.1	244.1	286.4	1
	花生	217.7	1741.2	111.0	1630.2					
冬油菜—燕麦	油菜	310.0	1085.0	200.0	885.0	1610.2 bcdefABCDE	17.2	120.3	147.3	9
	燕麦	306.4	857.9	132.7	725.2					
小麦—玉米（CK1）	小麦	346.7	1096.0	459.6	636.4	1373.8 cdefghBCDE	0.0	87.9	111.0	16
	玉米	582.0	1002.7	263.7	739.1					
正茬单种作物	小麦（CK3）	400.4	873.5	222.4	651.1	651.1 hiEF	-52.6	-10.9	0.0	23
	马铃薯	2750.0	1450.0	508.7	941.5	941.5 fghiCDEF	-31.5	28.8	44.6	20
	大豆	220.0	1100.0	125.0	975.0	975.0 efghiCDEF	-29.0	33.4	49.8	19
	冬油菜（CK2）	186.2	931.0	200.0	731.0	731.0 ghiDEF	-46.8	0.0	12.3	21
	春油菜	199.0	736.0	220.0	516.0	331.0 iF	-75.9	-54.7	-49.2	24
	胡麻	142.5	933.8	265.0	668.8	668.5 hiEF	-51.3	-8.5	2.7	22
	玉米	864.5	1580.7	392.9	1187.8	1283.7 defghBCDEF	-6.6	75.6	97.2	18
	水稻	675.0	1846.3	148.0	1698.3	1938.3 abcdABC	41.1	165.2	197.7	4

注：靖边，马铃薯 1.6 元/kg，荞麦 5.4 元/kg，油菜 5.0 元/kg，饲草玉米 5.0 元/kg，小麦 2.2 元/kg，胡麻 7.5 元/kg；吴忠，油菜籽 5.0 元/kg，玉米 1.9 元/kg，青玉米 4.0 元/kg；新疆，油菜籽 4.0 元/kg，玉米 1.6 元/kg，大豆 3.8 元/kg，荞麦 4.7 元/kg，籽瓜 13.0 元/kg，花生 8.1 元/kg，燕麦 2.8 元/kg；甘肃，小麦 2.3/kg，油菜 5 元/kg，油菜 2.0 元/kg，玉米 2.0 元/kg，油菜 5.0 元/kg，大豆 3.8 元/kg，玉米 1.7 元/kg，小麦 1.8 元/kg；北京，油菜籽 5.0 元/kg，糜子 3.0 元/kg。小写字母和大写字母分别表示 5%和 1%的显著性

表 2-5-5　冬油菜后茬复种玉米经济性状

玉米品种	株高（cm）	穗位高（cm）	茎粗（cm）	穗长（cm）	穗粗（cm）	秃尖长（cm）	穗行数（行）	行粒数（粒）	穗粒重（g）	百粒重（g）	产量（kg/亩）
农 340	260.0	106.0	1.52	16.76	4.48	1.2	14.8	35.2	1.4	32.27	630.0
宁玉 4 号	290.0	137.0	2.04	20.4	5.3	1.18	18.0	40.6	1.71	33.23	769.5
宁玉 5 号	281.0	139.0	1.94	23.54	5.06	1.4	16.4	33.6	1.92	31.53	864.0
宁玉 8 号	282.0	142.0	1.9	18.6	4.96	0.1	14.0	38.4	2.38	42.17	1071.0
长城 706	280.0	118.0	1.76	21.88	5.16	2.44	16.4	40.4	2.38	39.27	1071.0
富农 1 号	278.0	141.0	2.0	21.36	5.14	2.2	16.0	40.0	1.86	33.07	837.0
辽单 565	268.0	130.0	1.78	16.7	4.62	0.4	14.4	33.2	1.79	35.63	805.5
富农 821	273.0	141.0	1.9	18.26	4.68	0.4	15.2	40.2	1.56	28.90	702.0

表 2-5-6　冬油菜后茬玉米产量及经济效益

玉米品种	玉米			冬油菜产值（元/亩）	合计经济效益（元/亩）
	折合产量（kg/亩）	市价（元/kg）	产值（元/亩）		
富农 340	630.0	1.90	1197.00	680.0	1877.0
宁玉 4 号	769.5	1.90	1462.05	680.0	2142.05
宁玉 5 号	864.0	1.90	1641.60	680.0	2321.6
宁玉 8 号	1071.0	1.90	2034.90	680.0	2714.9
长城 706	1071.0	1.90	2034.90	680.0	2714.9
富农 1 号	837.0	1.90	1590.30	680.0	2270.3
辽单 565	805.5	1.90	1530.45	680.0	2210.45
富农 821	702.0	1.90	1333.80	680.0	2013.8

两茬总产值为 2557.0 元/亩；单种玉米产值为 1980 元/亩（单产 900kg/亩，单价 2.2 元/kg），冬油菜后茬复种青贮玉米的产值较单种玉米增加 577.0 元/亩。

2. 冬油菜后茬复种水稻

2008～2009 年度宁夏农林科学院在永宁进行了冬油菜后茬复种水稻试验，水稻品种选用‘花 51’、‘04sh-13’、‘节 3’、‘宁粳 33 号’、‘富源 4 号’5 个品种，每个品种 0.3亩。试验结果，参试品种均正常成熟，‘富源 4 号’产量为 665.9kg/亩，‘节 3’产量为620.5kg/亩，‘花 51’与‘宁粳 33 号’产量为 541.2kg/亩，‘04sh-13’为 439.2kg/亩（表2-5-7，表 2-5-8）。

表 2-5-7　冬油菜后茬复种水稻品种经济性状与产量

品种	株高（cm）	穗数（个）	穗长（cm）	千粒重（g）	穗部性状				产量（kg/亩）
					总粒数（粒）	实粒数（粒）	秕粒数（粒）	结实率（%）	
富源 4 号	108.6	15.3	15.8	24.5	98.4	90.3	8.2	91.8	665.9
宁粳 33 号	120.8	14.4	14.6	28.6	77.5	71.4	6.1	92.1	541.2
花 51	95.3	18.9	13.5	23.1	70.8	56.3	14.4	79.6	541.2
04sh-13	105.8	19.1	16.0	22.9	69.6	61.4	8.2	88.0	439.2
节 3	106.5	14.5	14.3	22.6	97.5	88.5	9.0	90.7	620.5

表 2-5-8　冬油菜后茬复种水稻品种的物候期

品种	育秧期（月/日）	插秧（月/日）	抽穗期（月/日）	成熟期（月/日）
富源 4 号	5/19	6/12	8/8	10/4
宁粳 33 号	5/19	6/12	8/11	10/7
花 51	5/19	6/12	8/14	10/10
04sh-13	5/19	6/12	8/3	10/1
节 3	5/19	6/12	8/3	10/1

　　2009～2012 年在永宁进行了冬油菜后茬复种水稻示范,品种为'节 3'、'宁粳 33 号'、'富源 4 号'、'花 51'（糯）,每个品种 2.5 亩。示范结果,'富源 4 号'、'节 3'产量较高,分别达到 669.0kg/亩和 616.5kg/亩;'宁粳 33 号'、'花 51'产量较低,分别为 544.7kg/亩和 582.7kg/亩（表 2-5-9）。

表 2-5-9　冬油菜后复种水稻品种的经济性状与产量

品种	株高（cm）	穗数（个）	穗长（cm）	千粒重（g）	穗部性状				产量（kg/亩）
					总粒数（粒）	实粒数（粒）	秕粒数（粒）	结实率（%）	
宁粳 33 号	108.0	11.6	14.6	28.7	77.7	76.2	1.5	98.1	544.7
富源 4 号	111.8	13.4	15.7	24.4	89.8	85.7	4.1	95.4	669.0
节 3	87.0	14.2	13.6	23.8	81.9	76.9	5.0	93.9	616.5
花 51	97.8	17.8	13.9	22.3	68.7	61.6	7.1	78.5	582.7

　　从几年的冬油菜后茬复种水稻试验示范结果可以看出,从生育期来看,'富源 4 号'、'节 3'作为复种品种较为理想,每穗实粒数多、结实率较高,经济性状优良,产量较高,达到 669.0kg/亩,'节 3'产量为 616.5kg/亩。综合两茬经济效益,冬油菜平均产量 136.0kg/亩,产值 680 元/亩,复种的水稻平均产量 665.9kg/亩,产值 1997.7 元/亩,冬油菜与复种水稻两茬纯收入 2677.7 元/亩,收益增加 340.4 元/亩,增收 18.4%。

3. 冬油菜后茬复种向日葵

　　2010～2011 年宁夏农林科学院在永宁进行了冬油菜后茬复种油用向日葵试验,品种为'康地 5 号'、'PS002'、'KWS204',6 月 13 日播种,9 月 20 日成熟收获。试验结果,复种油葵产量为 151.12～228.9kg/亩,'KWS204'产量 228.90kg/亩,最低为'康地 5 号',产量为 151.12kg/亩。葵花籽市价为 6.0 元/kg,产值为 906.72～1373.4 元/亩（表 2-5-10）。综合两茬经济效益,冬油菜平均产量 136.0kg/亩,产值 680 元/亩,后茬复种的油用向日葵平均产量 228.90kg/亩,产值 1373.4 元/亩,两茬产值合计为 2053.4 元/亩,较单种玉米经济效益增收 20.08%。

表 2-5-10　油葵产量及经济效益

品种	产量（kg/亩）	市价（元/kg）	产值（元/亩）
PS002	204.45	6.00	1226.7
康地 5 号	151.12	6.00	906.72
KWS204	228.90	6.00	1373.4

2011～2012 年宁夏农垦局暖泉农场示范种植冬油菜 42 亩，产值 864.5 元/亩。后茬复种向日葵平均产量 139.6kg/亩，产值 837.6 元/亩，两茬产值为 1702.1 元/亩，取得了较好经济效益。

（二）陕北靖边冬油菜经济效益

2009 年，西北农林科技大学和靖边县良种场在靖边示范种植冬油菜 50 亩，平均产量 150kg/亩。2010 年 6 月 24 日冬油菜收获后，于 6 月 25 日复种马铃薯（品种为'紫花白'）、荞麦（品种为'榆荞–4'）、油葵（品种为'迪卡 G101'）、饲草玉米（品种为'科多 8 号'）4 种作物。荞麦于 6 月 29 日出苗，油葵于 7 月 1 日出苗，饲草玉米于 7 月 2 日出苗，马铃薯于 7 月 15 日出苗。试验结果表明，冬油菜后茬复种的各种作物产量与当地正茬种植的同类作物产量相当。复种马铃薯产量 1912kg/亩，产值 3824 元/亩；冬油菜+马铃薯两茬产值 4034.0 元/亩；复种荞麦产量 160kg/亩，产值 864 元/亩，冬油菜—荞麦两茬产值 1614.0 元/亩；复种油葵产量 97.5kg/亩，产值 487.5 元/亩，冬油菜—油葵两茬产值 1237.5 元/亩；复种饲草玉米产量 11 765kg/亩，产值 4706 元/亩，冬油菜—饲草玉米两茬产值 5456.0 元/亩（表 2-5-11）。

表 2-5-11　冬油菜后茬复种作物产量及经济效益

项目	马铃薯	荞麦	油葵	饲草玉米活秆重	冬油菜
产量（kg/亩）	1 912	160	97.5	11 765	150
市场收购价（元/kg）	2.00	5.4	5.0	0.40	5.0
收入（元/亩）	3 824.00	864.00	487.50	4 706.00	750
复种+冬油菜经济效益	4 034.0	1 614.0	1 237.5	5 456.0	

（三）新疆冬油菜经济效益

1. 2011 年试验示范结果

2011 年在乌鲁木齐、塔城、拜城、奇台、阿勒泰试点进行了冬油菜后茬复种试验。冬油菜于 6 月 15 日收获，7 月 1～5 日复种玉米、油葵、大豆、花生、籽瓜等作物。试验结果，在全疆各试点，2011 年冬油菜平均产量为 192.89kg/亩，产值为 964.45 元/亩（192.89kg/亩×5元/kg），冬油菜+复种一年两茬种植模式，以冬油菜+花生、冬油菜+籽瓜、冬油菜+青贮玉米效益最高。各种种植模式的平均经济效益如下（表 2-5-12，表 2-5-13）。

表 2-5-12　复播作物各试点平均产量

复播作物	品种	产量（kg/亩）			平均	冬油菜+复种产值（元/亩）
		I	II	III		
饲用玉米（籽粒）	新玉 10 号	465.86	641.69	540.86	549.47	1 843.6
青贮玉米（生物）	新青 1 号	5 013.08	4 989.11	4 976.41	4 992.87	1 464.45
鲜食玉米（个）	超甜 1 号	435.0	576.0	897.0	636.0	1 388.27
油葵	新葵杂 5 号	238.74	224.38	236.32	233.15	1 897.05
大豆	87U-72	104.74	101.87	119.39	108.67	1377.4
籽瓜	白燕 8 号	80.15	93.38	95.76	89.76	2 131.33
花生	平荞 3 号	211.14	224.33	217.48	217.65	2 727.42
燕麦		310.8	287.6	320.7	306.4	1 828.46
荞麦		80.45	85.20	94.64	86.76	1 372.22

表 2-5-13　2011 年不同种植模式经济效益

种植模式	两作效益（元/亩）			正茬一季		效益比较	
	冬油菜	后作	合计	产量（kg/亩）	效益（元/亩）	增减量（元/亩）	增减率（%）
冬油菜+籽粒玉米	384.04	578.09	962.13	750	855	107.13	12.53
冬油菜+青贮玉米	384.04	520.72	904.76	5132	483.76	421	87.03
冬油菜+鲜食玉米	384.04	631	1015.04	800	800	215.04	26.88
冬油菜+制种玉米	384.04	671.94	1055.98	400	903	152.98	16.94
冬油菜+油葵	570.76	717.17	1287.93	250	757	530.93	70.14
冬油菜+大豆	384.04	212.94	596.98	150	330	266.98	80.9
冬油菜+籽瓜	585.16	707.48	1292.64	102	791	501.64	63.42
冬油菜+花生	416.2	646.02	1062.22	120	620	442.22	71.33
冬油菜一季	537.64		537.64	150（春油菜）	440	97.64	22.19

注：以上作物价格均以 2011 年市场收购价为准。油菜籽价格按 5.0 元/kg 计算，籽粒玉米 1.7 元/kg，青贮玉米 0.18 元/kg，鲜食玉米 1.5 元/kg，制种玉米 3.5 元/kg，油葵 4.5 元/kg，大豆 3.8 元/kg，籽瓜 10.5 元/kg，花生 8.5 元/kg

冬油菜复种玉米种植模式：复种玉米籽粒产量 549.47kg/亩，产值 879.15 元/亩（549.47kg/亩×1.6 元/kg），冬油菜+复种玉米两茬产值合计为 1843.6 元/亩。

冬油菜复种青贮玉米种植模式：青贮玉米生物产量 4992.87kg/亩，产值 500 元/亩，冬油菜+青贮玉米两茬产值合计为 1464.45 元/亩。

冬油菜复种油葵种植模式：冬油菜后茬复种油葵产量为 233.15kg/亩，产值 932.6 元/亩（233.15kg/亩×4 元/kg），冬油菜+油葵两茬产值合计为 1897.05 元/亩。

冬油菜复种大豆种植模式：冬油菜后茬复种大豆产量为 108.67kg/亩，产值 412.95 元/亩（108.67kg/亩×3.8 元/kg），冬油菜+大豆两茬产值合计为 1377.4 元/亩。

冬油菜复种籽瓜种植模式：冬油菜后茬复种籽瓜产量为 89.76kg/亩，产值 1166.88 元/亩（89.76 kg/亩×13 元/kg），冬油菜+籽瓜两茬产值合计为 2131.33 元/亩。

冬油菜复种花生种植模式：冬油菜后茬复种花生产量为 217.65kg/亩，产值 1762.97 元/亩（217.65 kg/亩×8.1 元/kg），冬油菜+花生两茬产值合计为 2727.42 元/亩。

冬油菜复种荞麦种植模式：冬油菜后茬复种荞麦产量为 86.76kg/亩，产值 407.77 元/亩（86.76 kg/亩×4.7 元/kg），冬油菜+荞麦两茬产值合计为 1372.22 元/亩。

2. 2013 年试验示范结果

2013 年在乌鲁木齐、塔城、拜城进行了冬油菜后茬复种试验。冬油菜 6 月 17 日收获，6 月 24 日至 7 月 2 日复种玉米、油葵、大豆、籽瓜等作物。试验结果，以冬油菜+籽瓜一年两茬种植模式的经济效益最高，各种植模式经济效益如下（表 2-5-14，表 2-5-15，表 2-5-16）。

表 2-5-14　不同种植模式冬油菜产值与效益

种植模式	冬油菜产量（kg/亩）	产值（元/亩）	投入（元/亩）	效益（元/亩）
冬油菜+玉米（塔城）	189.0	945.0	353.0	592.0
冬油菜+油葵（乌鲁木齐）	188.0	940.0	353.0	587.0
冬油菜+大豆（乌鲁木齐）	186.0	930.0	353.0	577.0
冬油菜+籽瓜（塔城）	189.0	945.0	353.0	592.0
冬油菜（拜城）	179.3	896.5	300.0	596.5
春油菜（拜城）	160.0	800.0	300.0	500.0

表 2-5-15 不同种植模式后作效益

种植模式	产量（kg/亩）	产值（元/亩）	投入（元/亩）	效益（元/亩）
后作玉米（塔城）	547.0	1066.65	356.0	710.65
后作油葵（乌鲁木齐）	184.0	883.2	342.0	541.2
后作大豆（乌鲁木齐）	138.0	552.0	160.0	392.0
后作籽瓜（塔城）	101.0	1111.0	315.0	796.0
后作马铃薯（塔城）	667.0	733.7	242.0	491.7

表 2-5-16 2013 年不同种植模式效益

种植模式	两作效益（元/亩）			正茬一季效益		效益比较		位次
	冬油菜	后作	合计	产量（kg/亩）	效益（元/亩）	增减量（元/亩）	增减率（%）	
冬油菜+玉米	592.0	710.65	1302.65	750.0	1106.5	196.15	17.72	5
冬油菜+油葵	587.0	541.2	1128.2	230.0	762.0	366.2	48.05	4
冬油菜+大豆	577.0	392.0	969.0	150.0	440.0	529.0	120.2	2
冬油菜+籽瓜	592.0	796.0	1388.0	102.0	807.0	581.0	71.99	1
冬油菜+马铃薯	567.0	491.7	1058.7	800.0	638.0	420.7	65.94	3
冬油菜一季	596.5		596.5	160.0（春油菜）	500.0	96.5	19.3	6

注：以上作物价格均以 2013 年市场收购价为准。油菜籽 5 元/kg，籽粒玉米 1.95 元/kg，油葵 4.8 元/kg，大豆 4.0 元/kg，籽瓜 11 元/kg，马铃薯 1.1 元/kg

冬油菜复种玉米种植模式（塔城）：复种玉米籽粒产量 547kg/亩，纯收益 710.65 元/亩，冬油菜收益 592 元/亩，冬油菜+复种玉米两茬产值收益合计为 1302.65 元/亩。

冬油菜复种油葵种植模式（乌鲁木齐）：复种油葵产量为 184kg/亩，纯收益为 541.2 元/亩，冬油菜收益 587 元/亩，冬油菜+复种油葵两茬产值收益合计为 1128.2 元/亩。

冬油菜后茬复种大豆种植模式（乌鲁木齐）：复种大豆产量为 138kg/亩，纯收益为 392 元/亩，冬油菜收益 577 元/亩，冬油菜+复种大豆两茬产值收益合计为 969 元/亩。

冬油菜后茬复种籽瓜种植模式（塔城）：复种籽瓜产量为 101kg/亩，纯收益 796 元/亩，冬油菜收益 592 元/亩，冬油菜+复种籽瓜种植模式收益合计为 1388 元/亩。

（四）甘肃省冬油菜经济效益

1. 兰州市秦王川灌区

秦王川灌区海拔高，为一季作区。2007～2009 年，甘肃农业大学在中川镇等地进行了冬油菜后茬复种甜荞麦（'K208-02'）、苦荞麦（'K208-06'）、玉米（'酒单 2 号'）、糜子（'陇糜 5 号'）、谷子（'陇谷 7 号'）试验。冬油菜 6 月 21 日收获，产量 220kg/亩，6 月 28 日播种后茬复种作物。试验结果表明，除玉米未能正常成熟外，复种糜子、谷子均于 10 月 3 日正常成熟，甜荞、苦荞分别于 9 月 17 日、9 月 20 日正常成熟。几种种植模式中，以冬油菜+谷子效益最佳，各种植模式经济效益如下（表 2-5-17）。

表 2-5-17　秦王川灌区复种作物产量及经济效益分析

作物及品种	产量（kg/亩）	市价（元/kg）	产值（元/亩）	冬油菜+复种经济效益（元/亩）	增加效益（元/亩）
甜荞麦（K208-02）	264.0	3.0	792.0	1892	1172.0
苦荞麦（K208-06）	245.83	3.0	737.49	1837.64	1114.64
糜子（陇糜 5 号）	233.9	2.5	584.75	1684.75	964.75
谷子（陇谷 7 号）	399.6	2.7	1078.92	2178.92	1458.92
玉米（酒单 2 号）	2071.0（青贮饲草）	0.3	621.3	1721.3	1001.3
胡麻	120.0	6.0	720		

注：油菜籽价格 5 元/kg

冬油菜后茬复种'陇谷 7 号'株高 84cm，主穗长 8.78cm，单株籽粒重 30.1g，千粒重 4.01g，产量 399.6kg/亩，上下两茬经济效益为 2178.92 元/亩，与当地主要油料作物胡麻比较，冬油菜和后茬复种谷子两茬增加效益 1458.92 元/亩。

冬油菜后茬复种糜子'陇糜 5 号'产量 233.9kg/亩，冬油菜产量 220kg/亩，产值 1100 元/亩，上下两茬经济效益为 1684.75 元/亩，比胡麻增加效益 964.75 元/亩。

冬油菜后茬复种苦荞麦产量 245.83kg/亩，冬油菜产量 220kg/亩，产值 1100 元/亩，上下两茬经济效益为 1837.64 元/亩，与胡麻比较增加效益 1114.64 元/亩。

冬油菜后茬复种甜荞麦的产量 264.0kg/亩，冬油菜产量 220kg/亩，产值 1100 元/亩，上下两茬经济效益为 1892 元/亩，比胡麻增加效益 1172.05 元/亩。

冬油菜后茬复种饲草玉米产量 2071.0kg/亩，冬油菜产量 220kg/亩，产值 1100 元/亩，上下两茬经济效益为 1721.3 元/亩，比胡麻增加效益 1001.3 元。

2. 景泰灌区

景泰灌区为电力提灌区，海拔 1600～1800m，热量条件较好，为两季不足、一季有余的地区。2008～2010 年，甘肃农业大学和甘肃省农技总站、条山农场、景泰县农技中心在条山镇开展了冬油菜后茬复种甜荞麦（'K208-02'）、苦荞麦（'K208-06'）、玉米（'酒单 2 号'）、糜子（'陇糜 5 号'）、谷子（'陇谷 7 号'）、大豆（'03-6'）、油葵（'F08-2'）试验。冬油菜 6 月 15 日收获，6 月 28 日播种糜子、谷子、甜荞、苦荞、玉米、油葵。

试验结果，除玉米、大豆未能成熟外，糜子、谷子、甜荞、苦荞、油葵均正常成熟，10 月 5 日收获。以冬油菜+谷子效益最高，各种植模式经济效益如下（表 2-5-18）。

表 2-5-18　景泰灌区复种产量及经济效益

作物及品种	产量（kg/亩）	市价（元/kg）	产值（元/亩）	冬油菜+复种经济效益（元/亩）	增加效益（元/亩）
甜荞麦（K208-02）	276.0	3.0	828.0	1548.0	828.0
苦荞麦（K208-06）	288.0	3.0	864.0	1584.0	864.0
糜子（陇糜 5 号）	360.0	2.5	900.0	1620.0	900.0
谷子（陇谷 7 号）	430.0	2.7	1161.0	1881.0	1261.0
油葵（F08-2）	202.0	4.0	808.0	1528.0	808.0
胡麻	120.0	6.0	720		

注：油菜籽价格 5 元/kg

冬油菜后茬复种甜荞麦产量为 276kg/亩，冬油菜产量 200kg/亩，产值 1000 元/亩，上下两茬经济效益为 1548.0 元/亩，与当地主要油料作物胡麻比较，增加效益 828.0 元/亩。

冬油菜后茬复种苦荞麦产量 288kg/亩，冬油菜产量 200kg/亩，产值 1000 元/亩，上下两茬经济效益为 1584.0 元/亩，与当地主要油料作物胡麻比较，增加效益 864.0 元/亩。

冬油菜后茬复种糜子产量 360kg/亩，冬油菜产量 200kg/亩，产值 1000 元/亩，上下两茬经济效益为 1620.0 元/亩，与当地主要油料作物胡麻比较，增加效益 900.0 元/亩。

冬油菜后茬复种谷子产量 430kg/亩，冬油菜产量 200kg/亩，产值 1000 元/亩，上下两茬经济效益为 1881.0 元/亩，与当地主要油料作物胡麻比较，增加效益 1261.0 元/亩。

冬油菜后茬复种油葵产量 202kg/亩，冬油菜产量 200kg/亩，产值 1000 元/亩，上下两茬经济效益为 1528.0 元/亩，与当地主要油料作物胡麻比较，增加效益 808.0 元/亩。

3. 张掖

2008～2010 年张掖农科院、甘肃农业大学在张掖市甘州区大满、山丹县东乐乡山羊堡村进行了冬油菜后茬复种试验示范。大满试点海拔 1559.5m，示范'陇油 8 号' 4000 亩，3 月 31 日返青，越冬率达到 94.5%，5 月上旬进入盛花期。山羊堡村试点海拔 1600m，示范'陇油 6 号'和'陇油 8 号' 500 亩，越冬率分别为 92%、94%，于 3 月 25 日返青。冬油菜 6 月 10 日收获后后茬复种油葵、马铃薯、大豆、玉米，10 月中旬正常成熟收获。试验结果，以冬油菜+马铃薯与冬油菜+鲜食玉米种植模式效益最高。各种植模式效益如下。

大满试点冬油菜产量 219.3kg/亩，山羊堡试点冬油菜产量 206.4kg/亩，冬油菜平均产值 1125.0 元/亩。

冬油菜—马铃薯一年二茬种植模式：后茬复种马铃薯产量 2689kg/亩，产值 2689 元/亩（马铃薯 1.0 元/kg），冬油菜—马铃薯一年二茬种植模式两茬产值收益合计为 3813.0 元/亩。

冬油菜—油葵一年二茬种植模式：后茬复种油葵产量 225.0kg/亩，产值 900 元/亩，冬油菜—油葵一年二茬种植模式两茬产值收益合计为 2025 元/亩。

冬油菜—大豆一年二茬种植模式：后茬复种大豆产量 150kg/亩，产值 750.0 元/亩，冬油菜—大豆一年二茬种植模式两茬产值收益合计为 1875 元/亩。

冬油菜—鲜食玉米一年二茬种植模式：后茬复种玉米收获鲜果穗（鲜食）1522kg/亩，鲜秸秆 6783kg/亩，产值 2200.0 元/亩，两茬产值收益合计为 3325.3 元/亩。

4. 武威

2007～2011 年，武威市农技中心、甘肃农业大学在武威进行了冬油菜—马铃薯、冬油菜—油葵种植模式试验示范。冬油菜 6 月上旬成熟收获后复种马铃薯、油葵，10 月上旬收获。试验结果，前茬冬油菜平均产量 234kg/亩，复种马铃薯产量 2700kg/亩，复种油葵 236.5kg/亩。冬油菜、马铃薯上下两茬效益达到 3700 元/亩，较小麦、玉米一茬效益增加 146.67%、85%；冬油菜、油葵上下两茬效益达到 2182.5 元/亩，较小麦、玉米一茬效益增加 45.5%、9.13%。

5. 会宁

会宁是典型的西北干旱区，一年一熟。2009～2013 年，会宁县农技中心、甘肃农业大学开展了冬油菜—荞麦种植模式的试验示范。冬油菜 6 月中旬收获后复种荞麦，荞麦 10 月上旬收获。前茬冬油菜平均产量 190kg/亩，复种荞麦产量 189kg/亩。冬油菜、荞麦上下两茬效益达到 1820 元/亩，较小麦、胡麻、马铃薯一茬效益增加 203.33%、152.78%、82.0%。

6. 敦煌冬油菜—棉花一年二熟经济效益

北方地区是我国棉花主产区，播种面积 4617.69 万亩，均为单种（一季作），改棉花一年一熟为冬油菜—棉花一年二熟的潜力较大。要实现冬油菜与棉田的轮作，需要解决冬油菜适时播种和适时收获问题，即冬油菜上茬棉田要适时收获，为冬油菜适时播种提供保证，而冬油菜也要适当早收，保证下茬棉花适时播种。从现在冬油菜和棉花的生育期及北方棉区的热量条件来看，冬油菜与棉花的轮作存在一定季节矛盾，即冬油菜的适宜播种期与棉花收获期、冬油菜的适宜收获期与棉花的适宜播种期均存在矛盾。因此，季节与热量条件不足的问题，只能通过冬油菜与前茬棉花套种及冬油菜后茬棉花育苗移栽来解决。为此，甘肃省农业科学院、甘肃农业大学等 2011~2014 年度在敦煌进行了冬油菜—棉花一年二熟栽培试验和经济效益分析。

（1）冬油菜产量与效益

3 年试验结果表明，冬油菜平均产量为 204kg/亩，3 年油菜籽平均价格为 5.5 元/kg，经济效益为 1122.0 元/亩。

（2）冬油菜后茬移栽棉花产量与效益

冬油菜 6 月上旬成熟后移栽棉花试验结果表明，移栽棉花与正茬棉花同期成熟，移栽处理籽棉产量低于对照（表 2-5-19）。4 月 12 日育苗移栽'陇 1-1-3'籽棉产量 331.5kg/亩，较对照籽棉 373.2kg/亩减产 11.2%；移栽棉花皮棉亩产 125.31kg/亩，较对照减产 11.6%。复种'9507-1'籽棉产量 312.2kg/亩，较对照籽棉 370.0kg/亩减产 15.6%；移栽处理皮棉亩产 119.9kg/亩，较对照减产 16.3%。

表 2-5-19 棉花新品系'陇 1-1-3'育苗移栽产量

棉花品系	处理	小区籽棉产量（kg/区）	小区皮棉产量（kg/区）	折合籽棉产量（kg/亩）	较对照 ±（%）	折合皮棉亩产（kg）	较对照 ±（%）
陇 1-1-3	移栽	11.14	4.21	331.5	−11.2	125.31	−11.6
	常规直播（Ck）	12.54	4.76	373.2	—	141.82	—
9507-1	移栽	10.49	4.03	312.2	−15.6	119.9	−16.3
	常规直播（CK）	12.43	4.82	370.0	—	143.2	—

籽棉价格以 7.6 元/kg 计，正茬棉花一茬效益为 2836.32 元/亩，移栽棉花效益为 2519.4 元/亩，冬油菜 1122.0 元/亩，冬油菜—移栽棉花两茬效益为 3641.4 元/亩，较一茬棉花增收 805.08 元/亩，增收 28.38%。

（五）北京冬油菜经济效益

2010~2012 年北京市农技站在怀柔等地进行冬油菜示范及后茬复种试验，上茬种植冬油菜'陇油 6 号'，下茬分别种植夏玉米'京单 28'与大豆'中黄 13'，对照为冬小麦—夏玉米种植模式。

1. 怀柔

冬油菜 2010 年 9 月 3 日播种，2011 年 5 月底成熟，生育期 274 天，冬小麦 10 月 2 日播种，生育期 259 天；冬油菜茬夏玉米 9 月 25 日成熟，生育期 110 天，传统的冬小麦茬夏玉米 6 月 20 日播种，10 月 2 日成熟，生育期 104 天，冬油菜茬夏大豆 10 月 9 日成熟，生育期 122 天。

冬油菜产量 104.7kg/亩，下茬夏玉米产量为 629.9kg/亩，传统的冬小麦茬夏玉米产量为 440.7kg/亩，冬小麦产量 344.8kg/亩；冬油菜茬夏大豆产量 159.2kg/亩（表 2-5-20）。冬油菜—夏玉米种植模式较传统的冬小麦—夏玉米种植模式增产 189.2kg/亩。经济效益以冬油菜—夏玉米种植模式最高，效益为 971.71 元/亩，比对照增收 315.80 元/亩。冬油菜—大豆种植模式较对照收入减少（表 2-5-21）。同时，从生育期看，上茬作物冬油菜比冬小麦早收获 15 天，下茬作物夏玉米比传统夏玉米提早 7 天收获，除大豆外，均在 9 月 18～25 日成熟收获。由此可见，上茬种植冬油菜节省的光热资源，可促进下茬作物提早成熟，解决了夏茬作物光热资源紧张问题，为种植冬小麦提供了较长的适种时间。

表 2-5-20　怀柔不同作物经济效益分析

作物	产量（kg/亩）	价格（元/kg）	产值（元/亩）	投入（元/亩）							效益（元/亩）
				种子	化肥	农药	水电	机耕	用工	合计	
冬油菜	104.7	6.0	628.20	5	127.3	5	30	20	240	427.3	200.90
冬油菜茬夏玉米	629.9	1.9	1196.81	30	116.0	5	5	30	240	426.0	770.81
冬油菜茬夏大豆	159.2	5.6	891.52	50	116.0	5	5	30	240	446.0	445.52
冬小麦	344.8	2.1	724.08	45	124.5	10	30	120	150	479.5	244.58
麦茬夏玉米	440.7	1.9	837.33	30	116.0	5	5	30	240	426.0	411.33

表 2-5-21　怀柔不同作物种植模式的经济效益分析

种植模式	经济效益（元/亩）		合计（元/亩）	比 CK±（元/亩）	位次
	上茬作物	下茬作物			
冬小麦—夏玉米（CK）	244.58	411.33	655.91		2
冬油菜—夏玉米	200.90	770.81	971.71	+315.80	1
冬油菜—大豆	200.90	445.52	646.42	-9.49	3

2. 通州

冬油菜 9 月 1 日播种，6 月 2 日成熟收获。冬油菜收获后分别复种夏玉米'京单 28'、大豆'中黄 13'、油葵'S606'、食用向日葵（食葵）'LD5009'，其中夏玉米、大豆各 1 亩，油葵和食葵均为 0.5 亩。试验结果，夏玉米 9 月 28 日成熟，油葵 8 月 31 日成熟，食葵 9 月 2 日成熟。上茬种植的冬油菜'陇油 6 号'产量为 110.5kg/亩，复种夏玉米平均产量 613.9kg/亩、大豆产量 166.7kg/亩、油葵 88.3kg/亩、食葵 104.8kg/亩。以冬油菜复种夏玉米种植模式效益最高，纯收益为 704.2 元/亩，较冬小麦—夏玉米模式经济效益增加32.24%（表2-5-22）。

表2-5-22　通州不同作物经济效益分析

作物	产量 (kg/亩)	销售价格 (元/kg)	产值 (元/亩)	成本（元/亩）						合计 (元/亩)	效益 (元/亩)
				种子	化肥	农药	水电	机耕	用工		
小麦	377.5	2.1	792.8	45	160.9	30	40.2	150	110	536.1	256.7
小麦—夏玉米	513	1.8	923.4	26.5	104.7	20.5	17.2	80	142	390.9	532.5
冬油菜	110.5	6	663.0	5	119.8	20	30	20	200	394.8	268.2
冬油菜—夏玉米	613.9	1.8	1105.0	25	125.8	20	10	20	200	400.8	704.2
冬油菜—夏大豆	166.7	5.6	933.5	52.5	125.8	20	10	20	200	428.3	505.2
冬油菜—油葵	88.3	4.5	397.4	2.5	125.8	20	10	20	200	378.3	19.1
冬油菜—食葵	104.8	8.2	859.4	5	125.8	20	10	20	200	380.8	478.6

（六）山西冬油菜经济效益

1. 晋源区

山西省农技站2011～2012年在太原晋源区进行了冬油菜复种大豆试验，冬油菜6月10日收获后，6月27日复种大豆、油葵和食用向日葵，均在早霜前正常成熟。冬油菜产量201.48kg/亩，产值1007.4元/亩；复种大豆产量164.37kg/亩，产值920.47元/亩；复种油葵产量148.95kg/亩，产值670.28元/亩；复种食用向日葵产量157.23kg/亩，产值1289.29元/亩。两茬合计产值为：冬油菜复种大豆种植模式1927.87元/亩、冬油菜复种油葵种植模式1677.68元/亩、冬油菜复种食用向日葵种植模式2296.69元/亩，较玉米一茬（1600元/亩）分别增收327.87元/亩、77.68元/亩、669.69元/亩。

2. 祁县

祁县农技站2011～2012年在祁县东观镇西炮村进行冬油菜复种玉米试验，冬油菜8月29日播种、5月31日收获，6月2日复种玉米'先玉335'、'屯玉808'、'太玉339'、'郑单958'。试验结果，冬油菜产量208.18kg/亩，油菜籽价格5元/kg，产值1040.9元/亩，正茬单种玉米702.0kg/亩，产值1544.4元/亩，复种玉米生育期为113天左右，'先玉335'产量为521.3kg/亩，'屯玉808'产量为541.3kg/亩，'郑单958'产量为504.5kg/亩，'太玉339'产量为544.9kg/亩，复种玉米平均产量528.0kg/亩，产值1161.6元/亩。两茬合计产值为2202.5元/亩，较玉米一茬增收658.1元/亩，经济效益增加42.61%。

（七）内蒙古冬油菜后茬复种经济效益

2011～2013年内蒙古农牧业科学院与内蒙古农技站在临河试验结果，冬油菜（'陇油6号'）产量181.5kg，产值945.36元/亩。冬油菜收获后于7月15日播种夏茬作物油葵和玉米，成熟收获后测产，玉米'内早6号'产量455kg/亩，产值1001.0元/亩；油葵'内葵杂3号'产量189kg/亩，产值850.5元/亩。冬油菜复种玉米两茬产值1946.36元/亩，冬油菜复种油葵为1795.86元/亩，冬油菜复种玉米、冬油菜复种油葵较玉米一茬（1600元/亩）分别增收346.36元/亩、195.86元/亩。

（八）河北冬油菜后茬复种经济效益

2012 年河北省农技站和大名县农技站在大名试验结果，冬油菜（'陇油 6 号'）产量 150.5kg/亩，产值 752.5 元/亩，冬油菜收获后于 6 月 1 日播种夏花生产量为 315kg/亩，产值 2520 元/亩，传统春花生产量 400kg/亩、产值 3200 元/亩，冬油菜和复种夏花生两茬产值 3272.5 元/亩，较春播覆膜花生增收 72.5 元/亩。同时，冬油菜后茬复种夏花生，叶斑病明显轻于对照，烂果病发病显著减轻。

（九）西藏冬油菜后茬复种经济效益

2011～2013 年西藏自治区农牧科学院试验结果，冬油菜 '陇油 9 号' 产量为 208.3kg/亩，产值 1124.82 元/亩；冬油菜 6 月下旬收获后，6 月 29 日后茬复种饲草玉米、马铃薯、苦荞等作物，均在早霜前正常成熟。

冬油菜后茬复种饲草玉米饲草产量 3134.9kg/亩，产值 1153.6 元/亩，冬油菜—饲草玉米种植模式两茬产值合计 2378.24 元/亩。较当地主栽作物青稞（产量 250kg/亩，亩产值 600 元/亩）增收 1778.24 元/亩。

冬油菜后茬复种苦荞产量为 250.5kg/亩，产值 751.5 元/亩，冬油菜—荞麦种植模式两茬产值合计 1876.3 元/亩，较青稞（产量 250kg/亩，产值 600 元/亩）增收 1276.3 元/亩。

冬油菜后茬复种马铃薯产量为 1418.5kg/亩，产值 1418.5 元/亩，冬油菜—马铃薯种植模式两茬产值合计 2543.32 元/亩，较青稞（产量 250kg/亩，产值 600 元/亩）增收 1943.32 元/亩。

（十）辽宁冬油菜后茬复种经济效益

辽宁省农技站 2010 年在普兰店试验结果，冬油菜单产 150.0kg/亩，产值 750 元/亩，冬油菜后茬复种大豆 '合丰 25 号' 于 9 月 25 日成熟，产量为 174.14kg/亩，产值 975.84 元/亩，两茬合计产值 1725.84 元/亩，较玉米一茬（1600 元/亩）增收 125.84 元/亩。

三、冬油菜生态效益

2009～2012 年甘肃农业大学、北京市农技站等在武威黄羊镇、北京等地进行了冬油菜对土壤和环境等的影响比较研究。

黄羊镇位于甘肃河西走廊东端，东经 102°50′00″，北纬 37°41′00″，海拔 1760m，年均气温 6.8℃，一年一熟，春季地表裸露且干旱少雨，降水量 120mm 左右，蒸发量是降水量的 12 倍，全年大于 5m/s 起沙风速的日数超过 200 天，大于 17m/s 的大风日数一般为 30～80 天。试验设冬油菜、冬小麦、麦茬覆盖和裸露 4 个处理，对风蚀模数等相关指标进行了测定。风蚀模数、风蚀率、摩阻速度等在中国科学院沙漠与沙漠化重点实验室通过风洞试验进行测定；土壤微生物、土壤过氧化氢酶活性、脲酶活性、转化酶活性、碱性磷酸酶活性、土壤有机质、速效 N、速效 P 和速效 K 等在甘肃农业大学甘肃省油菜工程技术研究中心测定。土壤过氧化氢酶活性用 $KMnO_4$ 滴定法测定。脲酶、转化酶和碱性磷酸酶活性用比色法测定。土壤有机质、速效 N、速效 P 和速效 K

等土壤理化性状分别采用重铬酸钾氧化法、碱解扩散法、浸提-钼锑抗比色法及 NH_4OAc 浸提火焰光度法测定。

（一）冬油菜对地表的土壤风蚀量（风蚀模数）的影响

风蚀模数（按每小时计）是不同风速下单位时间单位面积的风蚀量[单位：kg/（$hm^2 \cdot h$）]，风蚀率（Q）为试验条件下单位时间的风蚀量（单位：g/ min），摩阻速度 UH=速度差/5.75×对数高程差，其中速度差是指任意高度时的风速差值，对数高程差指高度的对数值之差。摩阻速度大，降低风速的作用大。试验结果表明，冬油菜等的春季地表覆盖对减弱土壤风蚀量具有良好的效果。试验风速下风蚀程度最轻的是冬油菜，风蚀模数为 22.3kg/（$hm^2 \cdot h$），其次是冬小麦，为 23.3kg/（$hm^2 \cdot h$），麦茬为 83.5kg/（$hm^2 \cdot h$），裸露处理最大，为 543.6kg/（$hm^2 \cdot h$）。在距地面 20cm 的高度内，各处理风蚀物的输送量，以冬油菜最小，仅为 0.113g/min，分别为裸露地、麦茬、冬小麦处理的 1/206、1/1.66 及 1/1.04。即在 14～22m/s 的风速下（相当于 8 级大风），冬油菜的风蚀量为 1.49kg/亩·h，而裸露地表每小时风蚀量达到 36.2kg/亩（表 2-5-23）。

表 2-5-23　风洞试验不同处理地表的风蚀模数

处理	总风蚀量（g /0.06m²）	集沙仪中风蚀物总量[g/（m²·min）]	风蚀模数[kg/（hm²·h）]			
			14m/s	18m/s	22m/s	平均
裸露	348.7	23.3	178.0	450.0	1212.8	543.6A
麦茬	42.2	0.2	34.6	82.0	134.0	83.5 B
冬小麦	21.8	0.1	12.2	26.0	31.8	23.3 C
冬油菜	20.3	0.1	11.2	24.0	31.6	22.3 C

北京市农技站进行的冬油菜、冬小麦、裸露地等 6 种地表类型对土壤风蚀的影响研究结果表明，不同地表处理土壤起沙量差异巨大。其中以裸露翻耕地最高，为 65.02 g/（min·m），玉米根茬地次之，为 55.08g/（min·m），比裸露翻旋地降低了 15.29%；冬小麦、小黑麦、苜蓿和冬油菜的起沙量分别为 0.78g/（min·m）、0.74g/（min·m）、0.29g/（min·m）和 0.29g/(min·m)，分别比裸露翻旋地降低了 98.80%、98.86%、99.55% 和 99.55%。

（二）冬油菜对春季地表的覆盖度的影响

试验结果表明，冬油菜地表的覆盖度、土壤含水量、起动风速分别为 95%、11.8% 和 14m/s，高于其他 3 个处理。冬油菜春季地表的覆盖度可达 95%，枯落物干重 252.5g/m²，最大吸水重 1226.3g/m²，最大蓄水量 973.8g/m²，土壤含水量为 11.8%，均最高（表 2-5-24）。

表 2-5-24　不同地表覆盖处理的效果

处理	土壤含水量（%）	覆盖度（%）	枯物干重（g/m²）	最大吸水重（g/m²）	最大蓄水量（g/m²）
冬油菜	11.8	95.0	252.5	1226.3	973.8
冬小麦	8.5	50.2	4.2	17.0	12.8
麦茬	10.1	87.4	239.1	879.5	640.4
裸露	4.2	0.0	0.0	0.0	0.0

北京市农技站对冬油菜、冬小麦、裸露地等 6 种地表类型对土壤覆盖度的研究结果表明，冬油菜、苜蓿、小黑麦、冬小麦 4 种地表类型对土壤的覆盖度分别为 90.0%、75.0%、72.0%、88.0%，而玉米根茬地和裸露翻旋地的覆盖度均为 0，冬油菜的覆盖效果最好（表 2-5-25）。

表 2-5-25　不同地表处理对土壤风蚀的影响

处理	起沙量 [g/(min·m)]	覆盖度 （%）	生物鲜重 （kg/m²）	生物干重 （kg/m²）	株高 （cm）	土壤容重 （g/cm³）
裸露翻旋地	65.02	0.00	0.00	0.00	0.00	1.46
玉米根茬地	55.08	0.00	0.24	0.17	16.63	1.55
冬小麦	0.78	88.00	6.45	1.13	36.20	1.60
小黑麦	0.74	72.00	5.52	0.92	33.67	1.69
苜蓿	0.29	75.00	0.91	0.14	22.00	1.77
冬油菜	0.29	90.00	0.83	0.07	61.33	1.71
相关系数		-0.93^{**}	-0.59	-0.51	-0.77^{*}	-0.87^{*}

*表示在 0.05 水平上显著，**表示在 0.01 水平上显著

（三）冬油菜覆盖对土壤肥力的影响

1. 风蚀对不同茬口土壤有机质、碱解 N、速效 P、速效 K 损失量的影响

甘肃农业大学分析结果，裸露土壤有机质、碱解 N、速效 P、速效 K、过氧化氢酶、脲酶、碱性磷酸酶、转化酶及微生物总数损失量均显著地高于其他覆盖处理。冬油菜覆盖处理的土壤养分、酶活性、微生物总量等诸多方面的相对损失量最小（表 2-5-26，表 2-5-27）。

表 2-5-26　不同处理风蚀前后的土壤养分、酶和微生物总数的损失量均值

处理	有机质 （%）	碱解 N （g/g）	速效 P （g/g）	速效 K （g/g）	过氧化氢酶 （ml/g）	脲酶 （g/g）	碱性磷酸酶 （g/g）	转化酶 （mg/g）	微生物总数 （×10⁵个/g）
冬油菜	0.31^{**}	0.59^{*}	2.11^{*}	3.43^{**}	0.23^{**}	2.34^{**}	3.51^{**}	0.06^{**}	5.72^{**}
冬小麦	0.35^{**}	0.91^{*}	2.53^{*}	3.64^{**}	0.14^{**}	2.52^{**}	3.83^{**}	0.05^{**}	6.26^{**}
麦茬	0.62^{**}	0.63^{*}	2.64^{*}	3.33^{**}	0.15^{**}	2.37^{**}	3.45^{**}	0.05^{**}	6.01^{**}
裸露	9.00	4.72	5.51	51.42	9.68	26.40	22.76	0.37	154.24

*表示在 0.05 水平上显著，**表示在 0.01 水平上显著

冬油菜地表 1g 风干土的土壤有机质、碱解 N、速效 P、速效 K、土壤过氧化氢酶、脲酶、碱性磷酶、转化酶活性和微生物量等的损失量分别是裸露地的 1/6、1/8、1/3、1/2.6、1/15、1/64、1/11、1/6 和 1/26。每单位面积耕地主要土壤养分损失量，冬油菜与春播处理也存在巨大差异（表 2-5-27）。

2. 冬油菜茬口与其他茬口土壤肥力比较

冬油菜茬是优质茬口，甘肃农业大学分析结果，冬油菜茬口全 N、全 P、有机质、碱解 N、速效 P 等均高于马铃薯、玉米、小麦、蚕豆等茬口；尤其是速效 P，含量远远高于马铃薯、玉米、小麦、蚕豆等茬口（表 2-5-28）。

表 2-5-27　在沙尘暴（8 级大风）影响下每亩耕地土壤养分损失量

项目	数值	冬油菜	冬小麦	麦茬	裸露（CK）
有机质	损失绝对值（kg）	0.004 609	0.005 437	0.034 513	3.261 6
	较 CK 减少值（kg）	3.256 991	3.256 163	3.227 087	—
	为 CK 的（%）	0.141 3	0.166 7	1.058 2	—
碱解 N	损失绝对值（kg）	0.000 877	0.001 414	0.003 507	0.171 053
	较 CK 减少值（kg）	0.170 176	0.169 639	0.167 546	—
	为 CK 的（%）	0.512 7	0.826 6	2.050 2	—
速效 P	损失绝对值（kg）	0.003 137	0.003 930	0.014 696	0.199 682
	较 CK 减少值（kg）	0.196 545	0.195 752	0.184 986	—
	为 CK 的（%）	1.571	1.968 1	7.359 7	—
速效 K	损失绝对值（kg）	0.005 099	0.005 654	0.018 537	0.183 461
	较 CK 减少值（kg）	0.178 362	0.177 807	0.164 924	—
	为 CK 的（%）	2.779 3	3.081 9	10.104 1	—

表 2-5-28　冬油菜茬口与其他茬口土壤肥力比较

茬口	数值	全氮（N）（g/kg）	全磷（P）（g/kg）	全钾（K）（g/kg）	有机质（g/kg）	碱解 N（mg/kg）	速效 P（mg/kg）	速效 K（mg/kg）	pH
油菜茬	含量	0.92	1.003	20.463	15.255	55.073	25.72	234.375	8.49
	为 CK 的百分比（%）	111.79	108.08	99.26	118.2	107.3	196.59	149.4	99.1
马铃薯茬	含量	0.795	0.865	20.823	11.495	46.858	9.595	115.25	8.313
	为 CK 的百分比（%）	96.60	93.21	101.01	89.04	91.31	73.34	73.47	97.02
玉米茬	含量	0.765	0.88	19.815	11.008	42.833	5.725	80.5	8.625
	为 CK 的百分比（%）	92.90	94.83	96.12	85.27	83.46	43.76	51.32	100.67
春麦茬（CK）	含量	0.823	0.928	20.615	12.91	51.32	13.083	156.875	8.568
	为 CK 的百分比（%）	100	100	100	100	100	100	100	100
冬麦茬	含量	0.815	0.905	20.818	12.755	45.808	15.915	162.375	8.545
	为 CK 的百分比（%）	99.0	97.52	100.98	98.80	89.26	121.65	103.51	99.73
蚕豆茬	含量	0.878	0.94	21.118	13.405	51.278	12.708	117.25	8.505
	为 CK 的百分比（%）	106.68	101.29	102.44	103.83	99.92	97.13	74.74	99.27

第三章　我国冬油菜与春油菜产区新分界

第一节　我国油菜栽培简史与生产概况

一、油菜栽培简史

油菜是我国第一大油料作物，全国（除海南）均有油菜栽培，包括白菜型油菜、芥菜型油菜和甘蓝型油菜三种类型。白菜型油菜起源于我国，古时称为芸薹，是我国栽培历史最为古老的一个油菜种，芥菜型油菜也是原产于我国的古老油料作物。现在我国种植面积最大的甘蓝型油菜，则是 20 世纪 30～40 年代由日本和欧洲引进。

我国油菜栽培史可追溯到史前时期，是油菜栽培历史最悠久的国家。西安半坡新石器时代遗址中发现的油菜种子（芥菜或芜菁）距今有 6000～7000 年历史。我国春秋时期的《诗经》一书中载有"采葑采菲"之句，葑即蔓菁、芥菜之类，表明 2500 多年前已有油菜的记载。

后汉时期著作《通俗文》（服虔，公元 2 世纪）中记载"芸薹谓之胡菜"。明代李时珍的《本草纲目》（公元 1578 年）中写道，"芸薹，方药多用，诸家注亦不明，今人不识为何菜，珍访考之，乃今油菜也"，表明"芸薹"就是油菜，在我国已有 1800 多年历史。

油菜栽培技术的记载最早见于南北朝时期贾思勰的《齐民要术》（公元 534 年），但是《齐民要术》记载当时为取籽而栽培的作物种类较多，其中以榨油为目的的作物有胡麻、麻子、芜菁、荏子等，油菜是否为油料作物，未明确表述。唐代《唐本草注》（公元 659 年）提出芸薹除用作蔬菜外，还可用它的种子榨油。宋代《图经本草》（公元 1061 年）一书开始用"油菜"这一名称，并对油菜的利用价值作了详细描述，"出油胜诸子。油入蔬清香。造烛甚明，点灯光亮。涂发黑润。饼饲猪易肥。上田壅苗堪茂"。可见，早在 1300 多年前我国对油菜的利用已经有了较详细的记载。说明我们的先人已认识到油菜籽具有出油率高、经济价值高、用途广等优点。

宋代以来我国南方实行稻、麦两熟制，油菜也随之采用两熟制，至元代，稻、油两熟已很普遍。《务本新书》（13 世纪中期）记载了油菜和水稻轮作的栽培方法，"十一月种油菜，稻收毕，锄田如麦田法，既下菜种，和水粪之"。14 世纪《王祯农书》（公元 1313 年）和鲁明善的《农桑衣食撮要》（公元 1314 年）比较准确地描述了冬油菜的栽培技术。至 15 世纪初，油菜栽培已遍及全国，江南地区油菜生产开始采用育苗移栽栽培技术。15 世纪末到 16 世纪初邝璠编写的《便民图纂》（公元 1502 年）总结了油菜育苗移栽方法。17 世纪初的《月令广义》（公元 1661 年）、《汝南圃史》（公元 1620 年）及明朝徐光启所著《农政全书》（公元 1618 年），详尽地记载了南方特别是江、浙一带栽培和利用冬油菜的经验。

　　明朝宋应星的《天工开物》（公元 1637 年）完整地总结了油菜籽榨油方法。清乾隆年间的文溯阁《四库全书》也有油菜籽榨油的详尽记载。至清朝，农民通过生产实践对油菜生产与其它农作物的关系有了更好的认识和理解，肯定了油菜是粮食作物的良好前茬。《沈氏农书》（公元 1635 年）、《三农纪》（公元 1760 年）、《齐民四术》（公元 1846 年）、《耕心农话》（公元 1852 年）等书在总结油菜直播、点播、撒播、移栽等栽培技术的基础上，总结了油菜和稻、麦、棉、豆类及其它作物轮作、复种、间作、套种的优点与技术。《齐民四术》指出，冬季作物"宜三分之，二分植麦，一分植菜子。菜子冬、春之交，采充蔬，多可卖。亩收子二石，可榨油八十斤，得饼二十斤，可粪田三亩，力庇二熟"。《冈田须知》（1914）指出，"小麦田底瘦，油菜田底肥。且油菜收子既多而又贵也"。当时由于油菜收成好，菜籽价格高，沿长江南北种植油菜的比例较大。

　　综上所述，我国油菜栽培是由蔬菜栽培开始的，由取叶、取薹而食，逐步发展到收籽榨油。油菜栽培地区从西北边疆到北方旱作区，逐步扩大到南方各地，并逐渐形成西北地区春油菜区和以长江流域为中心的冬油菜区。

二、油菜生产概况

　　油菜用途广，适应性强，除非洲少数地区外，在世界各地几乎都有栽培。我国是世界上油菜分布最广、种植面积最大的国家。油菜面积在各种油料作物（油菜、花生、芝麻、向日葵、胡麻）中居第一位。总产量仅次于花生而居第二位（表 3-1-1）。2012 年全国油菜面积达到 11 148 万亩，亩产量 125.65kg，总产量占油料作物总产量的 40.76%。

表 3-1-1　我国油料作物产量及其在油料作物中所占比率（2012 年）

年份	花生（万 t）	油菜籽（万 t）	芝麻（万 t）	向日葵（万 t）	胡麻（万 t）	油菜籽产量所占比率（%）
1950	173.93	68.27	28.66	—	—	25.2
1955	262.60	96.94	46.35	6.58	—	23.5
1960	80.50	74.64	15.14	4.8.0	10.50	41.3
1965	192.80	108.86	25.58	—	—	33.3
1970	214.85	95.19	26.31	—	—	28.3
1975	227.04	153.53	20.82	—	21.66	36.3
1980	360.04	233.37	25.82	90.98	27.18	31.6
1985	666.4	560.7	69.1	137.2	145.00	35.5
1990	636.8	695.8	46.9	233.7		41.13
1995	1023.5	977.7	58.3	190.8		43.45
2000	1443.7	1138.1	81.1	291.9		38.52
2005	1434.2	1305.2	62.5	275.2		42.42
2010	1564.4	1308.2	58.7	298.8		40.50
2012	1669.2	1400.7	63.9	300.00		40.79

　　我国油菜种植主要分布在湖南、湖北、四川、江西、安徽、重庆、云南、贵州、上海、江苏、浙江、安徽、河南、陕西、甘肃、内蒙古、新疆及山西、西藏、河北、山东等省区南部地区。其中湖南、湖北、四川、江西、安徽种植面积最大。2012 年（表3-1-2），湖南、湖北、四川、江西、安徽 5 省种植面积为 6767.25 万亩，总产为 833.8 万 t，五省占全国油菜总面积和油菜籽总产量的比重分别为 60.71% 和 59.53%。其中湖南种植面积为 1801.95 万亩，总产量 178.6 万 t，分别占全国的 16.16% 和 12.75%；湖北种植面积为 1750.95 万亩，总产量 230.0 万 t，分别占全国的 15.71% 和 16.42%；四川种植面积 1472.1 万亩，总产量 222.1 万 t，分别占全国的 13.21% 和 15.86%；江西种植面积为 827.85 万亩，总产量 68.8 万 t，分别占全国的 7.43% 和 4.91%；安徽种植面积为914.4 万亩，总产量 134.3 万 t，分别占全国的 8.20% 和 9.59%。

表 3-1-2　2012 年我国油菜生产区的种植面积、产量与 1978 年比较

产地	面积（万亩）		亩产（kg）		总产（万 t）		2012 年比 1978 年增加（%）		
	2012 年	1978 年	2012 年	1978 年	2012 年	1978 年	面积	亩产	总产
全国	11 148.00	3 899.55	125.65	47.90	1 400.70	186.80	185.88	162.30	649.84
四川	1 472.10	556.95	150.87	79.36	222.10	44.20	164.31	90.11	402.49
云南	421.80	134.85	126.84	23.73	53.50	3.20	212.79	434.51	1 571.88
贵州	745.50	281.85	104.90	25.90	78.20	7.30	164.50	305.01	971.23
陕西	303.15	109.65	131.62	36.48	39.90	4.00	176.47	260.80	897.50
河南	570.60	257.55	153.52	28.73	87.60	7.40	121.55	434.35	1 083.78
湖北	1 750.95	247.95	131.36	43.15	230.00	10.70	606.17	204.43	2 049.53
湖南	1 801.95	351.15	99.11	42.43	178.60	14.90	413.16	133.57	1 098.66
上海	10.95	75.75	136.99	151.82	1.50	11.50	−85.54	−9.77	−86.96
江苏	631.95	233.85	172.64	88.09	109.10	20.60	170.24	95.98	429.61
浙江	248.40	263.40	129.23	78.59	32.10	20.70	−5.69	64.44	55.07
安徽	914.40	346.05	146.87	50.86	134.30	17.60	164.24	188.77	663.07
江西	827.85	261.45	83.11	26.01	68.80	6.80	216.64	219.53	911.76
重庆	306.90	107.06	122.84	56.33	37.70	6.03	186.66	118.07	525.21
青海	240.00	85.05	143.75	49.38	34.50	4.20	182.19	191.09	721.43
甘肃	262.50	55.65	129.14	43.13	33.90	2.40	371.70	199.42	1 312.50
内蒙古	406.05	75.75	75.61	11.88	30.70	0.90	436.04	536.45	3 311.11
新疆	89.40	136.35	125.28	24.20	11.20	3.30	−34.43	417.69	239.39
西藏	35.85	15.75	175.73	50.79	6.30	0.80	127.62	245.99	687.50
河北	28.50	38.10	105.26	13.12	3.00	0.50	−25.20	702.29	500.00

　　我国油菜生产发展较快，油菜面积从 1949 年的 2272.5 万亩增加到 2012 年的 11148.0 万亩，增加近 5 倍；亩产量从 1949 年的 32.5kg/亩提高到 2012 年的 125.7kg/亩，增加 2.87 倍；总产量从 73.4 万 t 提高到 1400.7 万 t，增加 18 倍。1949～2012 年油菜面积、亩产和总产量年平均增长率分别为 390.56%、286.77% 和 1808.31%（表 3-1-3）。

表 3-1-3 1949～2012 年我国油菜生产发展情况

年份	面积		单产		总产	
	万亩	比 1949 年增减（%）	kg/亩	比 1949 年增减（kg）	万 t	比 1949 年增减（%）
1949	2 272.5	—	32.5	—	73.4	—
1950	2 134.6	−6.1	32.0	+0.5	68.3	−7.0
1951	2 350.6	3.4	33.0	+0.5	77.8	6.0
1952	2 794.6	23.0	33.5	+1.0	93.2	27.0
1953	2 500.7	10.0	35.0	+2.5	87.9	19.7
1954	2 559.6	12.6	34.5	+2.0	87.8	19.6
1955	3 507.0	54.3	27.5	−5.0	96.9	32.1
1956	3 247.8	42.9	28.5	−4.0	92.3	25.7
1957	3 461.9	52.3	25.5	−7.0	88.8	20.9
1958	3 432.1	51.0	29.0	−3.5	99.9	36.1
1959	3 046.4	34.1	30.5	−2.0	93.6	27.5
1960	3 623.1	59.4	20.5	−12.0	74.6	1.7
1961	2 201.1	−3.1	17.0	−15.5	37.9	−48.3
1962	2 042.1	−10.1	24.0	−8.5	48.8	−33.5
1963	2 165.4	−4.7	24.0	−8.5	51.8	−29.4
1964	2 683.6	18.1	35.0	+2.5	93.9	27.9
1965	2 733.1	20.3	40.0	+7.5	108.9	48.3
1966	2 622.0	15.4	34.5	+2.0	90.6	23.5
1967	2 497.0	9.9	40.5	+8.0	100.7	37.2
1968	1 107.2	−51.3	43.0	+10.5	90.5	23.3
1969	2 140.7	−5.8	41.0	+8.5	87.8	19.6
1970	2 180.5	−4.0	44.5	+12.0	95.2	29.7
1971	2 424.0	6.7	51.0	+18.5	123.3	68.0
1972	2 949.5	29.8	47.5	+15.0	139.7	90.4
1973	3 143.6	38.3	43.0	+10.5	135.3	84.3
1974	3 094.6	36.2	44.5	+12.0	138.2	88.3
1975	3 469.7	52.7	44.0	+11.5	153.5	109.1
1976	3 519.3	54.9	38.5	+6.0	134.8	83.6
1977	3 326.2	46.4	35.0	+2.5	117.05	59.4
1978	3 899.5	71.6	48.0	+15.5	186.8	154.5
1979	4 141.3	82.2	58.0	+25.5	240.2	227.2
1980	4 266.2	87.8	56.0	+23.5	238.4	224.7
1981	5 701.0	150.9	71.5	+39.0	406.5	453.8
1982	6 182.5	172.1	91.5	+59.0	565.6	670.6
1983	5 504.1	142.2	78.0	+45.5	428.7	484.0
1984	5 119.7	125.3	82.0	+49.5	420.5	472.9
1985	6 741.2	196.6	83.0	+50.5	560.7	663.9
1990	8 254.5	263.23	84.3	+51.8	695.8	847.96
1995	10 360.5	355.91	94.4	+61.9	977.7	1 232.02
2000	11 241.0	394.65	101.3	+68.8	1 138.1	1 450.54
2005	10 917.0	380.40	119.6	+87.1	1 305.2	1 678.20
2010	11 055.0	386.47	118.3	+85.8	1 308.2	1 682.29
2012	11 148.0	390.56	125.7	+93.2	1 400.7	1 808.31

第二节　我国冬油菜与春油菜产区分界的历史概述

一、冬、春油菜产区分界

　　油菜是我国分布最为广泛的作物之一。北至黑龙江大兴安岭地区，南迄广东，西起新疆克孜勒苏柯尔克孜自治州的乌恰县，东抵华东、华北各省，从海拔 0.0m 的平原到海拔 4630m 的西藏高原都有油菜栽培。由于我国幅员广阔，东西南北不同，各地区自然生态条件差异悬殊，油菜品种类型和栽培制度、栽培技术极具多样性和复杂性，春夏秋冬均有油菜播种和收获。

　　我国油菜生产根据播种季节的不同分为冬油菜和春油菜两大产区。以山东南部、河北南部、晋南、延安南部到甘肃陇东南部、陇东南（天水）为界，以南为冬油菜区，以北为春油菜区。山东南部、河北南部、晋南、延安南部到甘肃陇东南部、天水附近为冬油菜和春油菜过渡地带（图 3-2-1）。

图 3-2-1　我国冬、春油菜产区分界示意图

（一）冬油菜

　　我国油菜生产以冬油菜为主，种植面积约 10 000 万亩左右，占全国油菜种植面积的 90% 左右，分布在上海、江苏、浙江、安徽、湖北、湖南、江西、福建、广东、广西、河南、山东、云南、贵州等省（市、自治区），以及四川雅安以东、陕西延安以南、甘肃陇东南部、平凉东部和天水、山西南部、河北与山东等省南部地区，新疆伊犁河谷、西藏林芝周边河谷地带也有冬油菜种植。以长江流域及其支流、太湖、鄱阳湖、洞庭湖冲积平原及四周的低山丘陵地区最为集中，其中湖南、湖北、四川种植面积最大。

（二）春油菜

我国春油菜种植面积 1000 万亩左右，约占全国油菜种植面积的 10%左右，分布在内蒙古、青海、西藏、四川西部、甘肃河西走廊与西南部高寒区及新疆阿勒泰、伊犁等高寒地带。其中以青海、内蒙古较为集中。据统计，2012 年青海种植面积 240.0 万亩，总产量 34.5 万 t；内蒙古种植面积 406.05 万亩，总产量 30.7 万 t，其中以呼伦贝尔种植最为集中，播种面积常年均在 200 万亩左右，机械化生产水平高，品质优良，单产水平高，是我国著名的春油菜产区。西藏以雅鲁藏布江中游较为集中，播种面积与总产量分别为 35.8 万亩和 6.3 万 t，在全国所占比重极小。

我国还有夏种秋收的夏油菜。夏油菜在我国种植历史不长，零星分布在冬季温度低，夏季温度较高，热量条件较好，油菜既不能越冬，也不能过夏的中温带，如青海民和、甘肃河西走廊及新疆准噶尔盆地和塔里木盆地四周农区。夏油菜主要是为了充分利用秋季光、热、水资源，春、夏复种，一年收两季油菜；或在小麦收获后复种油菜。甘肃武威及兰州、白银等地春小麦收后复种白菜型春油菜，产量为 50kg/亩左右。

二、传统油菜区划概要

中国油菜产区划分最早见于四川省农业科学院主编的《中国油菜栽培》（农业出版社，1964），依各地区自然条件（地势、地形、土壤，以及油菜生育期中的气温、降水量等有关气象因素）、作物种植结构、栽培制度及其生产特点、油菜品种生态型等相关因素，把油菜产区划分为冬油菜与春油菜两大产区，春油菜区再分别划分为青藏高原、蒙新内陆、东北平原 3 个亚区，冬油菜区分为华北关中、长江中游、长江下游、四川盆地、云贵高原、华南沿海 6 个亚区。1982 年，刘后利在其主编的《实用油菜栽培学》中也沿用这一分区。刘后利将冬、春油菜的分界线描述为，"冬油菜和春油菜 2 个大区的分界线，大抵东起山海关，经长城西行，沿太行山南下至五台山，经陕北过黄河，越鄂尔多斯高原南部，自贺兰山东麓转向西南，经六盘山，再向西至白龙江上游，穿过横断山区，沿雅鲁藏布江下游转折处至国境线。整个分界线略似"厂"字形。其大转折处约在银川平原接贺兰山东麓处。这条线以西以北为春油菜大区；以东和以南为冬油菜大区"。实际上，这个冬、春油菜分界线过于偏北，华北中部及银川平原等地未见有冬油菜栽培的记载与报道，当时冬、春油菜的实际分界线应当为：以山东南部、河北南部、山西南部、陕西延安南部与陇东南部、天水秦州为界，以北为春油菜区，以南为冬油菜区，天水为冬、春油菜过渡区。1982 年，中国农业科学院油料作物研究所张勋利在《中国油菜栽培学》中将中国油菜产区划分为 8 个一级区和 22 个二级区，这个区划过细，不便生产应用。

这里引用四川省农业科学院与刘后利对油菜产区的划分对我国传统的油菜区划概述如下。

（一）春油菜区

春油菜区包括内蒙古、新疆、青海、西藏、四川西部、甘肃河西走廊及西南部、山西北部、陕西北部、河北坝上地区及黑龙江等省区，春油菜区的南界为冬、春油菜的分界线，以青海、内蒙古面积最大，分布最为集中。2012 年，本区油菜面积约 1071.8 万亩，其中春油菜 876.3 万亩，占全国油菜播种面积的 10%左右。

本区的气候特点为冬季严寒，无霜期短，昼夜温差大，降水量少且集中在 7 月、8 月、9 月，地区间降水量差异也较大，在 200~800mm 之间。日照时间长，日照强度大。一年一熟，1 月最低平均气温一般为−40~−10℃或更低，冬油菜不能越冬，油菜春种秋收。本区是我国白菜型油菜和芥菜型油菜的原产地，新疆是我国芥菜型油菜最为集中的地区，青海、甘肃一带的白菜型油菜则是我国历史上栽培最早的白菜型油菜，芥菜型油菜与白菜型油菜春性强、生育期短。1976 年左右从加拿大引进单低、双低甘蓝型春油菜，现在甘蓝型油菜已成为生产上的主导品种。本区地域辽阔，分为青藏高原、蒙新内陆、东北平原 3 个春油菜亚区。

1. 青藏高原春油菜区

本亚区位于我国西部，包括青海和西藏全部，甘肃西南部与河西走廊祁连山北麓，四川甘孜、阿坝，北部以阿尔金山和祁连山与蒙新内陆亚区为界。本亚区为我国主要的春油菜产区，以青海东部（互助、门源、大通、湟源）、甘肃西南部（临夏、甘南）和河西走廊祁连山北麓（民乐、山丹）及西藏雅鲁藏布江中游分布最为集中。本亚区海拔较高，油菜多种植于海拔 2500m 左右的水浇地上，祁连山区多种植于海拔 2700~3000m 的山地，西藏高原多种植于海拔 3500~4000m 的河谷地带。本亚区气候类型复杂多样，高寒是其主要特点：一是气温低，活动积温少，日较差大，年平均气温 3~7℃，最暖月平均气温也低于 10℃（甚至低于 6℃）；二是空气稀薄，含尘量小，光能资源丰富，是我国太阳辐射量最多的地区，大部分地区年日照时数达 2600~3000h；三是年降水量相对丰富，一般 300~600mm，局部地区高达 700mm 以上，其中 90%集中在 7~9 月。昼夜温差大，有利于种子发育和油分积累，因而本亚区油菜千粒重大、含油量高。本亚区甘蓝型、白菜型与芥菜型三大类型油菜并存，海拔 2700~3000m 的祁连山区高寒山地多种植白菜型油菜，西藏高原白菜型与芥菜型油菜并存，甘肃、青海海拔 2400~2600m 的灌溉区以甘蓝型油菜为主导品种，白菜型油菜次之，芥菜型油菜零星种植。

本亚区油菜一年一熟，多与小麦、青稞、豌豆、马铃薯等作物轮作，而且海拔越高，油菜种植比重越大。

2. 蒙新内陆春油菜区

本亚区位于我国西部和北部，由阴山南麓至呼和浩特向西南沿河套平原边缘至祁连山—阿尔金山—昆仑山一线以西以北，包括新疆全部，甘肃河西走廊，宁夏河套平原，以及内蒙古西部与中部、山西雁北地区和河北坝上地区。

本亚区东部为蒙古高原向青藏高原和黄土高原过渡地带，内有鄂尔多斯高原和阿拉善高原，大部分是荒漠和半荒漠，只有在水源较为丰富的地区为农耕区，河套平原和河西走廊的绿洲水土条件较好。本亚区西部的新疆，四周高山环绕，天山横贯中部，山间有许多宽阔平坦的盆地和谷地，属灰棕荒漠地带。本亚区因地处内陆，海洋季风影响微弱，属半干旱、半荒漠大陆性气候。其特点是：热量不足，冬季严寒，春温上升迅速且多变，夏季炎热，秋温下降迅速，气温年较差、日较差和年际变化都很大，年降水量一般在 200mm 以下，低的仅 10mm 左右，其中 70%集中于夏秋季，春季降雨特少，区内热量条件较好（≥10℃积温 2600～4500℃），光能资源丰富，日照充足，年日照时间大多在 2600～3000h 间，气温日较差大，灌溉水源的年度变化小。

本亚区主要限制条件是干旱少雨，蒸发量大（在 2000mm 以上），湿度小，风沙大，且有干热风危害。但是，≥10℃活动积温大多在 3000℃左右，热量条件一季有余，二季不足，日照充足，昼夜温差大。河西走廊有祁连山，冰雪资源提供灌溉水源。北疆是我国最寒冷的地区之一，年平均气温 5℃左右，最冷月平均气温–15℃左右，极端最低温达–50℃，与南疆比较，≥10℃的活动积温低，无霜期短，油菜苗期易受冻，也影响后期发育。但天山北坡处于逆风面，雨雪和冰川较多，阿尔泰山、天山山地降水量可达 600mm 左右，水资源丰富，且积雪深厚，一般在 10cm 以上。

本亚区为一年一熟制，油菜多与小麦、玉米、马铃薯等作物轮作。油菜生产遍布各农区，以山间盆地和谷地较集中，甘蓝型、白菜型与芥菜型三大类型油菜并存。4 月至 5 月上旬播种，8 月中下旬收获。品种以耐旱的芥菜型油菜为主，也有少量白菜型油菜和甘蓝型油菜。

本亚区也有少量夏油菜和冬油菜。夏油菜一般为早熟的白菜型油菜，一般 7 月底以前小麦收获后复种白菜型油菜，10 月上旬收获。伊犁河谷西部冬季有积雪的地方有冬油菜，8 月下旬至 9 月上旬播种，翌年 6 月中下旬成熟，生育期 280 天左右。

本亚区地域辽阔，气候冷凉，昼夜温差大，光能资源丰富，雨水不足、低温、干旱风沙是油菜生产的主要威胁。

3. 东北平原春油菜区

本亚区南起辽东半岛，包括辽宁、吉林、黑龙江与内蒙古的呼伦贝尔市、哲里木盟和大兴安岭地区。本亚区幅员辽阔、地形复杂、气候差异大。由于纬度高，冬季漫长，干燥而严寒，春季风大雨少，夏季短促，秋季降温较快，寒潮早，易发生早霜危害。年平均气温–5.5～4.2℃，最暖月平均气温 16.5～22℃，最冷月平均气温–16.0～–5℃，≥10℃日数为 87～140 天，年有效积温 1300～2300℃，年日照时数 2400～3200h，年降水量623.4mm 左右，由东北向西南逐渐减少，70%为夏季降雨。

本亚区气候冷凉，≥10℃年有效积温在 2300℃以下。以大兴安岭山地构成主体部分，平均海拔 1100～1400m，大兴安岭以西为呼伦贝尔高原，以海拉尔台地为主体构成辽阔草原，东北部为小兴安岭山地和黑龙江沿岸平原。亚区内土壤肥力较高，年降水量较多，年际间比较稳定，且水热同季，气候冷凉，气候条件适宜于一年一熟春播油菜生长发育。尤其是地处寒温地带的东北部，雨水较为丰富，土地辽阔，光能资源丰富，油菜生产以呼伦贝尔市较为集中，是我国重要的春油菜产区，也是最年轻的油菜产区。

（二）冬油菜区

我国冬油菜分布在湖南、湖北、四川、江西、安徽、江苏、河南、贵州、浙江、上海、云南等省（市），四川雅安地区以东，甘肃东南部、陕西延安以南、山西、河北等省南部地区，以及新疆伊犁河谷、西藏林芝河谷地带。以长江流域最为集中，其中湖南、湖北种植面积最大。该区划分为如下 6 个亚区。

1. 关中黄淮流域冬油菜区

本亚区北界为春油菜大区南界，西至甘肃东南部，南起秦岭，包括豫西丘陵山地、关中平原、甘肃天水秦州区及庆阳南部、平凉东部与微成盆地、山西南部、河北南部、河南大部、山东南部，江苏、安徽两省淮河以北地区，南连长江流域北界，北以最冷月平均气温–2℃的等值线为北界。

本亚区西部主要是山地、丘陵与山间盆地。关中平原土壤条件好，豫西主要是丘陵山地坡地，石多土薄，灌溉困难。全区光、热、水分条件属南北过渡类型（即由暖温带向亚热带过渡，由半湿润、半干旱向湿润过渡），年平均气温10.6～15.1℃，最冷月最低温平均为–2～–1℃，最冷月平均气温为 1～2℃，极端最低温–23.3～–11.5℃，年日照时数1600～2600h，无霜期187～236天，日平均气温稳定在0℃以下日数24～86天，年降水量538～1054mm，油菜生育期间降水量500mm左右，9月至次年5月降水量为295～526mm，降水量自北向南从西到东递增。

本亚区油菜生产以关中平原历史悠久，产量较高，但由于市场及种植业结构调整，近年来已经鲜有油菜种植。河南商丘、许昌和苏北、皖北一带，油菜多以秋播油菜作为棉花、玉米、花生、烟草、芝麻的前茬。品种主要是冬性的甘蓝型油菜品种，一般9月中下旬播种，翌年5月底前后收获，全生育期250～270天。

本亚区冬季不太严寒，油菜虽有一段明显停止生长的阶段，但冬性甘蓝型油菜品种能够安全越冬。本亚区油菜花期雨水少，病害轻，且日照时数长，昼夜温差大，有利于干物质积累，但冬季寒冷干燥，春旱且多风，气温回升快，蒸发量大，春末夏初（4～6月）常有干热风，导致籽粒干瘪，影响产量。

2. 云贵高原冬油菜区

本亚区西部和西南部以边境线为界，北以四川盆地亚区的南界为界，广西元宝山为本区北界，包括云南和贵州大部、广西桂林以北，湖南永顺、洪江以西，以及四川西南部的攀枝花等地。本亚区属于我国西南高原，地势西高东低，自然条件复杂，海拔1000～3000m，其中贵州油菜分布在海拔 1000～3000m 的地区，云南油菜分布在海拔 1400～2200m 的地区。

本亚区属高原气候，因纬度低（北纬23°～28°），1月气温多在5℃左右，由于受地形、海拔和暖气流的影响，冬无严寒，夏无酷热，湿度大，阴雨天多，日照少，最冷月平均气温绝大多数地区为 5℃左右，冬季冻害极少，油菜单产稳定，种子含油量高。油菜生产以甘蓝型油菜品种为主，芥菜型油菜品种次之。

3. 四川盆地冬油菜区

本亚区位于湖北宜昌以西，青藏高原以东，秦岭以南，武陵山、大娄山、大凉山以北，包括四川大部、重庆、湖北西部、陕西南部及甘肃的武都、文县，以中稻—油菜、薯类或烟草—油菜、玉米—油菜一年两熟为主，油菜生产以甘蓝型油菜为主，而山坡地仍有白菜型油菜栽培。

本亚区四周为高大山系所环绕，除成都平原外，绝大多数地区以丘陵山地为主。高山海拔 1000～3000m，一般盆地海拔 200～500m，气候温和湿润，相对湿度大，云雾和阴雨日多。由于封闭地形和北部秦巴山系屏障，寒潮不易入侵，冬季无严寒，冰雪少见。全年平均气温 10～18℃，最冷月均温较同纬度的长江流域中下游高出 2～4℃，多数地区 1 月最低平均气温 2～5℃，年降水量 1000～1200m，极利于秋播冬油菜的生长。

4. 长江中游冬油菜区

本亚区包括湖南、湖北、江西大部、河南信阳等地，油菜分布广，为我国冬油菜主要产地，品种为甘蓝型油菜。

本亚区长江沿线有一系列宽窄不等的冲积平原，还有星罗棋布的大小湖泊，水网纵横，雨量充足，油菜生长期间光热条件较好，但受大陆性气候影响较大。最冷月月平均气温 1～9℃，≥10℃年有效积温在 6000℃左右；春季气温回升早，变幅大，既有倒春寒的侵袭，也有高温逼熟。春雨持续时间长，渍害重，春季倒春寒影响开花传粉受精。油菜生长期菌核病重，近年根肿病发生较多，植株高大，经济系数低。

5. 长江下游冬油菜区

本亚区南抵华南，西部和北部以最冷月平均气温 1℃等值线为界，包括上海、浙江，以及安徽（除皖北）、江苏（除淮北）大部。本亚区位于长江的湖口以东，是我国油菜单产水平较高的区域。全区属亚热带，气候温和、雨量充沛，年平均温度 10.6～19.9℃，江苏 14～16℃，上海 15℃左右，浙江东南部 18℃左右，1 月平均气温大部分地区 0～4℃，上海 3℃左右，极端最低气温为 -4.5℃左右，日均温 0℃以下稳定日数为 0～40 天，≥10℃有效积温 3485～4000℃，年日照时数 950～2700h，无霜期 203～352 天，年降水量 800～1800mm，9 月至翌年 5 月大部分地区降水量在 500mm 以上。

本亚区由于近海，受海洋气候影响相当明显。冬季虽有寒潮侵袭，但过境迅速，冻害较轻；春季气温变化比较平稳，上升较慢，油菜结角期气温较低，有利于油菜生长发育，生产条件好，耕作水平高。一般以水稻为中心，油菜则大部分作为水稻的后作与水稻轮作，形成稻油两熟。在棉区则实行棉油两熟，旱地则实行与玉米、薯类等轮作。油菜品种多为冬性或半冬性甘蓝型油菜。

本亚区气候温暖湿润，冬季不甚严寒，一般半冬性品种能安全越冬，没有明显的停止生长阶段，生产条件符合油菜生长发育对环境条件的要求。但是部分地区还存在冬旱、春涝、冬季寒潮及倒春寒等不利因素。

6. 华南冬油菜区

本亚区以 1 月平均气温 9℃等值线及≥10℃有效积温 6000℃为北界，包括广东、广西和福建大部、滇南部分地区、江西赣州、贵州罗甸、望谟、册亨等地。

本亚区北接武夷山、南岭和云贵高原，地形复杂多样。以丘陵山地为主，山多地少，平原盆地有限。海拔 700m 以上的山地多为黄土，土壤养分和有机质易于分解流失。气候特点是高温高湿，太阳照射强烈，热量充足，夏长冬短，雨量充沛，年平均气温 16.3～26.4℃，最冷月平均气温 7.5～22.8℃，≥10℃积温 6000～9000℃，无霜期 270～365 天，年日照时数 1400～2900h，年降水量 820～2000mm，其中油菜生长期间降水量为 300～1300mm。

本亚区油菜生产没有集中产地，一般以油稻稻三熟制为主，品种以早熟甘蓝型品种或白菜型品种为主。由于冬季气温较高，春性强的品种能正常生长发育，但油菜生育期短，营养生长不够充分，单产低。冬性品种因低温要求得不到满足，不能完成其正常的生长发育，同时病虫害为害严重。近年来随着作物布局调整，油菜播种面积已很小。

第三节　我国冬油菜与春油菜产区新分界

超强抗寒冬油菜品种的育成应用及冬油菜北移结束了北方旱寒区不能种植冬油菜的历史，北方冬油菜生产迅速发展，原有的冬油菜与春油菜分界已经打破，形成了我国冬油菜与春油菜新分界。

一、提出我国冬油菜与春油菜产区新分界的依据

（一）北方旱寒区冬油菜区初步形成

10 多年来，超强抗寒冬油菜品种育成和应用，解决了北方冬油菜的越冬问题，冬油菜成功引入西藏，新疆阿勒泰、塔城、乌鲁木齐及南疆，青海东部，甘肃河西走廊、陇中和陇东北部，宁夏、晋中、北京、天津、河北、山东、辽宁等地种植，结束了北方旱寒区不能种植冬油菜的历史，冬油菜种植区域向北推移了 5～13 个纬度，从而在生产上形成了我国冬油菜与春油菜产区的新分界。

（二）北方旱寒区冬油菜区气候生态条件独特

北方旱寒区东西、南北跨度大，气候与生态条件差异悬殊，最大的特点是海拔高、纬度高，冬季漫长，气候严寒，干旱少雨、多风，蒸发量大，无霜期短，冬油菜越冬期气温低。例如，张掖≤0℃积温-729.55℃，极端低温-30.0℃，降水量 132.6mm，蒸发量 1986.5mm；敦煌≤0℃积温-587.75℃，极端低温-30.5℃，降水量 39.8mm，蒸发量 2591.6mm；阿勒泰冬季≤0℃积温-1612.42℃，极端低温-41.7℃，降水量 212.6mm，蒸发量 1957.8mm；乌鲁木齐≤0℃积温-1092.00℃，极端低温-30.0℃，降水量 298.6mm，蒸发量 2015.0mm；甘肃兰州≤0℃积温-307.45℃，极端低温-19.3℃，降水量 293.9mm，蒸发量 1504.8mm；靖边≤0℃积温-528.86℃，极端低温-27.3℃，降水量 384.7mm，蒸发量 1957.9mm；北京≤0℃积温-207.79℃，极端低温-17.0℃，降水量 448.9mm，蒸发量 1877.8mm。大部分地区无霜期在 160 天以下，种植制度以一年一熟制为主。这个区域的气候生态与栽培条件不同于其它冬油菜区、春油菜区。其他冬油菜区、春油菜区的品种也难以适应这样一个特殊的生态条件，形成了一个独特的冬油菜区，从而在气候生态条件上形成了我国冬油菜与春油菜产区的新分界，也使北方冬油菜区的气候生态条件与先前的冬油菜区形成了新分界。

（三）北方旱寒区冬油菜特殊的遗传型

北方旱寒区冬油菜品种是在严酷的气候与生态条件下定向适应形成适应冬季严寒、干旱的品种生态型。这种生态型不同于其它冬油菜区、也不同于其它春油菜区的品种生态型，具有感温条件严苛，春化阶段要求低温低而时间长、生长缓慢、苗期匍匐生长、枯叶期早、生长点凹等窥避不利气候生态条件的自我保护的生物学特性，这种生态型在品种种性上形成了我国冬油菜与春油菜产区的新分界。

（四）北方旱寒区冬油菜栽培技术的特殊性

北方旱寒区冬油菜区严酷的自然条件决定了冬油菜的生长发育特点为"两短一长"，即冬前期与冬后期短，越冬期长，越冬期天数占生育期天数的 50%左右。要求的冬油菜栽培技术不同于其它冬油菜区，即该区域保证冬油菜安全越冬是其栽培技术的核心，而保证安全越冬与高产的核心是秋壮春发。这种特异的生长发育特点与全新的栽培技术形成了我国北方冬油菜与春油菜产区及其他冬油菜产区在栽培技术上的新分界。

二、我国冬油菜与春油菜产区新分界

冬油菜北移使北方旱寒区成为我国具有重要发展潜力的冬油菜新产区。这个区域的北界在东北北纬 42°左右、华北与西北在北纬 40°左右、新疆在北纬 48°左右地区；而南界即原冬、春油菜过渡区，即北纬 35°左右地区。

我国北方冬油菜产区分布北缘线主要气象因子为（无积雪覆盖）：年均气温 5.69（延吉）～8.71（临河、山丹）℃，最冷月平均气温–10.7（延吉）～–9.1（临河）℃，最冷月平均最低气温–18.8（临河、山丹等地平均值）～–18.2（延吉、武威、酒泉等地平均值）℃，极端低温为–31.6（延吉、酒泉）～–27.2（临河）℃，冬季≤0℃负积温–1165.66（延吉）～–792.75（临河）℃，≥0℃积温 3307.88（延吉）～4047.51（临河）℃，≥10℃积温 2925.57（延吉）～3680.52（临河）℃。而在冬季积雪覆盖条件下，强抗寒冬油菜的适应范围更大，即在冬季积雪覆盖条件下，北方寒旱区冬油菜种植区临界气候条件为：冬季负积温–1612～–1200℃，最冷月平均最低气温–23.5℃，最冷月平均气温–15.3℃，年均气温 6℃左右，极端低温–45℃左右。

三、提出北方冬油菜与春油菜产区新分界的意义

（一）创新我国油菜生产区划

提出北方冬油菜与春油菜新分界，为研究我国油菜区划提供了依据，是我国油菜生产区划的重要创新。

（二）科学布局油料作物生产的依据

我国北方地区是春播油料作物的传统产区，冬油菜北移使冬油菜成为该区域重要油料作物，打破了原有的油料作物结构与农作物种植结构。因此，提出北方旱寒区冬油菜

与春油菜新分界，是科学布局北方油料作物的生产和农作物生产的重要依据，对改革农作物结构，扬长避短，增加油料作物产量和粮食产量具有重要意义。

（三）改革创新北方地区种植制度的依据

北方大部分地区为一季作区，春播秋收，千百年来实行传统的一年一熟制。因此，北方的晚秋至春季耕地空闲，但该区域光照资源充足，大部分地区热量资源一季有余二季不足，7～9月为雨季，春播作物7月底8月初成熟收获后有大量光热水资源未被利用。冬油菜生产在秋末早春进行，5月中下旬至6月上中旬成熟，冬油菜收获后仍有充足光热水资源，使复种后茬作物具备了较好的空间和光热水资源条件。因此，北方旱寒区冬油菜与春油菜新分界的形成，为北方地区优化种植结构、变革创新种植制度提供了依据，对农业的可持续发展、增收增效具有重大意义。

第四章 北方旱寒区冬油菜区划

第一节 北方旱寒区冬油菜区域划分的意义和原则

一、北方旱寒区冬油菜区域划分的意义

北方旱寒区东西、南北跨度大，气候与生态条件、栽培条件差异大，不同地区对品种、栽培技术的要求完全不同。对北方旱寒区冬油菜生产的地理分布、气候生态条件、生产条件进行综合分析，划分为具有不同地域特色的生产区域，有针对性地选择适宜的品种类型，制定相应的栽培技术，实行合理的作物配置和品种布局，减少盲目性，科学规划和指导生产，对充分地利用自然资源，建立新的种植制度与高效种植模式，因地制宜发展冬油菜生产，促进粮油协同增产，实现高产高效具有十分重要的意义。

二、北方旱寒区冬油菜区域划分的原则

区划的基本依据和原则如下。

（一）以近年北方冬油菜试验示范和适应性验证结果及冬油菜发展潜力为主要依据。

（二）北方冬油菜生长发育特点、生物学特性与自然生态条件、社会经济条件的相对一致性与吻合性，充分利用自然资源，保障生态环境与系统的稳定性。

（三）整体农作物结构、布局和种植制度等特点的相对一致性。

（四）北方冬油菜发展方向与关键技术措施的相对一致性。

（五）尽量保持地理与一定行政区域的完整性。

（六）在分区的命名上，除反映其地理位置外，力求在命名上反映出农业与自然地貌类型。

第二节 影响北方旱寒区冬油菜安全越冬的气候因子

一、主要热量因子

与北方冬油菜生长发育相关热量因子主要包括最冷月平均最低气温、极端低温、最冷月平均气温、≤0℃积温、年均气温、生育期气温、冬季气温、≥0℃积温、生育期≥0℃、≥10℃积温、生育期≥10℃积温等。由表 4-2-1 可以看出，北方地区共同的问题是热量不足，而且不同地区热量条件差异悬殊。例如，新疆阿勒泰≤0℃积温–1612.42℃、极端低温–41.7℃，乌鲁木齐≤0℃积温–1092.00℃、极端低温–30.0℃；山西太原≤0℃积温–335.1℃、极端低温–23.3℃；甘肃兰州≤0℃积温–307.45℃、极端低温–19.3℃，天水≤0℃积温–151.00℃、极端低温–17.4℃；西藏林芝≤0℃积温–18.31℃、极端低温–13.7℃。热量不足是冬油菜越冬的主要障碍因子。

表 4-2-1　北方冬油菜区主要气温条件

站名	年均气温（℃）	冬季气温（℃）	最冷月平均气温（℃）	最冷月平均最低气温（℃）	极端低温（℃）	≤0℃积温（℃）	≥0℃积温（℃）	≥10℃积温（℃）	生育期气温（℃）	生育期≥0℃（℃）	生育期≥10℃（℃）	无霜期（天）	最大冻土深度（cm）
日喀则	6.83	−1.15	−2.90	−10.7	−20.10	−212.79	2913.12	2270.56	5.24	1927.85	1286.26	120 以上	93.00
拉萨	7.4	1.05	−2.30	−12.1	−16.50	−70.36	3508.95	2755.87	6.95	2409.02	1655.94	100～120	132.00
江孜	5.26	−2.05	−3.90	−19.6	−23.90	−266.35	2379.00	1674.83	3.75	1524.65	843.97	110	79.00
久治	1.07	−7.40	−9.70	−22.4	−32.00	−902.42	1550.40	721.62	−0.63	900.83	315.66	180	81.00
昌都	7.83	0.08	−1.60	−15.4	−20.70	−104.30	3149.85	2429.56	6.23	2100.75	1389.84	46～162	37.00
林芝	9.09	2.75	1.00	−12.1	−13.70	−18.31	3540.31	2677.28	7.78	2496.72	1633.69	180	34.00
福海	4.66	−13.05	−18.60	−19.9	−41.00	−1759.46	3698.36	3376.34	1.06	2204.23	1882.21	156	125.00
阿勒泰	4.75	−11.15	−15.30	−23.5	−41.70	−1612.42	3421.72	3079.77	1.51	2057.15	1715.20	90～150	122.00
塔城	7.34	−8.08	−12.1	−24.7	−33.30	−1092.00	3949.14	3599.82	4.75	2486.13	2136.81	130～190	121.00
石河子	7.83	−9.50	−15.20	−18	−36.50	−1220.76	4358.02	4032.30	4.45	2664.26	2338.54	168～171	65.00
奇台	5.43	−11.85	−17.00	−22	−39.60	−1623.91	3711.33	3401.03	2.13	2277.36	1967.06	153	134.00
伊宁	9.51	−3.70	−7.80	−23.2	−33.80	−576.00	4301.99	3923.67	6.93	2821.68	2443.36	190	139.00
昭苏	3.68	−7.55	−10.70	−16.2	−31.60	−1029.89	2631.59	2131.79	1.53	1664.76	1186.45	98	94.00
乌鲁木齐	7.65	−6.3	−9.7	−15.6	−30.00	−885.04	4370.35	4063.13	4.24	2865.21	2557.99	174	79.00
焉耆	8.89	−5.70	−10.90	−31.5	−26.80	−772.01	4176.14	3806.46	6.11	2693.65	2323.97	175	99.00
吐鲁番	15.13	−1.78	−6.60	−16.5	−21.10	−415.40	6206.76	5897.96	11.79	4132.98	3824.18	268.6	92.00
阿克苏	10.83	−2.78	−7.20	−14.5	−23.20	−455.16	4729.87	4399.42	8.30	3182.56	2852.11	200～220	65.00
拜城	8.19	−6.23	−11.50	−12.3	−28.80	−874.71	3977.56	3624.37	5.59	2597.37	2244.18	133～163	52.00
库尔勒	12.03	−2.40	−6.60	−15.2	−24.40	−452.24	5105.28	4751.97	9.23	3391.82	3038.51	210	95.00
喀什	12.28	−0.70	−4.80	−13.3	−22.30	−310.28	5119.26	4770.14	9.80	3490.83	3141.71	220	186.00
若羌	12.03	−2.90	−7.20	−15.6	−21.50	−507.79	5019.42	4668.41	9.07	3278.85	2927.84	189～193	88.00
塔什库尔干	3.73	−8.30	−12.50	−12.6	−37.20	−1065.83	2570.99	1980.35	1.51	1594.72	1048.13	79	65.00
莎车	12.01	−1.10	−5.20	−10.7	−24.10	−358.30	4934.38	4588.60	9.50	3341.89	2996.11	177	71.00
和田	13.03	0.08	−3.90	−15.8	−21.00	−253.73	5383.38	5030.63	10.63	3730.93	3378.18	200～220	81.00
民丰	12.03	−1.35	−5.30	−8.2	−25.80	−344.79	5011.49	4651.02	9.48	3392.02	3031.55	194	119.00
且末	10.90	−3.28	−7.40	−15.8	−27.30	−538.57	4671.56	4312.95	8.13	3052.35	2693.74	243	120.00
哈密	10.25	−5.20	−9.80	−17.1	−28.90	−756.38	4646.62	4306.58	7.11	2941.90	2601.46	182	122.00
额济纳旗	9.39	−6.48	−10.60	−22.7	−32.60	−878.29	4531.87	4207.29	6.00	2794.33	2469.75	179～227	108.00
敦煌	9.92	−4.03	−7.90	−14.1	−30.50	−587.75	4458.44	4073.37	7.04	2842.96	2457.89	142	142.00
瓜州	9.20	−5.30	−9.20	−15.4	−26.20	−713.86	4285.27	3921.01	6.23	2700.72	2336.46	130～146	119.00
玉门镇	7.50	−5.90	−9.60	−15.3	−35.10	−816.02	3703.59	3321.72	4.71	2293.35	1911.48	135	131.00
金塔	8.75	−5.05	−8.90	−18.2	−29.60	−708.00	4137.00	3769.77	5.85	2587.37	2220.14	141	102.00
酒泉	7.79	−5.23	−8.90	−18.8	−31.6	−746.83	3754.52	3363.83	5.06	2336.49	1945.80	127～158	116.00
高台	8.09	−5.00	−8.90	−14.8	−30.60	−706.41	3889.27	3521.52	5.36	2431.22	2063.47	157	150.00
张掖	7.78	−5.35	−9.10	−24.6	−30	−729.55	3842.63	3470.27	5.08	2402.47	2030.11	153	139.00
山丹	7.02	−5.48	−8.90	−20.1	−29.80	−736.13	3471.74	3069.27	4.45	2158.35	1757.71	110	128.00
永昌	5.42	−6.10	−9.30	−23.8	−32.50	−804.87	3029.29	2594.00	3.05	1850.49	1418.71	134	116.00
武威	8.53	−3.73	−7.20	−18.2	−32.00	−520.45	4019.68	3600.96	6.01	2573.81	2155.09	85～165	115.00
民勤	8.83	−4.43	−8.10	−13.3	−29.50	−643.86	4067.38	3679.83	6.05	2560.30	2172.75	162	84.00

续表

站名	年均气温（℃）	冬季气温（℃）	最冷月平均气温（℃）	最冷月平均最低气温（℃）	极端低温（℃）	≤0℃积温（℃）	≥0℃积温（℃）	≥10℃积温（℃）	生育期气温（℃）	生育期≥0℃（℃）	生育期≥10℃（℃）	无霜期（天）	最大冻土深度（cm）
景泰	9.06	−2.78	−6.10	−17.5	−24.50	−468.98	3988.42	3556.15	6.60	2567.05	2134.78	191	134.00
皋兰	7.38	−4.83	−8.50	−18.0	−27.70	−659.98	3551.16	3119.82	4.96	2246.73	1815.39	144	88.00
兰州	10.38	−1.15	−4.50	−15	−19.30	−307.45	2866.63	3844.90	8.04	2924.05	2469.00	180	650.00
靖远	9.43	−2.83	−6.50	−10	−24.30	−467.80	4097.56	3681.08	6.95	2648.26	2231.78	165	126.00
榆中	6.96	−4.15	−7.50	−12.2	−25.80	−582.71	3296.90	2838.91	4.72	2096.36	1638.37	120	114.00
临夏	7.29	−3.08	−6.30	−13.2	−24.70	−453.04	3307.56	2820.51	5.23	2126.95	1639.90	137	91.00
临洮	7.47	−3.08	−6.60	−17.8	−27.90	−457.92	3304.48	2800.48	5.39	2141.74	1637.74	80～190	94.00
会宁	6.53	−3.53	−6.40	−12.3	−24.10	−527.50	3531.20	3089.40	4.40	2334.70	1892.90	155	212.00
华家岭	3.92	−5.38	−8.10	−11	−25.50	−785.08	2347.83	1738.53	1.89	1426.27	852.12	80	123.00
环县	9.22	−2.60	−7.40	−13.1	−25.10	−430.50	3974.18	3535.34	6.71	2551.00	2112.16	200	59.00
平凉	9.28	−1.28	−8.50	−13	−22.70	−298.67	3936.87	3449.66	7.02	2579.91	2092.70	159	49.00
西峰	9.20	−1.28	−4.20	−11.3	−21.40	−299.19	3995.14	3518.33	6.94	2629.88	2153.07	160～180	188.00
岷县	6.10	−3.13	−6.00	−17	−24.10	−432.98	2834.20	2226.66	4.24	1823.45	1220.51	123	13.00
天水	11.44	1.28	−1.50	−6.5	−17.40	−151.00	4496.95	3961.85	9.30	3151.45	2616.35	155	
麦积山	11.29	0.98	−1.70	−5.4	−17.60	−146.92	4387.17	3916.99	9.13	2971.91	2501.73	230	
西宁	6.13	−4.25	−7.30	−15.7	−23.80	−659.86	2840.33	2330.36	4.07	1782.43	1274.27	170	117.00
民和	8.30	−2.53	−5.80	−15.8	−21.00	−422.49	3699.73	3232.23	6.11	2398.58	1931.08	198	86.00
惠农	9.29	−4.08	−7.80	−14.1	−27.60	−584.62	4218.64	3844.64	6.51	2681.35	2307.35	144～165	
银川	9.53	−3.40	−7.70	−11.4	−26.10	−517.79	4304.84	3925.70	6.83	2769.86	2390.72	185	143.00
海源	7.73	−3.10	−1.00	−12.7	−25.80	−527.59	3511.42	3014.33	5.39	2230.68	1735.57	130	121.00
同心	9.51	−2.95	−6.20	−10.5	−28.30	−511.73	4089.86	3673.48	6.93	2630.46	2214.08	120～218	110.00
固原	6.92	−4.15	−6.60	−12.4	−30.90	−536.00	3399.87	2931.45	4.59	2154.54	1686.12	152	77.00
海拉尔	−0.40	−19.55	−24.80	−29.2	−42.90	−2923.09	2726.58	2401.03	−4.32	1455.62	1135.82	126	220.00
扎兰屯	3.65	−12.65	−16.50	−26.5	−34.50	−1757.62	3136.87	2823.33	0.25	1784.48	1470.94	123	235.00
杭锦后旗	7.91	−6.13	−10.30	−20	−28.40	−800.00	3838.57	3459.43	4.96	2471.73	2092.60	152	156.00
包头	7.73	−6.60	−10.60	−21.3	−27.90	−866.37	4840.49	4485.99	4.69	3012.52	2658.02	90～140	178.00
呼和浩特	7.33	−6.95	−11.00	−17	−26.60	−880.83	4097.39	3741.82	4.33	2307.20	1951.63	75～134	178.00
集宁	4.70	−8.95	−12.70	−22.2	−28.90	−1220.88	3070.98	2700.86	1.80	1805.27	1436.03	120	144.00
临河	8.1	−5.35	−9.10	−18.2	−27.20	−792.75	4047.51	3680.52	5.71	2506.96	2139.97	130	144.00
阿拉善左旗	8.69	−4.25	−11.00	−15.4	−25.20	−640.91	3973.28	3577.33	5.93	2497.27	2101.32	120～180	144.00
通辽	7.11	−8.58	−13.50	−18.3	−33.90	−1174.18	3873.45	3565.71	3.92	2372.79	2065.05	140～160	182.00
赤峰	7.82	−6.53	−18.00	−16.9	−27.80	−967.33	3821.25	3483.41	4.85	2364.37	2026.53	110～135	186.00
阜新	8.32	−6.48	−10.40	−17.2	−30.90	−965.74	3946.94	3625.11	5.32	2458.48	2136.65	154	129.00
榆林	8.78	−4.55	−7.30	−14.3	−29.70	−617.36	4023.23	3625.70	5.99	2558.48	2160.95	150	131.00
定边	8.77	−3.68	−7.90	−14	−29.10	−566.96	3991.23	3570.65	6.12	2544.18	2123.60	141	133.00
靖边	8.77	−3.33	−7.30	−12.2	−27.30	−528.86	3888.22	3470.28	6.19	2539.30	2121.36	130	118.00
横山	9.18	−3.93	−7.00	−13.6	−27.70	−618.62	4048.13	3652.17	6.44	2555.96	2160.00	146	104.00
绥德	10.09	−2.95	−7.90	−13.9	−24.10	−510.87	4244.36	3844.90	7.38	2722.09	2322.63	165	69.00
延安	10.36	−1.48	−5.90	−11.9	−23.00	−328.55	4299.44	3868.62	7.89	2825.51	2394.69	170	108.00

续表

站名	年均气温（℃）	冬季气温（℃）	最冷月平均气温（℃）	最冷月平均最低气温（℃）	极端低温（℃）	≤0℃积温（℃）	≥0℃积温（℃）	≥10℃积温（℃）	生育期气温（℃）	生育期≥0℃（℃）	生育期≥10℃（℃）	无霜期（天）	最大冻土深度（cm）
运城	14.23	2.50	−4.20	−4.7	−14.90	−116.95	5362.81	4947.39	11.74	3647.31	3231.89	217	229.00
右玉	4.23	−9.98	−14.30	−15.8	−37.30	−1281.57	3006.45	2619.33	1.28	1754.39	1369.08	104	159.00
大同	7.33	−6.48	−10.50	−17.9	−28.10	−890.73	3678.02	3305.21	4.46	2251.69	1878.88	125	107.00
河曲	8.19	−6.18	−10.80	−16.5	−32.80	−788.38	3970.87	3598.60	5.22	2464.49	2092.22	150	
五台山	2.12	−9.03	−12.10	−16.8	−32.30	−1355.18	2071.51	1517.11	−0.27	1184.94	682.91	90～150	130.00
五寨	5.38	−8.15	−8.70	−16.3	−35.40	−1034.82	3156.04	2762.02	2.57	1891.80	1499.69	120	121.00
兴县	9.14	−4.13	−12.20	−19	−26.70	−601.32	4111.01	3727.25	6.38	2607.01	2223.25	120～170	56.00
原平	9.55	−3.35	−8.20	−13.1	−25.20	−482.71	4163.31	3763.51	6.88	2674.11	2274.31	160	74.00
离石	9.54	−3.18	−6.90	−12.3	−26.00	−452.67	4194.84	3778.92	6.88	2696.47	2280.55	110～170	54.00
太原	9.89	−1.70	−7.00	−12.5	−23.30	−335.10	4401.60	3980.75	7.88	2869.43	2448.58	202	46.00
阳泉	11.50	0.05	−5.00	−10.8	−17.50	−240.44	4578.14	4132.94	9.08	3000.44	2555.24	130～180	146.00
长治	10.42	−1.45	−5.00	−12.2	−22.20	−370.24	4057.24	3637.27	7.51	2651.92	2231.95	160	48.00
西吉	5.83	−5.20	−4.70	−12.4	−32.00	−677.78	3357.51	2884.18	3.54	2210.41	1737.08	198	74.00
张北	3.62	−10.40	−14.60	−19.5	−34.30	−1431.24	2905.03	2525.76	0.71	1701.30	1325.71	90～110	154.00
蔚县	7.63	−6.63	−17.20	−20.9	−30.10	−815.59	3861.78	3480.59	4.73	2409.62	2028.43	90～137	85.00
石家庄	13.87	1.60	−7.00	−8.9	−17.40	−125.15	5378.76	4986.31	11.31	3639.27	3246.82	187	68.00
中卫	9.21	−3.23	−1.80	−5.8	−29.10	−513.70	4121.82	3726.00	6.67	2653.95	2258.13	167	139.00
中宁	9.91	−2.63	−7.20	−13.5	−26.90	−440.90	4326.76	3927.26	7.33	2804.07	2404.57	159～169	108.00
盐池	8.57	−4.20	−6.40	−12	−29.40	−692.58	3801.98	3395.05	5.85	2378.07	1971.14	148	115.00
邢台	14.33	2.28	−3.20	−12.2	−14.80	−101.68	5464.21	5077.34	11.81	3712.27	3325.40	203	121.00
朝阳	9.52	−4.95	−13.20	−17.3	−34.40	−750.20	4216.93	3886.04	6.63	2696.21	2365.32	192	115.00
张家口	9.21	−4.43	−11.20	−22.2	−24.90	−694.30	4053.69	3679.71	6.39	2554.07	2180.09	123	126.00
密云	11.26	−2.18	−8.10	−12.6	−23.30	−419.77	4589.11	4236.82	8.53	2984.80	2632.51	176	113.00
承德	8.93	−5.38	−5.90	−11.3	−27.00	−802.04	3901.11	3531.75	6.05	2446.84	2077.48	127～155	94.00
绥中	9.95	−3.08	−9.30	−7.9	−26.40	−535.30	4177.70	3815.05	7.37	2707.11	2344.46	176	93.00
兴城	9.58	−3.38	−7.10	−12.2	−27.50	−604.75	4066.30	3710.32	7.00	2622.91	2266.93	175	104.00
沧州	13.28	0.78	−7.30	−8.3	−17.90	−171.80	5120.64	4671.75	10.70	3551.90	3103.05	181	58.00
北京	13.17	0.43	−7.30	−10.7	−19.00	−390.0	5394.79	5005.61	10.56	3715.18	3326.00	180～200	87.00
天津	12.90	0.13	−3.00	−10	−18.10	−245.05	4994.92	4619.45	10.32	3323.08	2947.61	196～246	59.00
东营	13.48	1.45	−3.20	−6.8	−16.40	−136.88	5252.65	4801.08	11.68	3477.68	3026.10	206	45.00
济南	14.88	3.20	−2.70	−4.1	−14.50	−125.95	5489.01	5067.57	12.44	3772.01	3350.57	178	30.00
青岛	12.96	3.28	−3.60	−7.5	−11.70	−95.95	4896.59	4375.86	11.06	3439.56	2918.83	251	
沈阳	8.53	−6.35	−7.60	−11.9	−32.90	−1006.19	4004.45	3671.81	5.55	2508.02	2175.38	155～180	92.00
营口	9.82	−3.88	−7.40	−12.2	−28.40	−637.40	4593.42	4251.08	7.06	2752.59	2410.25	172～188	56.00
丹东	9.20	−3.18	−8.30	−17.3	−25.80	−560.36	3941.04	3565.99	6.74	2559.63	2184.58	161	61.00
庄河	9.29	−3.15	−3.20	−7.5	−28.10	−564.13	3967.43	3591.15	6.84	2580.35	2204.07	165	44.00
保定	13.29	0.65	−3.40	−12.2	−16.80	−204.50	5399.61	5012.40	10.68	3707.35	3320.14	165～210	51.00
大连	11.26	0.15	−2.70	−2.5	−18.80	−307.10	4422.87	3971.94	9.07	3003.51	2552.58	180	28.00
锦州	9.92	−3.58	−9.20	−15.1	−24.80	−570.36	4324.67	3990.53	7.24	2812.73	2478.59	144～180	121.00
白城	5.45	−11.38	−16.10	−25.8	−38.10	−1559.07	3618.26	3317.63	2.04	2152.70	1852.07	157	169.00
牡丹江	4.78	−11.53	−17.0	−22.5	−35.30	−1574.12	3394.82	3061.44	1.54	2006.81	1675.31	115～152	210.00

续表

站名	年均气温（℃）	冬季气温（℃）	最冷月平均气温（℃）	最冷月平均最低气温（℃）	极端低温（℃）	≤0℃积温（℃）	≥0℃积温（℃）	≥10℃积温（℃）	生育期气温（℃）	生育期≥0℃（℃）	生育期≥10℃（℃）	无霜期（天）	最大冻土深度（cm）
绥芬河	3.17	−11.70	−16.70	−21.7	−33.40	−1622.18	3145.23	2763.28	0.25	1998.21	1627.71	162	172.00
长春	6.13	−9.83	−13.00	−17.9	−33.70	−1382.02	3682.21	3377.10	2.92	2248.59	1943.48	140~150	184.00
吉林	5.35	−11.05	−14.70	−22	−42.50	−738.73	3528.30	3195.40	2.08	2204.55	1871.65	120~160	163.00
蛟河	4.27	−12.08	−16.70	−22.9	−41.80	−1696.05	3226.97	2875.38	1.05	1900.73	1550.12	120~130	138.00
延吉	5.69	−8.83	−10.70	−17.9	−31.60	−1165.66	3307.88	2925.57	2.87	2024.50	1645.68	160	106.00
漠河	−3.90	−24.33	−28.20	−35.5	−47.50	−3487.99	2144.66	1769.74	−8.08	1040.18	677.44	85	257.00
黑河	0.93	−17.68	−22.00	−31.5	−40.50	−2446.55	2913.85	2589.29	−2.87	1590.44	1267.40	90~120	203.00
北安	1.19	−17.78	−23.00	−20.8	−40.90	−2477.49	2990.76	2666.66	−2.59	1663.36	1340.26	90~130	187.00
克山	2.27	−16.28	−21.40	−28.2	−42.40	−2254.23	3474.83	3168.33	−1.46	1780.77	1474.27	122	208.00
齐齐哈尔	4.38	−13.18	−18.10	−24.6	−36.70	−1853.59	3462.91	3173.47	0.82	2018.47	1729.03	122~151	195.00
安达	4.19	−13.50	−18.70	−25.4	−37.90	−1855.81	3427.82	3127.39	0.63	2000.78	1700.35	130	233.00
佳木斯	4.02	−13.08	−18.00	−27.1	−35.90	−1833.76	3300.98	2971.27	0.59	1912.61	1582.90	130	189.00
哈尔滨	4.86	−12.30	−17.60	−23.4	−37.70	−1633.94	3582.24	3282.85	1.42	2126.79	1827.40	150	117.00
林西	5.17	−9.55	−16.10	−23.9	−31.30	−1359.32	3351.73	3023.94	2.10	1992.72	1664.93	120	169.00

二、主要水分因子

水分因子主要包括降水量与蒸发量。由表 4-2-2 可以看出，北方地区降水量小，地区间差异大。例如，新疆阿勒泰年降水量 212.60mm，生育期降水量 168.60mm；乌鲁木齐年降水量 298.60mm，生育期降水量 228.60mm；甘肃环县年降水量 409.50mm，生育期降水量 268.0mm；敦煌年降水量 39.8mm，生育期降水量 22.5mm。积雪天数变化大，2.6~137.7 天；同时，蒸发量大，地区间变异大，为 1209.8~3233.4mm，是降水量的 10 倍以上。

表 4-2-2　北方冬油菜区主要降水相关因素

站名	年降水量（mm）	年蒸发量（mm）	生育期降水量(mm)	生育期蒸发量(mm)	冬季降水量（mm）	冬季蒸发量（mm）	8~12月降水量(mm)	8~12月蒸发量(mm)	最大积雪厚度（cm）	积雪天数（天）
日喀则	430.40	2100.40	228.00	1642.90	1.10	412.10	204.50	669.50	6.00	2.60
拉萨	439.00	2384.70	244.20	1844.70	3.70	482.80	202.50	821.30	12.00	5.70
江孜	276.90	2387.50	152.00	1896.90	1.70	537.80	129.40	828.20	8.00	5.20
久治	732.60	1234.20	460.80	971.00	26.30	281.00	295.70	451.80	16.00	83.80
昌都	489.30	1624.90	296.30	1249.80	12.30	309.40	216.30	576.80	11.00	13.00
林芝	692.60	1794.60	429.50	1450.20	11.60	467.10	282.30	702.90	13.00	11.50
福海	131.20	1736.30	95.00	1119.50	27.40	65.00	57.50	547.00	47.00	119.10
阿勒泰	212.60	1597.80	168.60	1071.10	74.50	76.50	98.30	551.80	94.00	137.70
塔城	290.80	1744.90	235.20	1179.10	99.80	108.40	120.60	639.50	61.00	119.70
石河子	226.90	1483.80	179.50	958.40	51.70	49.00	86.10	490.30	54.00	108.30
奇台	200.90	1810.50	142.60	1212.20	34.70	75.70	79.00	654.80	37.00	126.70
伊宁	298.90	1556.80	239.90	1064.30	97.10	97.50	114.90	551.90	48.00	94.20
昭苏	507.00	1209.80	324.50	874.10	37.10	92.60	164.70	493.50	47.00	141.60

续表

站名	年降水量（mm）	年蒸发量（mm）	生育期降水量（mm）	生育期蒸发量（mm）	冬季降水量（mm）	冬季蒸发量（mm）	8～12月降水量（mm）	8～12月蒸发量（mm）	最大积雪厚度（cm）	积雪天数（天）
乌鲁木齐	298.60	2015.00	228.60	1324.10	59.70	80.00	111.40	740.20	43.00	125.20
焉耆	84.30	1896.10	49.40	1347.20	5.50	120.40	28.10	611.10	16.00	26.60
吐鲁番	15.40	2533.70	10.20	1681.10	2.30	138.80	6.40	793.20	11.00	5.70
阿克苏	80.40	1948.00	51.50	1327.20	8.30	135.50	29.10	618.50	20.00	18.00
拜城	136.60	1335.00	92.80	918.90	15.70	73.30	52.70	427.30	22.00	41.20
库尔勒	59.20	2669.80	36.60	1869.80	5.90	191.80	21.10	865.70	17.00	17.00
喀什	71.60	2242.80	53.20	1531.10	10.30	175.20	23.20	737.80	26.00	18.20
若羌	37.20	2920.50	17.10	2042.40	2.90	206.00	10.20	976.50	14.00	8.10
塔什库尔干	79.30	2191.90	45.20	1531.90	9.30	187.50	23.20	798.80	24.00	40.10
莎车	61.30	2235.60	41.00	1506.50	6.60	172.60	19.40	719.50	21.00	11.20
和田	43.90	2746.30	27.90	1964.60	5.60	280.50	11.50	939.30	11.00	9.80
民丰	44.90	2941.00	24.10	2086.50	3.40	271.00	10.10	1002.50	8.00	7.00
且末	27.60	2499.10	13.30	1804.40	1.90	209.40	6.10	885.20	5.00	5.70
哈密	43.70	2415.30	28.90	1668.80	7.60	161.70	17.70	766.30	18.00	30.20
额济纳旗	32.80	3233.40	20.90	2169.60	1.20	231.90	16.00	1091.40	7.00	9.20
敦煌	39.80	2591.60	22.50	1847.50	3.60	232.90	11.10	885.80	8.00	12.40
瓜州	49.20	2487.50	30.30	1792.20	4.80	226.10	17.70	833.10	10.00	13.70
玉门镇	66.50	2563.90	45.70	1860.60	7.20	260.90	25.40	905.80	18.00	29.90
金塔	65.40	2490.10	41.50	1774.30	5.20	240.60	26.60	860.80	8.00	21.20
酒泉	88.40	2002.00	55.60	1440.70	6.30	186.10	35.00	685.30	15.00	27.30
高台	112.30	1741.10	73.90	1253.70	8.70	159.50	47.80	569.40	10.00	26.70
张掖	132.60	1986.50	83.10	1414.00	7.00	187.90	56.10	665.80	10.00	20.70
山丹	202.70	2358.40	125.00	1719.60	11.40	245.20	85.80	867.60	10.00	31.80
永昌	211.80	2016.70	130.30	1508.30	6.70	260.80	89.80	718.90	9.00	27.80
武威	171.10	1915.10	112.70	1377.60	8.10	202.10	75.30	643.10	7.00	20.70
民勤	113.20	2662.70	73.50	1889.00	3.50	268.90	50.60	893.60	14.00	12.00
景泰	179.70	2251.30	116.00	1634.80	3.90	277.60	80.40	753.40	10.00	11.20
皋兰	245.80	1640.10	154.10	1203.50	5.00	197.70	98.90	545.00	7.00	12.80
兰州	293.90	1504.80	194.80	1054.90	6.90	144.50	129.10	472.00	7.00	12.50
靖远	223.90	1653.80	150.00	1161.40	6.40	144.70	99.40	513.40	8.00	13.40
榆中	372.40	1377.20	247.30	1001.00	10.80	168.80	160.50	472.90	11.00	27.20
临夏	501.30	1299.30	336.10	965.00	14.80	179.60	215.40	438.70	21.00	28.50
临洮	493.90	1318.30	331.00	967.00	14.90	168.10	209.60	446.40	12.00	27.70
会宁	401.70	1502.50	270.20	1084.00	21.10	195.40	169.80	508.80	15.00	48.90
华家岭	451.10	1286.20	295.90	936.90	19.90	200.80	188.40	426.60	20.00	68.90
环县	409.50	1702.40	268.00	1204.20	16.50	205.30	184.70	536.60	15.00	21.90
平凉	480.60	1443.20	308.80	1060.00	19.80	216.20	212.60	462.70	13.00	23.20
西峰镇	527.60	1466.80	349.90	1059.20	28.80	210.40	235.50	476.80	23.00	36.00
岷县	556.30	1229.10	369.90	926.50	14.90	198.10	231.20	441.10	14.00	32.50

站名	年降水量（mm）	年蒸发量（mm）	生育期降水量(mm)	生育期蒸发量(mm)	冬季降水量（mm）	冬季蒸发量（mm）	8～12月降水量(mm)	8～12月蒸发量(mm)	最大积雪厚度（cm）	积雪天数（天）
天水	500.70	1462.40	342.70	1051.20	25.90	196.80	223.50	483.40	17.00	16.00
麦积山	503.20	1297.20	343.80	926.00	22.40	167.90	229.40	427.90	12.00	14.70
西宁	398.80	1442.60	253.80	1061.10	9.10	187.70	168.10	481.70	14.00	20.20
民和	338.20	1572.40	232.10	1160.20	8.30	207.00	151.00	523.10	10.00	17.80
惠农	170.20	2193.20	97.50	1573.60	4.60	234.90	67.90	713.90	12.00	6.50
银川	182.90	1628.30	122.60	1177.40	6.90	178.20	80.10	507.80	11.00	12.40
海源	359.00	1801.60	239.80	1292.80	12.80	236.00	166.70	600.70	19.00	34.00
同心	259.80	2223.50	169.60	1573.40	8.80	253.10	115.50	732.80	14.00	15.00
固原	425.50	1471.10	283.60	1084.00	15.50	205.20	199.00	472.20	31.00	35.20
榆林	383.60	1932.70	259.80	1382.50	14.80	210.60	187.30	605.80	16.00	25.80
定边	324.50	2275.10	215.60	1600.60	12.50	269.80	149.50	727.00	13.00	22.80
靖边	384.70	1957.90	254.30	1400.30	13.40	256.00	176.20	624.00	13.00	24.10
横山	355.90	2066.40	228.50	1448.00	15.60	206.20	158.30	648.90	16.00	22.00
绥德	410.60	2149.50	267.70	1501.10	21.50	207.80	196.90	623.90	31.00	25.70
延安	514.50	1638.90	338.70	1177.60	23.60	205.60	243.40	508.90	12.00	19.20
运城	518.40	1989.60	359.80	1393.60	34.20	256.40	246.60	670.40	12.00	8.50
右玉	407.00	1685.50	257.50	1205.60	13.50	162.30	181.80	528.10	18.00	51.90
大同	369.50	2060.60	223.20	1462.60	12.30	201.90	158.20	658.70	15.00	34.10
河曲	382.20	1753.90	234.40	1236.00	12.80	149.20	168.10	518.50	13.00	28.60
五台山	614.90		377.10		31.00		258.90			108.40
五寨	460.40	1763.60	290.90	1270.70	21.50	178.00	208.40	535.90	22.00	53.10
兴县	464.70	2072.50	297.00	1475.90	24.40	218.60	211.90	660.30	16.00	29.50
原平	412.10	1848.40	256.70	1346.70	14.60	217.10	191.30	567.40	25.00	17.50
离石	463.40	1946.60	309.30	1399.70	24.70	220.30	227.90	587.70	18.00	24.90
太原	423.30	1678.90	275.10	1243.60	21.90	216.70	196.50	527.50	30.00	17.50
阳泉	516.00	1881.60	323.50	1403.80	26.70	280.00	226.30	631.30	42.00	19.90
长治	547.00	1797.90	350.00	1326.30	36.10	242.60	238.60	564.20	28.00	31.40
西吉	391.00	1323.10	256.50	947.70	13.20	154.30	176.40	423.00	20.00	30.50
杭锦后旗	136.60	1954.00	85.20	1384.50	4.20	177.50	65.60	629.40	10.00	11.60
包头	304.90	2012.50	200.10	1375.20	10.80	164.60	150.00	628.30	10.00	23.90
呼和浩特	396.50	1904.40	243.70	1323.60	14.00	175.60	179.30	585.70	30.00	32.80
集宁	349.80	1895.60	202.80	1346.40	9.80	201.90	146.60	620.70	22.00	36.60
临河	149.00	2332.50	99.90	1599.20	4.50	195.70	76.80	731.80	10.00	14.70
阿拉善左旗	208.10	2304.20	138.20	1599.20	9.40	220.90	91.70	768.50	11.00	25.40
通辽	367.70	1795.60	196.70	1316.60	11.20	201.30	139.30	601.50	17.00	34.60
赤峰	370.00	2028.50	192.70	1469.30	9.90	212.10	127.20	679.10	23.00	25.20
阜新	476.60	1604.40	269.10	1176.50	16.60	159.10	190.20	523.40	14.00	31.90
张北	383.90	1776.90	218.90	1291.70	11.20	191.40	155.90	577.50	21.00	53.30
蔚县	400.10	1610.10	233.10	1130.10	13.50	144.90	158.70	490.10	21.00	34.30

续表

站名	年降水量（mm）	年蒸发量（mm）	生育期降水量（mm）	生育期蒸发量（mm）	冬季降水量（mm）	冬季蒸发量（mm）	8～12月降水量（mm）	8～12月蒸发量（mm）	最大积雪厚度（cm）	积雪天数（天）
石家庄	516.40	1552.10	328.90	1138.90	29.90	216.20	244.50	494.90	55.00	11.90
中卫	176.50	1823.80	115.20	1346.70	5.00	221.40	79.80	587.30	12.00	12.20
中宁	192.30	1898.30	124.10	1384.90	6.00	223.70	86.10	605.40	15.00	11.90
盐池	282.30	1980.60	183.60	1391.30	10.90	222.60	124.90	633.20	12.00	21.00
邢台	496.40	1982.70	301.90	1430.30	24.90	248.00	216.00	635.10	38.00	11.80
朝阳	468.10	1967.00	246.30	1446.50	11.60	215.90	167.00	632.10	20.00	21.10
张家口	388.80	1903.20	229.10	1376.00	13.70	218.50	160.40	618.80	18.00	22.70
密云	628.00	1596.00	356.20	1184.80	18.10	208.80	276.90	517.60	16.00	17.50
承德	503.50	1549.30	278.60	1108.20	15.50	164.60	192.90	477.30	25.00	25.20
绥中	617.40	1764.00	367.40	1352.80	20.20	230.30	267.30	638.60	22.00	21.40
兴城	582.20	1554.60	338.60	1193.20	18.80	205.30	245.00	570.20	21.00	19.70
沧州	536.70	1925.60	280.40	1404.40	26.40	232.50	204.60	662.20	19.00	11.50
北京	448.90	1877.80	265.20	1367.80	21.70	265.80	180.60	591.40	21.00	13.70
天津	511.40	1639.10	282.00	1209.10	19.50	218.70	208.50	539.70	17.00	10.40
东营	527.5	1856.90	403.80	1310.50	33.60	227.80	216.20	631.90	12.00	10.00
济南	651.7	2153.50	389.90	1600.10	38.00	318.50	284.00	712.80	22.00	8.20
青岛	664.1	1328.30	441.10	1043.50	65.70	237.90	303.90	559.10	20.00	7.00
锦州	568.60	1754.40	326.00	1320.90	19.10	206.40	234.00	612.10	28.00	22.70
沈阳	698.50	1596.10	430.30	1172.80	45.80	176.80	300.20	541.20	36.00	60.10
营口	640.10	1654.40	397.60	1211.40	40.20	186.30	282.20	592.50	22.00	35.70
丹东	961.60	1343.60	587.60	1035.80	62.50	194.80	412.70	524.50	25.00	32.00
庄河	736.10	1456.70	447.70	1137.50	42.20	234.40	316.40	556.20	25.00	26.90
保定	496.10	1586.10	273.30	1132.30	19.70	178.00	201.90	481.60	16.00	13.10
大连	579.70	1591.10	373.10	1219.50	41.00	242.90	266.10	609.50	23.00	18.60
长春	577.10	1579.40	313.80	1141.50	27.70	132.90	217.50	494.30	30.00	92.00
吉林	644.80	1409.50	374.20	1002.30	38.00	113.20	259.50	461.80	31.00	105.90
蛟河	691.20	1213.60	403.10	855.80	43.30	89.00	273.00	388.70	44.00	113.70
牡丹江	561.20	1114.60	336.60	776.50	33.90	82.80	226.60	373.10	35.00	97.20
绥芬河	575.00	1098.60	352.50	811.00	42.00	106.10	224.50	392.30	47.00	124.10
延吉	531.30	1305.10	319.70	974.70	29.30	150.50	210.00	446.60	61.00	65.10
林西	369.40	1995.40	184.60	1459.10	7.50	196.00	136.70	668.70	19.00	31.40

第三节　北方旱寒区主要气候因子与冬油菜越冬率的关系

一、北方冬油菜的冬害

（一）冬油菜冻害的类型、表现特征

低温冻害是影响北方旱寒区冬油菜安全越冬的主要因子。北方旱寒区冬油菜发生冻

害的时期主要在越冬期。由于越冬期植株地上部叶片全部枯干，冻害主要危害根颈部。根据油菜发生冻害的时期，受冻害植株的表现，分为冬冻（也称"亢顶"）和春冻（春冻称"冰闷"）两种。冬冻比春冻危害严重。冬冻在冬季干旱的情况下发生较多，由于北方冬季降雨少，气温低，土壤表层为干土层，干土层下是冻土层，当土壤表层干土层达到2～8cm 时，处在干土层的油菜根颈顶部有 1.0～2.0cm 的组织脱水，凋萎皱缩，绵软有黏性。高、干燥迎风地段或气温变化剧烈、骤冷骤热的年份死苗严重。春冻多发生在冬春雨雪较多的年份，土壤在结冻时含水量特别大。因地面无干土层，冻后鼓起，油菜根颈头部相应地下陷，成"凹"形苗。受害后根颈部脱落，发生"掉头"现象。从苗情来看，受害植株根颈直径越大死亡越严重；从地形来看，低凹积水地死苗严重。从土壤条件来看，未经深翻的土壤和施种肥底肥多的死苗也严重。

（二）冬油菜受冻死亡的生理机制

北方旱寒区冬油菜越冬期发生冻害的程度主要受制于土壤水分状况。土壤水分状况影响着土壤的通气状况。在一定土壤体积内，水分多空气就少，水分少空气就多。比热为物质的一种属性，不随外界条件改变而改变，是指物体随温度升高（降低）所吸收（放出）的热量。导热率为单位截面、长度的材料在单位温差下和单位时间内直接传导的热量。$\rho = \Delta Q \times L / S \times \Delta T \times t$（$\rho$ 为导热率，ΔQ 为传递的热量，L 为长度，S 为截面积，ΔT 为两端温差，t 为时间）。水的比热和导热率比空气大。水的这两个特性在一定的气候条件下决定着土壤温度的变化，也就影响着油菜冻害的程度。水的导热率比空气大 26 倍。当土壤含水量增加时，土壤的导热性也就提高。上部土壤受热时能很快地向下传导，土温就不易升高，上部土壤放热时所消耗的热量能很快地从下层得到补充，土温也不会很快下降，所以含水量大的土壤温度变化差异小。水的比热比空气大 4 倍多，也就是说，供给同样的热量，空气升高 4℃，水才升高 1℃。所以，土壤含水量越大，其比热就越大。湿土的温度的升降比干土缓慢。

北方旱寒区冬油菜越冬期间，在土壤表层总是有一个干土层，尤其在冬季干旱少雪的年份，土壤干土层会更厚。由于土壤有干土层与湿土层之分，它们之间形成了极明显的湿度差。这时油菜的缩茎段所处的干土层，温度变化大，忽冷忽热。到了严寒季节，气温下降到油菜忍受最低限度时，就会引起油菜根颈组织内细胞间隙的水结冰，并且随着温度下降，冰晶体逐渐扩大，细胞水向外渗，细胞液越来越浓，致使原生质脱水而凝固，细胞死亡。已凝固破坏的原生质失去了保水力和渗透性的调节能力，使油菜根颈顶部变得凋萎皱缩，软绵有黏性，出现严重冬冻，即所谓的"亢顶"。但处在土表下层湿土层的油菜根系，由于土壤含水量大，温度变化慢，因此尽管油菜根颈遭受冬冻死亡，而下部根系仍然保持洁白有活力。

在秋冬雨雪多的年份或灌水较多时，土壤含水量过高，如果用大量的速效性化肥作种肥，则容易形成旺苗。旺苗植株体内含水量高，细胞质浓度小，冰点高，油菜体内易结冰，特别是顶部幼嫩部分更易冻冰。加之在秋冬雨雪多的年份或土壤含水量大的情况下，冻结层致密坚实，土壤透气性差，影响油菜根系呼吸，到第二年早春油菜返青时使油菜生理机能减弱甚至死亡，表现为春冻，也就是"冰闷"。根颈直径越大的油菜体内含水量越高，细胞内容易形成大块的冰晶体，造成细胞体积膨胀，导致油菜根颈头部机械损伤而死亡。所以，根颈越大的油菜"冰闷"死苗越严重。

北方旱寒区经常发生倒春寒气候，一般发生在 3 月下旬到 4 月中旬。此期正是北方旱寒区冬油菜返青期间。由于耕作层土壤完全解冻，或上部解冻下部依然封冻，"倒春寒"使土壤表层重新结冰，体积反复膨胀收缩，土壤时空上的这种冻融交替，或体积上冻、融、冻交错重叠现象，造成冬油菜根系结冰的反复，损伤原生质或根系中间发生机械断裂，使油菜死亡。

干旱、蒸发量大的年份或干旱地区可通过灌溉来缓解或保障越冬。灌冬水对于保证植株组织中维持生命活动所需水分、平衡土壤中水分与空气、缓和表土层温度骤高骤低的变化，以及减少土壤中昼夜温度变化具有重要作用。

在相同的条件下，抗寒性强的品种越冬率高于抗寒性弱的品种，主要原因在于抗寒性强的品种在冬季逆境下细胞间隙及细胞内冰点较高，而且形成的冰晶表面比较平而光滑、规整，重结晶少，细胞膜受害轻，从而减轻细胞受害程度，保证安全越冬。

二、气温对冬油菜安全越冬的影响

（一）北方冬油菜越冬相关主要气候因子

北方冬油菜生长从秋季开始，建成一定的营养体越冬，温度由高到低，在气温下降到 0℃左右时停止生长，进入越冬期。经过漫长的冬季低温，当气温回升到 0℃左右时开始返青恢复生长。冬后生长期温度由低到高，接着进入现蕾期、抽薹期、开花期、结果期、成熟期，完成生命周期。所以，北方冬油菜生长是以 0℃为起点的。北方冬油菜安全越冬和冬后生长期的长短，受冬前生长期（枯叶前）的积温、冬季≤0℃负积温和≥0℃积温影响很大。冬前生长期所需积温基本可通过人为调节播种期来满足，≥0℃积温则决定冬后生长期的长短和成熟期的早与迟，积温高则成熟早，否则成熟晚。而冬季≤0℃负积温、极端低温和最冷月温度等因子则决定冬油菜能否安全越冬。因此，对北方冬油菜来说，最为关键的是越冬期的温度条件。实际上，越冬期温度也是受全年≥0℃积温影响的，≥0℃积温高，则越冬期气温也高，冬油菜越冬的安全性也高。

相关分析表明，与冬油菜越冬相关性最为密切的温度因子有≤0℃负积温、最冷月平均气温、冬季气温、最冷月平均最低气温、极端低温、生育期气温、年均气温、生育期≥0℃积温等（表 4-3-1）。

（二）影响越冬率的主要气温因子分析

1. 冬季≤0℃负积温与越冬率

冬季≤0℃负积温是限制冬油菜安全越冬的主要温度因子之一。相关性分析表明（表4-3-1），冬季≤0℃负积温与冬油菜越冬率极显著正相关（$r=0.832^{**}$），≤0℃负积温越高，越冬率越高。回归方程 $y=100.188+0.011x-3.717e^{-0.05x^2}$（图 4-3-1，式中，$y$ 为越冬率，x 为冬季≤0℃负积温）。表 4-2-1 表明，在冬季无积雪覆盖地区，冬季≤0℃负积温降低到-800℃以下（承德、玉门镇）时，冬油菜很难越冬，但在-792.75℃的临河能安全越冬，所以，-800℃

表 4-3-1 冬油菜越冬率与温度因子相关性分析

	越冬率	≤0℃积温	最冷月平均气温	冬季气温（11～1月）	最冷月平均最低气温	极端低温	生育期气温	年均气温	生育期≥0℃积温	最大冻土深度	无霜期	≥0℃积温	≥10℃积温	生育期≥10℃积温
越冬率	1													
≤0℃积温	0.832**	1												
最冷月平均气温	0.790**	0.979**	1											
冬季气温（11～1月）	0.788**	0.987**	0.994**	1										
最冷月平均最低气温	0.767**	0.728**	0.775**	0.743**	1									
极端低温	0.751**	0.854**	0.886**	0.868**	0.582**	1								
生育期气温	0.622**	0.855**	0.842**	0.888**	0.669**	0.662**	1							
年均气温	0.519*	0.755**	0.740**	0.797**	0.609**	0.547*	0.985**	1						
生育期≥0℃积温	0.451*	0.687**	0.672**	0.726**	0.521*	0.475*	0.931**	0.962**	1					
最大冻土深度	0.094	0.205	0.172	0.190	-0.185	0.271	0.227	0.223	0.286	1				
无霜期	-0.046	-0.027	0.023	0.007	0.12	0.029	0.130	0.178	0.228	0.077	1			
≥0℃积温	0.170	0.303	0.307	0.352	0.392	0.057**	0.593**	0.662**	0.699**	-0.429	0.195	1		
≥10℃积温	0.233	0.439	0.412	0.480	0.258	0.215	0.802**	0.885**	0.947**	0.229	0.285	0.769**	1	
生育期≥10℃积温	0.358	0.585**	0.566**	0.626**	0.412	0.371	0.881**	0.935**	0.990**	0.283	0.256	0.728**	0.981**	1

* 在 0.05 水平（双侧）上显著相关；** 在 0.01 水平（双侧）上显著相关

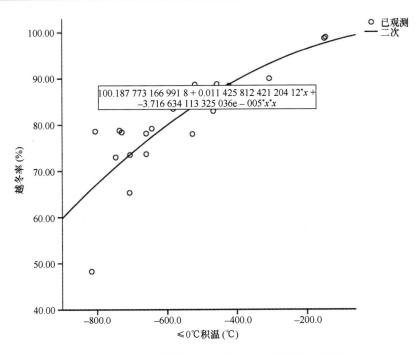

图 4-3-1　冬油菜越冬率与冬季≤0℃负积温回归关系

是北方超强抗寒冬油菜能否种植的冬季≤0℃负积温极限指标，适宜种植区的冬季≤0℃负
积温应当高于–800℃，最好高于–700℃。但在冬季有积雪覆盖的地区，冬季≤0℃负积
温降低到–1612.42℃（阿勒泰）时，冬油菜仍然能够越冬，所以，在冬季有积雪覆盖的
地区，只要具备一定积温条件，均可种植冬油菜。

2. 最冷月平均气温与冬油菜越冬率

相关性分析表明（表 4-3-1），冬油菜越冬率与最冷月平均气温呈极显著正相关关系
（$r=0.790**$），即最冷月平均气温越高，越冬率越高。回归方程为 $y=97.855-0.706x-0.403x^2$，
式中，y 为越冬率，x 为最冷月平均气温（图 4-3-2）。从表 4-2-1 看出，在冬季无积雪覆盖的
地区，在最冷月平均气温为–10.7（延吉）～–9.1℃（张掖、酒泉、临河等地）的条件下，只
要冬季≤0℃负积温不低于–746.83℃（酒泉）、极端低温不低于–30℃，冬油菜就能够安全
越冬，所以，–9.1℃是北方超强抗寒冬油菜种植的最冷月平均气温极限指标。适宜种植区
最冷月平均气温应高于–9.1℃，但在冬季有积雪覆盖的地区，冬油菜在最冷月平均气温为
–15.3（阿勒泰）～–12.1（乌鲁木齐）℃条件下仍然能够正常越冬。

3. 极端低温与冬油菜越冬率

相关性分析表明（表 4-3-1），越冬率与极端低温极显著正相关（$r=0.751**$）。越冬率
与极端低温的回归方程为 $y=96.064-0.800x-0.051x^2$（图 4-3-3，y 为越冬率，x 为极端低温）。
从表 4-2-1 可以看出，在冬季无积雪覆盖的地区，在极端低温为–31.6（延吉、酒泉）～–30
（张掖）℃的条件下，只要冬季≤0℃负积温不低于–800℃（承德、玉门）时，冬油菜就能够

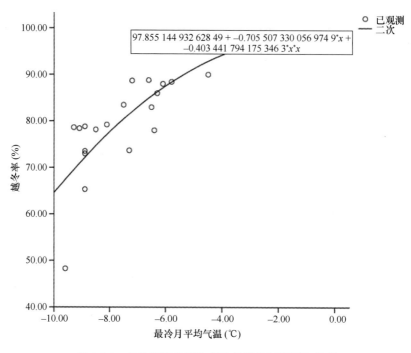

图 4-3-2 冬油菜越冬率与最冷月平均气温回归关系

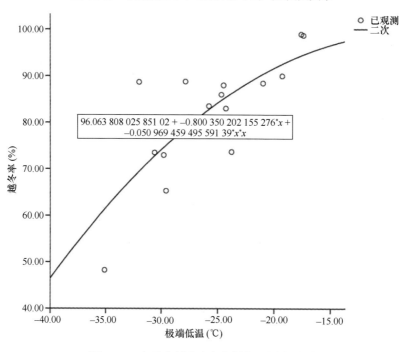

图 4-3-3 冬油菜越冬率与极端低温回归关系

安全越冬，所以，–31.60℃是北方超强抗寒冬油菜在无积雪覆盖条件下种植的极端低温极限指标，适宜种植的极端低温应当高于–30℃左右。但在冬季有积雪覆盖的地区，冬油菜在极端低温为–41.7℃（阿勒泰）条件下仍然能够正常越冬。

4. 最冷月平均最低气温与越冬率

相关性分析表明，冬油菜越冬率与最冷月平均最低气温极显著正相关（表 4-3-1），相关系数 $r=0.767**$，二者的回归方程为 $y=1/(0.01+6.616e^{-0.05\times0.789x})$（图 4-3-4，式中，$y$ 为越冬率，x 为最冷月平均最低气温）。在冬季无积雪覆盖地区，在最冷月平均最低气温为–18.8（山丹、武威及延吉等地平均值）～–18.2（酒泉）℃的条件下，冬油菜能够安全越冬（表 4-2-1），所以，–18.8～–18.2℃是北方超强抗寒冬油菜种植的最冷月平均最低气温极限指标，适宜种植的最冷月平均最低气温应当高于–20℃。但在冬季有稳定积雪覆盖的地区，冬油菜在最冷月平均最低气温为–24℃（新疆塔城、阿勒泰）条件下能够正常越冬。

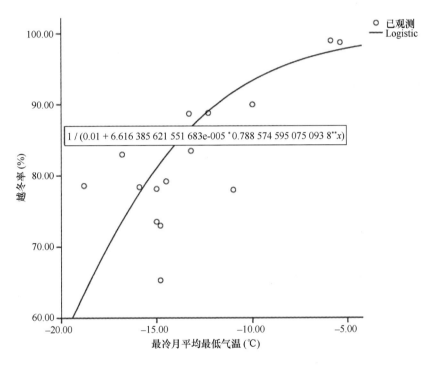

图 4-3-4　冬油菜越冬率与最冷月平均最低气温回归关系

5. 年平均气温与越冬率

年平均气温与越冬率具有较为密切的关系，相关系数 $r=0.519*$，回归方程 $y=1/(0.01+0.093\times0.618x)$（图 4-3-5）。冬油菜生长发育的冬前、越冬期与冬后 3 个阶段中，冬前积温可通过播种期的调整得到满足，对冬油菜的越冬不构成影响，冬后积温在绝大部分地区能够得到满足，也不构成影响，因此年平均气温主要是通过冬季负积温影响冬油菜越冬，年平均气温越高，冬季负积温越高，越冬率高，则越冬的安全系数高。一般在无积雪覆盖的地区，在年平均温度 5.69（吉林延吉）～8.1（山丹与临河平均值）℃的条件下冬油菜均可安全越冬；但在有稳定积雪覆盖的地区，在年平均温度 4.75（新疆阿勒泰）～5.43（新疆奇台）℃的条件下冬油菜均可安全越冬。

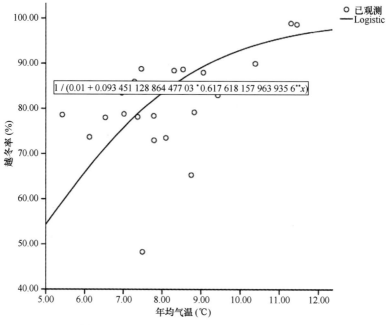

图 4-3-5　冬油菜越冬率与年均气温回归关系

6. 生育期气温、越冬期气温与冬油菜越冬率

生育期气温与越冬率相关系数 $r=0.622**$，回归方程 $y=1/（0.01+0.039×0.585x）$（图 4-3-6）；冬季气温与冬油菜越冬率相关系数 $r=0.788**$，回归方程 $y=96.284+2.282x-0.417x^2$（图 4-3-7）。可见，生育期气温对冬油菜越冬的影响主要是越冬期气温的影响，暖冬有利于越冬，而寒冬则对冬油菜越冬不利。

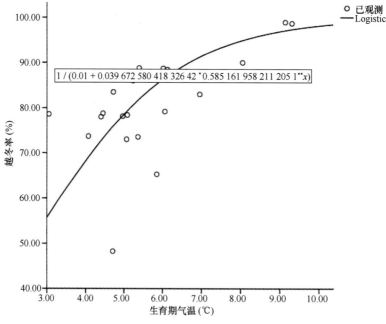

图 4-3-6　冬油菜越冬率与生育期气温回归关系

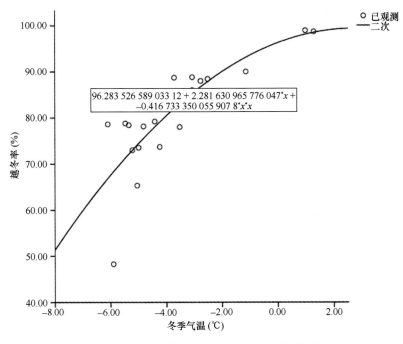

图 4-3-7　冬油菜越冬率与冬季气温回归关系

7. ≥0℃积温与冬油菜越冬率

冬油菜秋季播种，在适宜的光、热和水肥条件下，幼苗不断生长壮大。随着冬季临近，气温不断下降，冬油菜停止生长并进入枯叶期，开始越冬。翌年，当气温升高 0℃以上时，油菜开始恢复生长返青。相关性分析表明（表 4-3-1），≥0℃积温和≥10℃积温与越冬率的相关系数分别为 0.17 和 0.233，相关不显著，生育期≥0℃积温与越冬率呈显著的正相关，相关系数为 0.451*，回归方程为 $y=1/（0.01+0.048×0.998x）$（图 4-3-8）。同时，由表 4-2-1 看出，在≥0℃积温为 2840.33℃（西宁）、≥10℃积温为 2330.66℃（西宁）内冬油菜均能越冬（图 4-3-9）。

三、降水对冬油菜安全越冬的影响

（一）影响冬油菜越冬的主要水分因子

与冬油菜越冬相关的水分因子主要有年降水量、年蒸发量、最大积雪厚度、稳定积雪天数、生育期降水量、生育期蒸发量、冬季降水量、冬季蒸发量、8～12 月降水量、8～12 月蒸发量等。

（二）冬油菜越冬率与降水因子的相关性分析

相关性分析表明，北方冬油菜越冬率与年降水量、生育期降水量具有极显著的正相关关系，越冬率与冬季降水量具有显著的正相关关系，越冬率与冬季蒸发量为负相关关系（表 4-3-2），但相关系数相对较小。究其原因主要是大部分试点有灌溉条件保障，导致越冬率与降水量相关系数小。生育期降水量与越冬率呈正相关。相关性也表明，

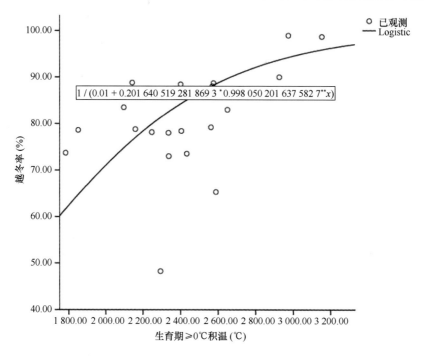

图 4-3-8　冬油菜越冬率与生育期≥0℃积温回归关系

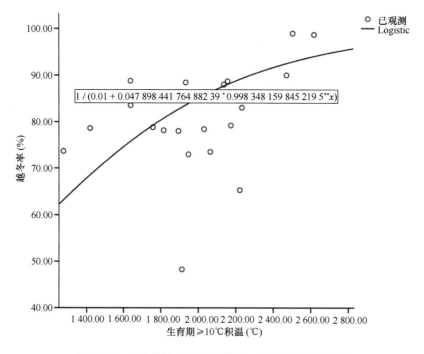

图 4-3-9　冬油菜越冬率与生育期≥10℃积温回归关系

冬季积雪与越冬率高低具有密切关系，这种相关性也为新疆农业科学院、阿勒泰种子站、甘肃农业大学在乌鲁木齐、阿勒泰的田间试验所证实，在热量条件较差的地区，积雪是关系到冬油菜能否安全越冬的最为关键的因素。

表 4-3-2 冬油菜越冬率与降水因子相关性分析

	越冬率	年降水量	年蒸发量	生育期降水量	生育期蒸发量	冬季降水量	冬季蒸发量	8~12月降水量	8~12月蒸发量	最大积雪厚度
越冬率	1									
年降水量	0.662**	1								
年蒸发量	−0.605**	−0.844**	1							
生育期降水量	0.668**	0.999**	−0.842**	1						
生育期蒸发量	−0.616**	−0.834**	0.998**	−0.833**	1					
冬季降水量	0.488*	0.780**	−0.587**	0.794**	−0.587**	1				
冬季蒸发量	−0.382	−0.462*	0.801**	−0.468*	0.829**	−0.331	1			
8~12月降水量	0.690**	0.998**	−0.838**	0.999*	−0.829**	0.789**	−0.460*	1		
8~12月蒸发量	−0.624**	−0.808**	0.991**	−0.808**	0.995**	−0.539*	0.829**	−0.805*	1	
最大积雪厚度	0.608*	0.811**	−0.604*	0.817**	−0.614*	0.776**	−0.417	0.808**	−0.576	1

* 在 0.05 水平（双侧）上显著相关；** 在 0.01 水平（双侧）上显著相关

1. 降水量与冬油菜越冬率

北方冬油菜生长从降水量最多的时期开始，经过冬春干旱季到 5 月下旬至 6 月上中旬成熟。降水量与冬油菜越冬率有密切关系，特别是冬季降水量直接影响冬油菜能否安全越冬。从相关性分析来看，降水量与冬油菜越冬率呈正相关（表 4-3-2），年降水量、生育期降水量与越冬率的相关系数分别为 $r=0.662**$、$r=0.668**$。回归方程分别为 $y=\exp(4.551-29.79/x)$，$y=\exp(4.547-18.929/x)$（图 4-3-10，图 4-3-11）。

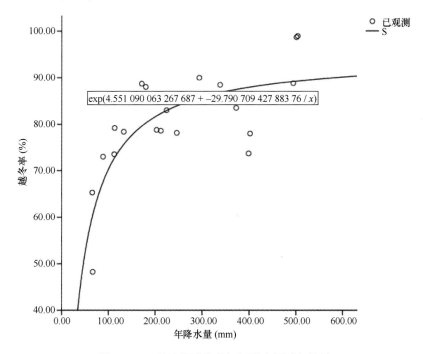

图 4-3-10 冬油菜越冬率与年降水量回归关系

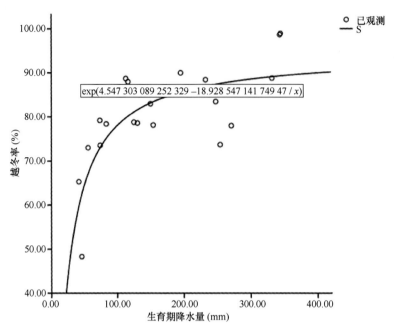

图 4-3-11　冬油菜越冬率与生育期降水量回归关系

2. 蒸发量与冬油菜越冬率

土壤水分是保证冬油菜安全越冬的必要条件，蒸发导致土壤水分散失，造成土壤干旱，使冬油菜因旱、寒而死亡，越冬率降低。从相关性分析来看，蒸发量与冬油菜越冬率呈负相关（表 4-3-2），年蒸发量、生育期蒸发量与越冬率的相关系数分别为 $r= -0.605**$、$r= -0.616**$。回归方程分别为 $y=\exp$（$4.547-18.928/x$），$y=102.487-0.014x-1.352x^3$（图 4-3-12，图 4-3-13）。

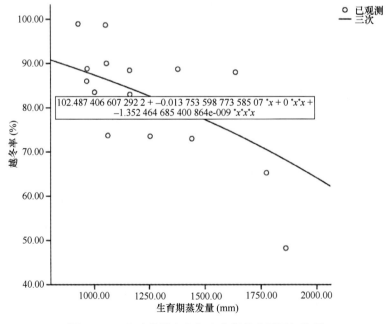

图 4-3-12　冬油菜越冬率与生育期蒸发量回归关系

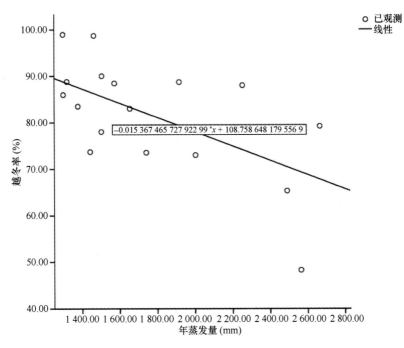

图 4-3-13　冬油菜越冬率与年蒸发量回归关系

3. 冬季积雪覆盖与冬油菜越冬率

新疆北部地区最冷月平均气温为–17～–10℃，阿勒泰、福海等地极端低温都在–40℃以下，≤0℃的积温也均在–1600℃以下，昭苏年均温度也只有 3.68℃（表 4-3-3），但冬油菜仍然能够正常越冬。这些地区冬油菜越冬率的高低显然与积雪厚度有密切关系。从奇台、昭苏、福海、拜城、塔城到阿勒泰，最大积雪厚度逐渐增加，越冬率也逐渐升高。相关分析表明，越冬率与最大积雪厚度呈极显著的正相关关系，相关系数 $r=0.830^{**}$，而这些地区≤0℃积温、最冷月平均气温，极端低温对越冬率的影响不明显，与越冬率相关性不显著，主要是因为积雪影响了地面温度。

表 4-3-3　积雪厚度对冬油菜越冬率的影响

试点	越冬率 （%）	最大积雪厚度 （℃）	≤0℃积温 （℃）	最冷月温度 （℃）	冬季气温 （℃）	极端低温 （℃）	生育期气温 （℃）	年均气温 （℃）	生育期≥0℃ （℃）
阿勒泰	90.00	94.00	–1612.42	–15.30	–11.15	–41.70	1.51	4.75	2057.15
塔城	83.70	61.00	–885.04	–9.70	–6.30	–33.30	4.75	7.65	2486.13
拜城	83.42	40.00	–874.71	–11.50	–6.23	–28.80	5.59	8.19	2597.37
福海	78.66	47.00	–1759.46	–18.60	–13.05	–41.00	1.06	4.66	2204.23
昭苏	76.60	47.00	–1029.89	–10.70	–7.55	–31.60	1.53	3.68	1664.76
奇台	73.30	37.00	–1623.91	–17.00	–11.85	–39.60	2.13	5.43	2277.36
相关系数		0.830**	0.140	0.232	0.217	–0.04	0.266	0.301	0.222

2012～2013 年新疆农业科学院、阿勒泰种子站、甘肃农业大学在阿勒泰、乌鲁木齐进行了积雪覆盖对冬油菜越冬影响的试验。阿勒泰试验结果表明，在冬季极端气温–39.1℃的

情况下，20～60cm 积雪覆盖下‘陇油 6 号’安全越冬，越冬率达到 72.7%～96.7%，但积雪覆盖达到 60cm 时越冬率有所下降（表 4-3-4），主要是因为积雪覆盖太厚，春季积雪融化时间过长和冰水浸泡并形成土壤致密坚实的冻结层，透气性变差，影响根系呼吸，引起冬油菜死亡。乌鲁木齐试验结果（表 4-3-5，图 4-3-14）也证明积雪厚度与越冬率具有密切关系，随着积雪厚度增加，冬油菜越冬率显著增加，10cm 积雪覆盖下越冬率达到 85.6%，而积雪覆盖对提高越冬率的影响主要是通过提高地面温度与减少蒸发量而实现的。综合两地试验结果，10cm 积雪覆盖是极端气温–40.0℃左右地区冬油菜越冬必须具备的条件。

表 4-3-4　2012～2013 年阿勒泰积雪厚度对冬油菜越冬率的影响

积雪厚度（cm）	0	10	20	30	40	50	60
地面温度（℃）	−28.5	−21.5	−16.8	−15	−14.4	−14	−13.5
越冬率（%）	0	9.5	72.7	93	95.4	96.7	92.3

表 4-3-5　2012～2013 年乌鲁木齐不同积雪厚度对冬油菜越冬率的影响

积雪厚度（cm）	冬前苗（株/2m²）			冬后苗（株/2m²）			越冬率（%）			平均越冬率（%）	位次
	I	II	III	I	II	III	I	II	III		
0	95	98	93	0	3	4	0	0.03	0.04	0.02	4
10	107	98	101	93	82	87	86.9	83.7	86.1	85.6	3
20	97	92	103	89	86	96	91.7	93.5	93.2	92.8	2
30	99	104	89	97	100	85	97.9	96.1	95.5	96.5	1

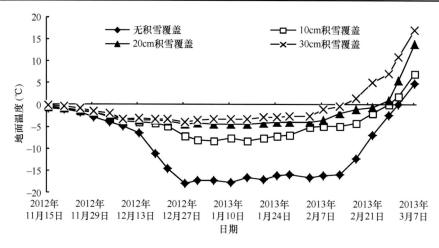

图 4-3-14　2012～2013 年乌鲁木齐不同积雪厚度对地面温度的影响

四、其他气候因素对冬油菜安全越冬的影响

除上述因子外，经纬度、海拔、年日照时数、生育期日照时数、冬季日照时数、8～12 月日照时数、年平均风速、8～12 月风速和冬季风速也与冬油菜越冬率有关。

（一）经纬度与冬油菜越冬率

纬度与经度是影响气候条件的主要地理因素。纬度越高，气温越低，对冬油菜越冬越不利。相关性分析表明，冬油菜越冬率与纬度呈极显著负相关，$r= -0.653**$，回归方程为 $y=4401.603\ 4e-0.001\ 11x$；冬油菜越冬率与经度呈极显著负相关，$r= -0.461**$，回归方程为 $y=91.339\ 8+0.006\ 28x-7.705x^2$，详见表 4-3-6，图 4-3-15，图 4-3-16。

表 4-3-6　冬油菜越冬率与其他因子相关性分析

	越冬率	纬度	经度	海拔	年日照时数	生育期日照时数	冬季日照时数	8~12月日照时数	年平均风速	8~12月风速	冬季风速
越冬率	1										
纬度	-0.653^{**}	1									
经度	-0.461^{**}	0.440^{**}	1								
海拔	0.144	-0.589^{**}	-0.628^{**}	1							
年日照时数	-0.255^{*}	0.315^{**}	-0.365^{**}	0.227^{*}	1						
生育期日照时数	-0.281^{**}	0.322^{**}	-0.305^{**}	0.215^{*}	0.990^{**}	1					
冬季日照时数	-0.159	-0.001	-0.332^{**}	0.498^{**}	0.846^{**}	0.882^{**}	1				
8~12月日照时数	-0.197	0.268^{*}	-0.454^{**}	0.272^{*}	0.981^{**}	0.979^{**}	0.853^{**}	1			
年平均风速	-0.372^{**}	0.315^{**}	0.431^{**}	-0.249^{*}	0.147	0.199	0.178	0.129	1		
8~12月风速	-0.370^{**}	0.304^{**}	0.442^{**}	-0.236^{*}	0.123	0.176	0.169	0.105	0.997^{**}	1	
冬季风速	-0.387^{**}	0.308^{**}	0.474^{**}	-0.225^{*}	0.077	0.135	0.136	0.058	0.972^{**}	0.979^{*}	1

* 在 0.05 水平（双侧）上显著相关；** 在 0.01 水平（双侧）上显著相关

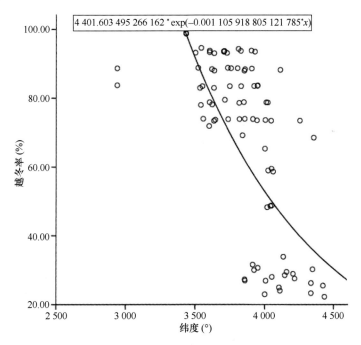

图 4-3-15　冬油菜越冬率与纬度回归关系

（二）海拔与冬油菜越冬率

　　一般来说，海拔越高，气温越低，对冬油菜越冬越不利。但相关性分析表明，二者相关性不显著，主要是因为冬油菜越冬受积雪、纬度、降水等多重因素影响的原因。

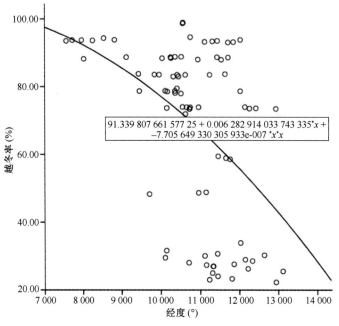

$$91.339\,807\,661\,577\,25 + 0.006\,282\,914\,033\,743\,335{}^*x + {}-7.705\,649\,330\,305\,933e\text{-}007{}^*x{}^*x$$

图 4-3-16　冬油菜越冬率与经度回归关系

（三）日照与冬油菜越冬率

年日照时数与冬油菜越冬率显著负相关（$r=-0.255^*$），生育期日照时数与冬油菜越冬率极显著负相关（$r=-0.281^{**}$），8～12 月及冬季日照时数与冬油菜越冬率也呈负相关，但相关系数较小。冬油菜越冬率与年日照时数回归方程为 $y=157.612\,19e^{-0.000\,35x}$，与生育期日照时数回归方程为 $y=178.139e^{-0.000\,486\,12x}$（图 4-3-17，图 4-3-18）。

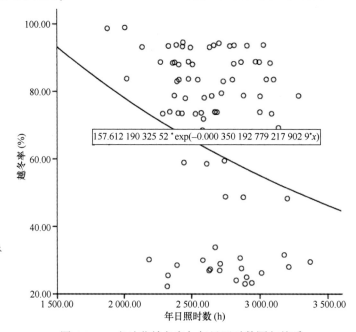

$$157.612\,190\,325\,52{}^*\exp(-0.000\,350\,192\,779\,217\,902\,9{}^*x)$$

图 4-3-17　冬油菜越冬率与年日照时数回归关系

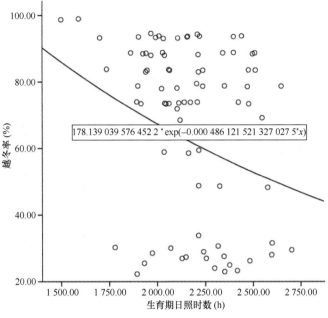

图 4-3-18　冬油菜越冬率与生育期日照时数回归关系

（四）风速与冬油菜越冬率

风速影响蒸发量，因此也是较重要的环境因子。冬油菜越冬率与年平均风速、8～12 月平均风速、冬季风速极显著负相关（图 4-3-19，图 4-3-20，图 4-3-21），相关系数分别为 $r= -0.372**$、$r= -0.370**$、$r= -0.387**$，回归方程分别为 $y=101.888\ 39e^{-0.022\ 15x}$、$y=96.053\ 665e^{-0.021\ 86x}$、$y=93.066\ 576e^{-0.019\ 3x}$。

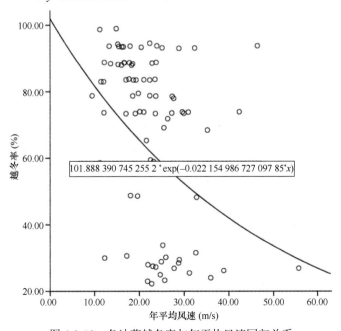

图 4-3-19　冬油菜越冬率与年平均风速回归关系

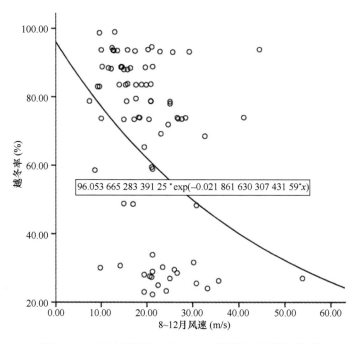

图 4-3-20　冬油菜越冬率与 8～12 月平均风速回归关系

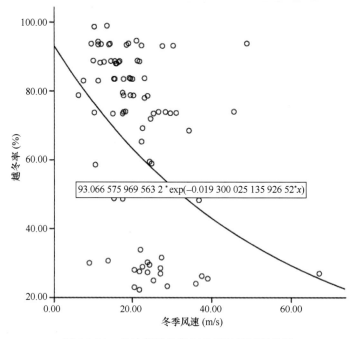

图 4-3-21　冬油菜越冬率与冬季风速回归关系

五、北方冬油菜分布的极限气候指标

根据影响北方冬油菜分布的主要气候因子及其贡献大小分析，北方冬油菜的种植北界，东北基本在北纬 42°以南地区，华北与西北在北纬 40°左右地区，新疆在北纬 48°以南地区。北方旱寒区冬油菜种植区临界气温条件为：无积雪覆盖地区；年均气温 5.69（延吉）～8.1（临河）℃，最冷月平均气温–10.7（延吉）～–9.1（临河）℃，最冷月平均最低气温–18.8（临河、山丹等地平均值）～–18.2℃（延吉、武威、酒泉等地平均值），极端低温为–31.6（延吉、酒泉等地）～–27.2（临河）℃，冬季≤0℃负积温–1165.66（延吉）～–792.75（临河）℃，≥0℃积温 3307.88（延吉）～4407.51（临河）℃，≥10℃积温 2925.57（延吉）～3686.52（临河）℃。冬季积雪覆盖条件下，强抗寒冬油菜的适应范围更大，即在冬季积雪覆盖条件下，北方旱寒区冬油菜种植区临界气候条件为：冬季负积温–1612℃（阿勒泰），最冷月平均最低气温–23.5℃（阿勒泰），最冷月平均气温–15.3℃，年均气温 4.75℃（阿勒泰），极端低温–41.7℃（阿勒泰）。

第四节　北方旱寒区冬油菜区划的依据与方法

一、判定安全越冬的依据性状及临界指标

在广大的北方地区，冬油菜只要能安全越冬就能保证单位面积一定的群体数，保证获得稳定的单位面积产量。确定冬油菜能否越冬的主要依据性状是越冬率。北方各地生态条件差异大，不同地点、不同品种的越冬率有着较大差别。为客观合理地反映北方各地区冬油菜真实越冬情况，依据 2002～2013 年全国多点试验结果，以目前抗寒性最强的超强抗寒性冬油菜品种‘陇油 6 号’、‘陇油 7 号’的多年平均越冬率作为各试点的实际越冬率（表4-4-1）。从表中看到，在辽宁沈阳及其以北的吉林等地部分试点越冬率低于 70%，山西北部的右玉等地越冬率在 30%以下。新疆的阿勒泰、塔城，吉林延吉、蛟河等地区虽然冬季气温低，极端低温在–40℃，冬季≤0℃负积温–1600℃左右，但由于冬季有积雪覆盖，越冬率仍达到 70%～90%。

表 4-4-1　北方主要代表地区‘陇油 6 号’、陇油 7 号’平均越冬率（%）

地区	越冬率	地区	越冬率	地区	越冬率
福海	78.66	兰州	78.77	牡丹江	72.27
阿勒泰	78.69	榆中	83.50	长春	78.50
塔城	83.70	靖远	83.00	吉林	30.23
奇台	73.30	临夏	83.00	蛟河	73.48
伊宁	76.20	临洮	88.80	阜新	28.93
昭苏	76.60	会宁	78.00	延吉	73.44
乌鲁木齐	88.82	包头	48.66	朝阳	33.87
阿克苏	88.20	呼和浩特	48.80	沈阳	28.53
拜城	83.42	右玉	23.00	张家口	59.48
喀什	93.49	集宁	24.97	密云	58.95
莎车	93.70	临河	73.43	承德	58.60
和田	93.70	惠农	73.91	绥中	78.70
敦煌	78.73	银川	83.50	丹东	73.60
玉门镇	48.28	榆林	73.90	北京	83.70
金塔	65.31	石家庄	88.69	天津	88.60
酒泉	83.58	中卫	88.81	庄河	73.52

地区	越冬率	地区	越冬率	地区	越冬率
高台	83.54	定边	73.88	保定	87.96
张掖	88.40	太原	83.50	大连	73.97
山丹	78.80	邢台	93.50	东营	93.14
永昌	78.60	固原	71.90	济南	93.04
武威	88.70	环县	73.40	青岛	93.80
民勤	69.20	延安	88.00	拉萨	88.70
景泰	79.50	长治	93.36	林芝	83.80
西宁	73.70	西吉	74.00	天水	98.69
民和	88.44	西峰	94.59	麦积	98.95
皋兰	78.15	运城	93.20	通渭	89.5

不同越冬率下的群体大小统计结果列于表4-4-2,相关性分析结果,越冬率和单位面积群体大小呈极显著的正相关关系,相关系数 $r=0.384^{**}$,不同越冬率下群体大小差异较大,每亩植株数平均为1.54万~3.43万株,方差分析结果表明,越冬率大于70%的单位面积群体大小与越冬率小于60%的群体大小差异极显著,越冬率大于70%时群体大小差异较小,基本群体保证在每亩2.87万~3.33万株。产量也相近,差异不显著。因此,确定以越冬率70%为安全越冬临界指标,低于70%为不能安全越冬地区,高于70%为安全越冬区,这个值也是判定冬油菜适种区的指标依据。

二、区划的参考方法

本区划采用的技术路线与方法首先是确定冬油菜适宜种植区,而确定适宜种植区的主要依据是越冬率,安全越冬指标值则通过越冬率影响产量的程度确定。研究结果表明,越冬率大于70%时,越冬率70%的产量与越冬率80%、越冬率90%的产量差异不显著,故以越冬率70%为安全越冬的阈值。然后以影响越冬的主要气候因子为要素进行综合评价,判定各区域的层级属性或类型,在此基础上,综合考虑自然条件、地理因素等进行生态分区。

表 4-4-2　不同越冬率下群体大小及差异性

越冬率(%)	群体大小(万株/亩)	群体变化范围(万株/亩)	差异性
90.1~100.0	3.43	1.97~4.70	abA
85.1~90.0	3.63	3.40~4.70	aA
80.1~85.0	3.38	1.64~4.77	abA
75.1~80.0	3.22	2.61~4.72	abA
70.1~75.0	3.10	2.44~5.02	abA
65.1~70.0	3.05	1.98~3.20	abAB
60.1~65.0	2.87	1.48~3.20	bAB
50.1~60.0	2.26	2.08~2.38	cBC
30.1~50.0	1.81	1.27~2.62	cdC
0.0~30.0	1.54	0.98~2.11	dC

注:表中不同小写字母表示在0.05水平上显著,不同大写字母表示在0.01水平上显著

（一）选择主要限制因素

光、热、水、土是作物生长的最根本自然资源。影响北方旱寒区冬油菜生产的关键因子是热量与水分。由于本研究中所选试点均在灌区或水分有保证的地区，故试点间水分影响差异不显著，同时由于多数地区没有积雪，故将积雪厚度排除。综合上述分析，在本次分析中降水量及积雪厚度等暂不作为关键因子，只考虑热量条件。而热量因子主要是冬季≤0℃负积温、最冷月平均最低气温、极端低温、年均气温、最冷月平均气温、≥0℃积温、生育期气温和冬季气温等。

（二）模糊聚类

影响北方冬油菜生产最关键因子：冬季≤0℃负积温、最冷月平均气温、冬季气温、最冷月平均最低气温、极端低温、生育期气温、年均气温和≥0℃积温等。

各因子权重：根据对越冬率大小的影响，确定各因子权重分别为冬季≤0℃负积温0.1641，最冷月平均气温0.1558，冬季气温0.1455，最冷月平均最低气温0.1513，极端低温0.1482，生育期气温0.1227，年均气温0.1024。

运用DPS软件进行模糊聚类分析，得到冬油菜生产生态资源模糊综合评判值，以此为定量依据，将北方旱寒区冬油菜区聚为以下五类（表4-4-3）。

表4-4-3　依据气象因子对北方冬油菜适种区域聚类分析结果

分类	代表性地区
I	顺义、怀柔、天津、石家庄、保定、济南、青岛、太原、、祁县、乌鲁木齐、阿克苏、喀什、若羌、莎车、民丰、和田、银川、泾源、平凉、镇原、西峰、环县、华池、延安、天水、兰州、民和、大连、林芝
II	拉萨、会宁、绥中、丹东、伊宁、敦煌、密云、庄河、武威、张掖、景泰、靖远、靖边、酒泉、高台、塔山、环县、临夏、临洮、榆林、山丹、平罗、塔城、拜城、阿勒泰、灵武
III	榆中、民勤、皋兰、昭苏、丹东、奇台
IV	临河、福海、长春、永昌、西宁、宣化、延吉
V	张北、通辽、林西、绥芬河、呼和浩特、玉门

三、北方冬油菜适种区域层级划分

根据上述聚类结果，并结合各试点实际越冬率和相应的气候因子，将我国北方旱寒区划分为5个层级（表4-4-4）。

第一类：最适宜区，代表地区为延安、平凉、西峰、石家庄、邢台、和田、民和、运城、天津、保定及以南地区、山东全省与西藏林芝地区等。该区年均气温9.28（平凉）～12.9（天津）℃，最冷月平均气温-8.5（平凉）～-3.0（天津）℃，极端低温-22.70（平凉）～-18.10（天津）℃，最冷月平均最低气温-13.0（平凉）～-10.0（天津）℃，冬季≤0负积温-298.67（平凉）～-245.65（天津）℃，≥0积温3936.87（平凉）～4994.92（天津）℃，≥10℃积温3449.66（平凉）～4619.45（天津）℃。

第二类：适宜区，代表地区为拉萨、伊宁、塔城、拜城、且末、临夏、临洮、榆中、酒泉、张掖、武威、景泰、靖远、环县、定边、靖边、中宁、中卫、同心、长治、绥中、保定等。该区年均气温7.29（临夏）～8.53（武威）℃，最冷月平均气温-7.2（武威）～-6.3（临夏）℃，最冷月平均最低气温-18.8（武威）～-13.2（临夏）℃，极端低温为-27.0（武威）～-24.7（临夏）℃，冬季≤0℃负积温-520.45（武威）～-453.04（临夏）℃，≥0℃积温3307.56

表 4-4-4 北方冬油菜适种区域划分

编号	冬油菜种植区层级	代表地区	越冬率（%）	≤0℃积温（℃）	最冷月平均温（℃）	最冷月平均最低气温（℃）	极端低温（℃）	年均气温（℃）
1	最适宜区	北京、和田、石家庄、保定、济南、怀柔、镇原、银川、乌鲁木齐、泾源、环县、华池、民和、阿克苏、喀什、若羌、延安、天津、天水、青岛、晋源、太原、西峰、平凉、林芝、都匀、顺义、祁县、西宁、运城、拉萨、合宁、伊宁、丹东、绥中、敦煌、武威、景泰、日示、定边、中宁、中卫、同心、长冶、靖远、环县、临夏、榆中、山丹、平罗、皋兰、张掖、拜城、灵武、酒泉、高台、榆林	>96.0	−298.67（平凉）~−245.05（天津）	−8.5（平凉）~−3.0（天津）	−13.0（平凉）~−10.0（天津）	−22.7（平凉）~−18.1（天津）	9.28（平凉）~12.9（天津）
2	适宜区	景泰、日示、定边、中宁、中卫、同心、靖远、环县、临夏、榆中、山丹、平罗、皋兰、张掖、拜城、灵武、酒泉、高台、榆林	86.0~96.0	−520.45（武威）~−453.04（临夏）	−7.2（武威）~−6.3（临夏）	−18.8（武威）~−13.3（临夏）	−27.0（武威）~−24.7（临夏）	8.53（武威）~7.29（临夏）
3	次适宜区	福海、勒泰、奇台、密云、庄河、长春、海源、固原、西吉、昭苏、丹东	75.0~86.0	−659.98（皋兰）	−8.5（皋兰）	−18.0（皋兰）	−22.7（皋兰）	7.38（皋兰）
4	可种植区	长春、宣化、永昌、西宁、临河、昌都、焉耆、哈密、延吉	>70.0	−1165.66（延吉）~−792.75（临河）	−9.3（临河）~−10.7（延吉）	−17.9（延吉）~−15.6（临河）	−31.4（延吉）~−27.2（临河）	5.69（延吉）~8.7（临河）
5	不适宜区	张北、通辽、林西、河曲、大同、玉门、格尔木、河曲、沈阳、阜新、呼和浩特、绥芬河、蔚县、盐池、金塔、阿拉善左旗、若羌、集宁	<70.0	−1287.5（右玉）~−816.2（玉门镇）	−14.3（右玉）~−9.6（玉门镇）	−15.3（右玉）~−15.8（玉门镇）	−37.3（右玉）~−35.1（玉门镇）	4.23（右玉）~7.5（玉门镇）

（临夏）～4019.68（武威）℃，≥10℃积温 2820.51（临夏）～3600.96（武威）℃。

第三类：次适宜区，代表地区为海源、固原、西吉、延吉、福海。该地区年均气温 7.38（皋兰，最冷月平均气温–8.5℃（皋兰），最冷月平均最低气温 – 18.0（皋兰）℃，极 端低温为–27.7℃（皋兰），冬季≤0℃负积温–659.98℃（皋兰），≥0℃积温～3551.16℃ （皋兰），≥10℃积温 3119.82℃（皋兰）。

第四类：可种植区，代表地区为延吉、庄河、惠农、昌都、西宁、永昌、民勤、临河、焉耆、 哈密、长春。该地区年均气温 5.69（延吉）～8.1℃（临河），最冷月平均气温–9.3（临河）～ –10.7 （延吉）℃，最冷月平均最低气温–18.2（临河）～–17.9（延吉）℃，极端低温为–31.6（延吉）～ –27.2（临河）℃，冬季≤0℃负积温–1165.66（延吉）～–792.75（临河）℃，≥0℃积温 3307.88 （延吉）～4047.51（临河）℃，≥10℃积温 2925.57（延吉）～3680.52（临河）℃。

第五类：不适宜区，代表地区为额济纳旗、格尔木、河曲、沈阳、大同、阜新、玉 门、蔚县、呼和浩特、绥芬河、右玉、集宁、张北。该区年均气温 4.23（右玉）～7.5℃ （玉门镇），最冷月平均气温–9.6（右玉）～–15.3（玉门镇）℃，最冷月平均最低气温–15.8 （右玉）～–15.3（玉门镇）℃，极端低温为–37.3（右玉）～–35.1（玉门镇）℃，冬季≤0℃ 负积温–1281.57（右玉）～–816.02（玉门镇）℃。

第五节　北方旱寒区冬油菜生态分区

依据对北方旱寒区不同生态区冬油菜越冬表现及气候因子分析和制定区划的基本 依据与原则，我国北方旱寒区冬油菜区可划分为东北冬油菜亚区、华北冬油菜亚区、 鄂尔多斯高原冬油菜亚区、黄土高原冬油菜亚区、甘新绿洲冬油菜亚区、西藏高原冬油 菜亚区 6 个亚区（图 4-5-1）。其中华北冬油菜亚区再划分为太行山东麓冬油菜亚亚区、

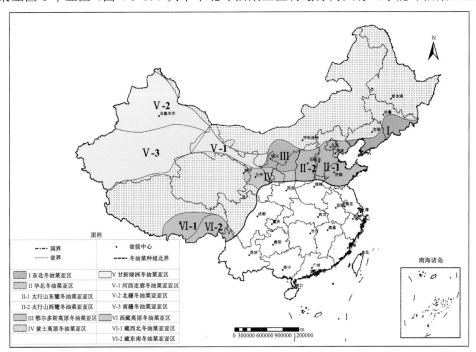

图 4-5-1　北方旱寒区冬油菜种植区划图

太行山西麓冬油菜亚亚区 2 个亚亚区；甘新绿洲冬油菜亚亚区再划分为河西走廊冬油菜亚亚区、北疆冬油菜亚亚区、南疆冬油菜亚亚区 3 个亚亚区；西藏高原冬油菜亚区再划分为藏东南冬油菜亚亚区、藏西北冬油菜亚亚区 2 个亚亚区，各亚区和亚亚区的主要气候指标如下。

一、东北冬油菜亚区（Ⅰ）

以山海关为西南界，北至吉林公主岭以南地区，包括辽宁沿海地区、吉林公主岭及以南的延吉、蛟河等地。≥0℃积温 3307.88（延吉）～4422.87（大连）℃，年平均气温 5.69（延吉）～11.26（大连）℃，最冷月均温-10.7（延吉）～-2.7（大连）℃，最冷月平均最低气温-17.9（丹东）～-6.8（大连）℃，极端低温-31.6（延吉）～-18.8（大连）℃，冬季≤0℃负积温-1165.66（延吉）～-307.1（大连）℃，无霜期 150～200 天。

适宜的冬油菜类型为强冬性白菜型冬油菜。

二、华北冬油菜亚区（Ⅱ）

本亚区北界为北京密云、河北宣化、山西大同以南，南以晋城、运城、安阳及山东北纬 35°左右地区为界，东至黄海沿岸，西以山西黄河为界。根据热量条件和地貌特征，本亚区以太行山为界，划分为太行山东和太行山西 2 个亚亚区。

适宜的冬油菜类型为强冬性白菜型冬油菜。

Ⅱ-1 太行山东麓冬油菜亚亚区，包括北京、天津、山东和河北宣化以南地区，≥0℃积温 4589.11（密云）～4994.92（天津）℃，年均温 11.26（密云）～12.9（天津）℃，最冷月均温-8.1（密云）～3.0（天津）℃，最冷月平均最低气温-12.6（密云）～-10.0（天津）℃，极端低温-23.3（密云）～-18.1（天津）℃，冬季≤0℃负积温-419.77（密云）～-245.05（天津）℃，无霜期 180～220 天。

Ⅱ-2 太行山西麓冬油菜亚亚区，包括山西阳泉及太原周边地区，≥0℃积温 4057.24（长治）～4401.6（太原）℃，年平均气温 9.89（太原）～10.42（长治）℃，最冷月均温-7.0（太原）～-5.0（长治）℃，最冷月平均最低气温-12.5（太原）～-12.0（太原）℃（长治），极端低温-23.3（太原）～-22.2（长治）℃，冬季≤0℃负积温-370.24（长治）～-335.1（太原）℃，无霜期 150～200 天。

三、鄂尔多斯高原冬油菜亚区（Ⅲ）

北以内蒙古临河与黄河为界，西以贺兰山为界，东至黄河山西界，南以毛乌素沙漠南缘的中卫、中宁、靖边为界，包括陕北榆林、内蒙古临河与宁夏银川周边地区。≥0℃积温 3888.22（靖边）～4047.51（临河）℃，年平均气温 8.1（临河）～8.77（靖边）℃，最冷月均温-9.1（临河）～-7.3（靖边）℃，最冷月平均最低气温-15.6（临河）～-12.2℃（靖边），极端低温-27.3（靖边）～-27.2（临河）℃，冬季≤0℃负积温-792.75（临河）～-528.86（靖边）℃，无霜期 150 天左右。

适宜的冬油菜类型为强冬性白菜型冬油菜。

四、 黄土高原冬油菜亚区（Ⅳ）

南以北纬35°左右为界，北以毛乌素沙漠南缘为界，东以黄河陕西界为界，西至青海海东以东，包括陕北延安周边、甘肃陇东与天水及陇中地区、青海东部的民和等。≥0℃积温3304.48（临洮）～3995.4（西峰）℃，年平均气温7.47（临洮）～9.2（西峰）℃，最冷月均温-4.2（西峰）～-6.6（临洮）℃，最冷月平均最低气温-17.8（临洮）～-11.3（西峰）℃，极端低温-27.9（临洮）～-21.4（西峰）℃，冬季≤0℃负积温-457.92（临洮）～-299.19（西峰）℃，无霜期150～210天，。

除天水秦州以南外，其他地区不能种植甘蓝型冬油菜，适宜的冬油菜类型为强冬性白菜型冬油菜。

五、甘新绿洲冬油菜亚区（Ⅴ）

本亚区东以贺兰山为界，东北以腾格里沙漠和巴丹吉林沙漠南缘为界，西北以新疆阿尔泰山为界，南以祁连山、昆仑山和阿尔金山为界。根据气候条件，本亚区以北山（马鬃山）和天山为界，划分为河西走廊冬油菜亚亚区、北疆冬油菜亚亚区和南疆冬油菜亚亚区3个亚亚区。

适宜的冬油菜类型为强冬性白菜型冬油菜。

Ⅴ-1 河西走廊冬油菜亚亚区，包括北山（马鬃山）以东、贺兰山以西地区。≥0℃积温3754.52（酒泉）～4019.68（武威）℃，年平均气温7.79（酒泉）～8.53（武威）℃，最冷月均温-7.2（武威）～-8.9（酒泉）℃，最冷月平均最低气温-18.8（酒泉）～-18.2（武威）℃，极端低温-31.6（酒泉）～-27.0（武威）℃，≤0℃冬季负积温-746.83（酒泉）～-520.45（武威）℃，无霜期150天左右。

Ⅴ-2 北疆冬油菜亚亚区，包括天山以北地区。≥0℃积温3949.14（塔城）～4370.35（乌鲁木齐）℃，年平均气温7.34（塔城）～7.65（乌鲁木齐）℃，最冷月平均气温-12.1（塔城）～-9.7（乌鲁木齐）℃，最冷月平均最低气温-24.7（塔城）～-15.6（乌鲁木齐）℃，极端低温达-51℃，一般为-33.3（塔城）～-30.0（乌鲁木齐）℃，冬季≤0℃负积温-1092.0（塔城）～-885.04（乌鲁木齐）℃，无霜期150天左右。

Ⅴ-3 南疆冬油菜亚亚区，包括天山山脉以南地区。≥0℃积温4934.38（莎车）～5119.26（喀什）℃，年平均气温12.01（莎车）～12.28（喀什）℃，最冷月均温-5.2（莎车）～-4.8（喀什）℃，最冷月平均最低气温-13.3（喀什）～-10.7（莎车）℃，极端低温-24.1（莎车）～-22.3（喀什）℃，冬季≤0℃负积温-358.3（莎车）～-310.28（喀什）℃，年降水量50～150mm，无霜期210天左右。

六、西藏高原冬油菜亚区（Ⅵ）

本亚区是一个冬油菜孤地，海拔高，积温少，热量不足，降雨差异大，冬油菜分布在拉萨周边及以南地区。根据气温和降水等因素差异，以工布江达为界，划分为藏西北和藏东南 2 个亚亚区。

适宜的冬油菜类型主要为强冬性与冬性白菜型冬油菜，林芝及其南部地区可选择适宜的强冬性或冬性甘蓝型冬油菜作为搭配品种种植。

Ⅵ-1 藏西北冬油菜亚亚区，包括拉萨周边地区、山南地区和日喀则地区等。≥,0℃积温 3508.95℃左右，年平均气温 7.4℃左右（拉萨），最冷月均温-2.0℃左右，最冷月平均最低气温-12.1℃（拉萨），极端低温-16.5℃，冬季≤0℃负积温-70.36℃，年降水量 400～600mm，无霜期 150 天左右。

Ⅵ-2 藏东南冬油菜亚亚区，包括林芝地区以南及藏南谷地的林芝、密林、波密、察隅、墨脱等地。积温 3450.31℃，年平均气温 9.09℃，最冷月均温-0.8℃，最冷月平均最低气温-12.1℃，极端低温-13.7℃，冬季≤0℃负积温-18.31℃，年降水量 650～1000mm，无霜期 150～200 天。

第六节　北方旱寒区各冬油菜亚区的自然条件及栽培技术

一、东北冬油菜亚区

（一）范围及概况

本亚区位于我国东北，以山海关为南界，主要包括辽宁沿海地区，吉林沿江地区的延吉、蛟河等地。

（二）自然条件

本亚区纬度高，气候严寒，冬季漫长，容易发生倒春寒危害，夏季气温高，秋季降水量大。海拔 200～800m，全年太阳辐射总量在 100～200cal/cm^2，全年日照 2100～2600h，全年降水量 600～1100mm，年平均气温 5.69～11.26℃，最冷月均温-2.7～-10.7℃，极端最低气温-31.6～-18.8℃，冬季≤0℃负积温-1165.66～-307.1℃，≥0℃活动积温 3307.88～4422.87℃，≥10℃活动积温 2925.57～3971.94℃，无霜期 150～200 天。

（三）农作物生产概况

本亚区为一年一熟制，农作物为玉米、水稻、大豆、小麦及油料、杂粮等。冬油菜最适宜区主要在绥中、大连、普兰店、连山、庄河、丹东一带。本区地处寒温带南部，雨水较为丰富，土地辽阔，气候湿润，气温温差较小，适宜冬油菜生产。前茬种植冬油菜，后茬种植早熟玉米或向日葵等，可改革目前的一年一熟制为一年二熟/二年三熟制，提高经济效益。

（四）发展冬油菜生产的有利条件

本亚区玉米等占有较大比重，而且均为单种，热量条件比较好，冬闲地面积大，为发展冬油菜+后茬复种作物、改一年一熟为一年二熟/二年三熟提供了条件，也可研发冬油菜—水稻一年二熟/二年三熟的种植模式，将玉米、水稻等改为冬油菜后茬复种作物，通过发展冬油菜—玉米、冬油菜—水稻一年二熟/二年三熟来发展冬油菜生产，实现粮油双增收。

（五）发展冬油菜生产的关键

1. 选好品种。

由于纬度高，气候严寒，冬季漫长，初冬晚春常受寒潮侵袭，冬油菜整个生育过程均处在不利的气候条件之下，保收率低。必须选择强抗寒白菜型冬油菜品种'陇油 6 号'、'陇油 7 号'等为主栽品种，8 月中下旬播种，6 月 10 日左右成熟，做到适期播种，合理密植，精细管理，冬前达到壮苗标准。

2. 研发、推广应用适合本亚区的冬油菜安全越冬技术，保证越冬率。

3. 推广机械化栽培技术。

4. 推广冬油菜复种早熟玉米、水稻、大豆、向日葵等高效种植模式。

二、华北冬油菜亚区

包括太行山东和太行山西 2 个亚亚区。

（一）太行山东麓冬油菜亚亚区

1. 范围及概况

本区位于我国华北东部，以山海关为北界，太行山为西界，主要包括北京、天津、河北（除张家口坝上）和山东。

2. 自然条件

本区纬度高，冬季气候严寒，冬春季风大雨少，容易发生倒春寒危害，春季短，升温迅速且气温高，夏季气温高，秋季降水量大。

河北（除张家口坝上地区）、北京、天津地区冬季气候条件相似，甘蓝型冬油菜不能越冬。本区海拔 3.5～2000m，全年日照 2000～2800h，全年降水量 500～700mm，年平均气温 11.2～12.9℃，最冷月均温-8.0～-3.0℃，极端低温-23.0～-18.1℃，冬季≤0℃负积温-419.7～-245.0℃，无霜期 180～200 天，≥0℃活动积温 4589.11～4994.92℃，≥10℃活动积温 4236.83～4619.45℃。

山东位于本区东部，海拔 50～500m，气候受海洋影响大。全年日照 2290～2890h，全年降水量 550～950mm，年平均气温 11～14℃，最冷月均温-4.0～1.0℃，冬季≤0℃负积温-136.88℃左右，极端低温为-16.4℃左右。≥0℃的积温为 5489.0℃左右，≥10℃的积温为 5067.570℃左右，以鲁西南为最高，胶东半岛最低，年平均无霜期为 180～220 天。除南部的枣庄等地外，其余地区甘蓝型冬油菜不能越冬。

3. 农作物生产概况

本区耕作制度包括一年二熟制与一年一熟制，一年二熟所占比重大。农作物为小麦、玉米、棉花、花生、芝麻、水稻等。冬油菜主要在邯郸、石家庄、保定、北京、天津、济南、青岛及枣庄等地。本亚亚区地处寒温带南部，雨水较为丰富，土地辽阔，气候湿润，气温温差较小，适宜冬油菜生产，是一个发展潜力较大的冬油菜区。前茬种植冬油菜，后茬种植花生、棉花、玉米或向日葵等，有利于增加华北地区冬春季植被覆盖度，保护环境，改革目前棉花、花生等作物的一年一熟制为冬油菜—棉花、冬油菜—花生的一年二熟制，实现粮棉油同步增产，提高经济效益。

4. 发展冬油菜生产的有利条件

本区棉花、花生等占有较大比重，春玉米面积也较大，而且均为一季作，冬闲地较多，为发展冬油菜、实现一年二熟提供了条件。可将棉花、花生、春玉米等改为冬油菜后茬复种作物，通过发展冬油菜—棉花、花生、夏玉米一年二熟来发展冬油菜生产。

5. 发展冬油菜生产的关键

1）选好品种。

由于纬度高，气候严寒，春旱较多，初冬晚春常受寒潮侵袭。北部与中部地区甘蓝型冬油菜不能越冬，大名等地甘蓝型冬油菜越冬保证率也很低，必须以强抗寒白菜型冬油菜品种'陇油6号'、'陇油7号'等为主栽品种，搭配种植'陇油8号'、'陇油9号'；南部地区可种植'陇油12号'、'陇油14号'、'天油7号'、'天油4号'等品种。9月上中旬播种，5月下旬至6月上旬成熟。提高播种质量，做到适期播种，合理密植。

2）推广冬油菜安全越冬技术，保证越冬率。

3）推广机械化栽培技术。

4）推广冬油菜复种棉花、花生、大豆、玉米等高效种植技术。

（二）太行山西麓冬油菜亚亚区

1. 范围及概况

本区位于我国华北西部，以太行山为东界，大同为北界，黄河为西界，运城为南界，主要包括太原及周边地区。

2. 自然条件

本区纬度高，冬季气候严寒，春季风大雨少，北部地区冬季长，热量不足。倒春寒危害发生频繁，秋季降水量较大。除南部的运城外，其他地区甘蓝型冬油菜不能越冬。大部分地区海拔1000~2000m，全年日照2039.5~2947.85h，全年降水量400~650mm，年平均气温9.89~10.42℃，最冷月均温–7.0~–5.0℃，最冷月最低平均气温–12.5~–12.0℃，极端低温–23.3~–22.2℃，≤0℃冬季负积温–370.24~–335.1℃，≥0℃活动积温40561.24~4401.6℃，≥10℃活动积温33051~3980.75℃，无霜期150~200天。除南部的运城等地外，其余地区甘蓝型冬油菜不能越冬。

3. 农作物生产概况

本亚区除南部的运城外，其他地区为一年一熟制。农作物为小麦、玉米、棉花、胡麻、向日葵、马铃薯、荞麦、燕麦、谷子、糜子。冬油菜主要分布在运城、晋中、太原等地。本亚亚区地处寒温带南部，雨水较为丰富，土地辽阔，中南部气候湿润，气温温差较小，适宜冬油菜生产，是一个发展潜力较大的冬油菜区。前茬种植冬油菜，后茬种植花生、棉花、玉米或向日葵等，改一年一熟制为一年二熟制或二年三熟制，提高经济效益。

4. 发展冬油菜生产的有利条件

本区基本是一个二季不足、一季有余地区，玉米、糜子、谷子、荞麦、马铃薯、棉花等占有较大比重，而且均为一季作，冬闲地面积大，为发展冬油菜、改一年一熟为二年三熟/一年二熟提供了条件。可将玉米、糜子、谷子、荞麦、马铃薯、棉花等改为冬油菜后茬复种作物，通过发展冬油菜—玉米、冬油菜—糜子、冬油菜—棉花等一年二熟来发展冬油菜生产，实现粮油双增收。

5. 发展冬油菜生产的关键

1）选好品种。

由于纬度高，海拔高，冬季气候严寒，冬寒春旱，冬油菜生长受不利气候条件影响较大。必须选择强抗寒白菜型冬油菜品种'陇油 6 号'、'陇油 7 号'等为主栽品种，搭配种植'陇油 8 号'，太原以南可种植'陇油 9 号'、'陇油 12 号'、'陇油 14 号'、'天油 4 号'、'天油 7 号'等品种，8 月中下旬播种，6 月上旬成熟，后茬复种谷子、早熟玉米、向日葵、秋杂粮、蔬菜、饲草等。

2）推广秋季抓壮苗、春季促春发的秋壮春发北方冬油菜栽培技术，保证安全越冬。

3）研发推广冬油菜机械化栽培技术。

4）推广冬油菜复种玉米、大豆、向日葵、秋杂粮、棉花等高效种植模式。

三、鄂尔多斯高原冬油菜亚区

（一）范围及概况

本区位于鄂尔多斯高原南部，主要包括陕北榆林、内蒙古临河与宁夏银川周边地区及中卫等地。耕地面积较大，农业人口人均占有耕地较多。

（二）自然条件

本区地处沙漠腹地，纬度高，冬季气候严寒、漫长，气温相差较大，降雨稀少，冬春季风大干旱，蒸发量大，沙尘暴频发，倒春寒是常见灾害。夏季气温高，秋季降雨较多。海拔 1041.1～1336.7m，年日照 2708.8～3086.9h，年降水量 149.0～384.7mm，主要集中在秋季。年平均气温 8.1～8.77℃，最冷月均温–9.3～–7.3℃，最冷月最低平均气温–15.6～–12.2℃，极端低温–27.3～–27.2℃，≤0℃冬季负积温–792.75～–528.86℃，≥0℃活动积温 3888.22～4047.51℃，≥10℃活动积温 3470.28～3680.52℃，无霜期 150 天左右。

（三）农作物生产概况

本亚区耕作制度为一年一熟制，土地冬闲。农作物为小麦、玉米、马铃薯、荞麦、燕麦、谷子、糜子、胡麻、向日葵。冬油菜主要分布在靖边、银川等地。本亚区地处寒温带，土地辽阔，气候干旱，气温温差大。前茬种植冬油菜，后茬复种玉米或向日葵、马铃薯、水稻等，改一年一熟制为一年二熟制/二年三熟制，有利于提高经济效益。

（四）发展冬油菜生产的有利条件

本区为二季不足、一季有余地区，玉米、向日葵、谷子、荞麦、马铃薯、水稻等占有较大比重，而且均为单种，可将玉米、糜子、谷子、荞麦、马铃薯、水稻等作物改为冬油菜后茬复种作物，通过发展冬油菜—玉米、冬油菜—马铃薯、冬油菜—水稻、冬油菜—向日葵等一年二熟高效种植模式来发展冬油菜生产，实现粮油同步增产。

（五）发展冬油菜生产的关键

1）选好品种。

本亚区由于纬度高，冬季严寒、漫长，极端低温与冬季负积温低，加之地处沙漠腹地，气候干旱，土壤为沙质土，气温日变化大，冬油菜生长的土壤环境及整个生育过程均处于严酷条件下。必须选择强抗寒白菜型冬油菜'陇油 6 号'、'陇油 7 号'等品种为主栽品种，8 月中旬播种，6 月 10 日左右成熟，做到适期播种，合理密植。

2）研发、推广应用适合本亚区的冬油菜安全越冬技术，保证越冬率。

3）研发、推广应用适合本亚区的机械化栽培技术。

4）因地制宜推广冬油菜复种谷子、早熟玉米、向日葵、马铃薯、水稻等高效种植技术。

四、黄土高原冬油菜亚区

（一）范围及概况

本亚区位于我国西北，以毛乌素沙漠南缘为北界，洛川、长武、天水秦州区、岷县为南界，黄河为东界，青海省海东为西界，包括陕北延安周边、甘肃陇东与天水及陇中地区、临夏州、宁夏固原、青海海东。本区土地资源丰富，耕地占国土面积大，冬闲地面积大。

（二）自然条件

本亚区地形复杂，海拔 1000～2800m，有山地、谷地、塬地、黄土丘陵。渭北旱塬为黄土丘陵沟壑区，耕作土壤主要为黑垆土与黄绵土两大类。灌溉条件差，主要为雨养农业。气候特点是冬季寒冷干燥，春旱多风，易发生倒春寒危害，夏季气温较高，秋季降水量较大。年平均气温 7.47～9.2℃，最冷月平均温度−6.6～−4.2℃，最冷月最低平均气温−17.8～−11.3℃，极端低温−27.9～−21.4℃，稳定在 0℃ 以下的日数 70～143 天，无霜期 144～180 天。年日照时数 1900～2800h，年降水量 300～800mm，9 月至次年 5 月降水量为 140～355mm，由东向西，由南向北递减。≤0℃ 冬季负积温−457.92～−299.19℃，≥0℃ 活动积温 3304.48～3995.14℃，≥10℃ 活动积温 3119.82～3518.33℃。除天水秦州以南及少部分川水区外，其它地区不能种植甘蓝型冬油菜。

（三）农作物生产概况

本亚区土地资源丰富，耕作制度包括一年一熟与一年二熟、二年三熟。以一年一熟为主。农作物为小麦、玉米、马铃薯、油菜、荞麦、燕麦、谷子、糜子、胡麻、向日葵。油菜、胡麻为主要油料作物，冬油菜主要分布在延安周边、天水、庆阳、平凉、定西、兰州、临夏、青海民和及宁夏固原周边地区。本亚区地处寒温带，土地辽阔，气温温差较小，春季日照时数多，适宜冬油菜生产，是一个发展潜力较大的冬油菜区。前茬种植冬油菜，后茬种植马铃薯、荞麦、谷子、糜子、玉米、向日葵、饲草等，有利于改一年一熟制为一年二熟制或二年三熟制，实现粮油协同增产，提高经济效益。

（四）发展冬油菜生产的有利条件

本亚区多为二季不足、一季有余地区，耕地多，冬闲地面积大，玉米、糜子、谷子、荞麦、马铃薯等占有较大比重，而且均为一季作，前茬种植冬油菜，可将玉米、糜子、谷子、荞麦、马铃薯等改为冬油菜后茬复种作物，通过扩大冬油菜—玉米、冬油菜—谷子等一年二熟高效种植模式，发展冬油菜生产，实现粮油协同增产。冬油菜面积 400 万亩左右，潜在面积 1000 万亩左右。

（五）发展冬油菜生产的关键

1）选好品种。

本亚区由于气候严寒、干旱，对冬油菜生长发育不利。除天水南部外，甘蓝型冬油菜不能越冬。必须选择'陇油 6 号'、'陇油 7 号'等强抗寒白菜型冬油菜品种为主栽品种，搭配种植'陇油 8 号'、'陇油 9 号'等品种；天水和热量条件较好的地区以'天油 7 号'、'天油 8 号'等品种为主栽品种，搭配种植'陇油 12 号'等品种。8 月中下旬播种，5 月下旬至 6 月上旬成熟，做到施足底肥、适期播种，合理密植。

2）推广冬油菜安全越冬技术，保证越冬率。

3）推广机械化栽培技术。

4）推广冬油菜复种谷子、糜子、玉米、马铃薯、向日葵、豌豆、大豆、秋杂粮、蔬菜、饲草等高效种植模式。

五、甘新绿洲冬油菜亚区

本亚区位于我国西北，主要包括新疆与甘肃河西走廊地区。土地资源丰富，耕地面积大，农业人口人均耕地 5 亩左右。

本亚区地处内陆，纬度高，海洋季风影响微弱，属干旱、半荒漠大陆性气候。其特点是冬季严寒，春温多变，夏季炎热，秋季气温下降迅速，气温年较差、日较差和年际间变化均很大，冬季与春季风大雨少，倒春寒危害频繁。全年日照时数 2600～3000h，全年降水量 39.8～298.6mm，大部分地区在 100mm 以下，最低在 10mm 左右，且降水总量的 70%集中于秋季，春雨特少，年平均气温 7.34～12.28℃，最冷月均温–12.1～–4.8℃左右，极端低温–33.3～–22.3℃，≤0℃冬季负积温–1092.0～–310.28℃，无霜期 150～200天，≥0℃活动积温 3754.52～5119.26℃，≥10℃活动积温 3079.77～4588.6℃。年日照时数长，气温日较差大，对促进光合作用、增加干物质积累有利，且水源年度变化小，产量比较稳定。

本亚区地处寒温带，为一年一熟制。农作物为小麦、玉米、棉花、甜菜、春油菜、胡麻、向日葵、马铃薯等。新疆北部的阿勒泰、塔城、乌鲁木齐等地冬季尤其寒冷，冬季极端低温−45～−30℃，但有 15～60cm 的稳定积雪层覆盖，土地辽阔，适宜冬油菜生产，是一个发展潜力较大的冬油菜区。冬油菜 8 月下旬至 9 月上旬播种，次年 5 月下旬至 6 月初成熟收获，生育期 250～280 天，后茬种植花生、棉花、早熟玉米或向日葵、马铃薯、蔬菜、饲草等，有利于改一年一熟制为一年二熟制或二年三熟制。但由于本亚区干旱少雨，湿度小，纬度高，气候严寒，冬季漫长，春季增温迅速，倒春寒发生频繁，必须选择超强抗寒品种'陇油 6 号'、'陇油 7 号'等为主栽品种，搭配种植'陇油 8 号'、'陇油 9 号'等品种，并进行安全越冬栽培技术研究，研发高效种植模式，以稳定发展冬油菜生产。目前冬油菜在起步阶段，播种面积小，加之冬油菜是新型农作物，需要在不影响粮食生产的前提下，研究推广粮食作物与冬油菜的高产高效轮作制度，以及机械化栽培技术，以推进冬油菜生产。本亚区包含以下 3 个亚亚区。

（一）河西走廊冬油菜亚亚区

1. 分布范围

本区包括甘肃河西走廊及周边地区，是冬油菜生产发展比较快的区域，种植面积从无到有。全区耕地面积 1200 万亩左右，人均耕地面积 3.23 亩。

2. 自然条件

本区气候条件的主要缺点是冬季严寒，无积雪覆盖，干旱少雨，蒸发量大，湿度小，风沙大，且有干热风危害。海拔 1000～2000m，全年日照时数 2200～3065h，全年降水量 200mm 以下，最低在 39.9mm 左右，70%降水集中于秋季，春雨少，平均气温 7.79～8.53℃，最冷月均温−8.9～−7.2℃，最冷月最低平均气温−18.8～−18.2℃，极端低温−31.6～−27.0℃，≤0℃冬季负积温−746.83～−520.45℃，无霜期 150～186 天，≥0℃活动积温 3754.52～4019.68℃，≥10℃活动积温 3321.72～3600.96℃，无霜期 150 天左右，适于冬油菜生长。年日照时数长，光照充足，气温日较差大，对促进光合作用、增加干物质积累有利，而且有祁连山天然降水、冰雪资源提供灌溉条件，且灌溉水源年度变化较小，农作物产量比较稳定。

3. 农作物生产概况

本区为一年一熟制区，农作物为小麦、玉米、棉花、春油菜、向日葵、马铃薯等。2005～2014 年连续 9 年冬油菜试验示范表明，冬油菜能够安全越冬，产量高、含油率高，增产潜力大，冬油菜生产可在取代部分胡麻和春油菜面积的基础上，创造条件，积极推广冬油菜复种早熟玉米、马铃薯、向日葵、秋杂粮、棉花、蔬菜、饲草等高效种植模式，改一年一熟为一年二熟与二年三熟，提高效益。

4. 发展冬油菜生产的有利条件

本区为二季不足、一季有余地区，冬闲地面积大，气候条件适宜冬油菜生产。马铃薯、玉米、向日葵、棉花等占有较大比重，而且均为单种，通过发展冬油菜生产，可将马铃薯、向日葵、玉米、棉花等改为冬油菜后茬复种作物，通过发展冬油菜—马铃薯、冬油菜—糜子或谷子、冬油菜—玉米、冬油菜—棉花等高效种植模式来发展冬油菜生产。

5. 发展冬油菜生产的关键

1）选好品种。

由于本区纬度高，冬季寒冷漫长，必须选择强抗寒白菜型'陇油 6 号'、'陇油 7 号'等品种为主栽品种，搭配种植'陇油 8 号'、'陇油 9 号'。8 月中下旬适时播种，6 月 10 日左右成熟，做到适期播种，合理密植。

2）推广冬油菜安全越冬技术，保证越冬率。

3）研发推广机械化栽培技术。

4）推广冬油菜复种谷子、玉米、棉花、马铃薯、向日葵、秋杂粮、蔬菜、饲草等高效种植模式。

（二）北疆冬油菜亚亚区

1. 分布范围

本区位于乌鲁木齐以北区域，包括天山北坡至准噶尔盆地南缘的塔城、乌鲁木齐以及拜城、阿勒泰等地区。该区耕地面积 4000 万亩左右，人均 9.94 亩。

2. 自然条件

北疆是我国气候最为寒冷的地区之一，海拔 443～735m，全年日照时数 2872.4h，全年降水量 212.6～298.6mm，70%的降水集中于秋季，春雨特少，但有积雪融化补充降雨不足，年平均气温 7.34～7.65℃，最冷月平均气温–12.1～–9.7℃，最冷月最低平均气温–24.7～–15.6℃，极端低温最低值为–51℃，一般为–33.3～–30.0，≤0℃冬季负积温–1092～–885.04℃，无霜期 150 天左右，≥0℃活动积温 3949.14～4370.35℃，≥10℃活动积温 3079.77～4063.13℃，与南疆比较，≥10℃的活动积温低，无霜期短，霜冻较频繁。但天山北坡处于逆风面，雨雪和冰川较多，阿尔泰山、天山山地降水量可达 500～600mm，水资源丰富，绿洲大，且积雪深厚，一般在 10cm 以上。热量条件一季有余，日照充足，气温日较差大，对促进光合作用、增加干物质积累有利，而且有天山天然降水，冰雪资源提供灌溉条件，且水源年度变化小，农作物产量比较稳定。

3. 农作物生产概况

本区耕作制度为一年一熟，农作物主要为小麦、玉米、棉花、甜菜、芥菜型春油菜、向日葵、马铃薯等。棉花、玉米是本区主导农作物。本区日光充足，日温差大，夏温较高，冬季有积雪覆盖。2007～2014 年连续 7 年冬油菜试验示范表明，冬油菜能够安全越冬，产量高、含油率高，增产潜力大。

4. 发展冬油菜生产的有利条件

本区热量条件差，二季不足、一季有余，冬闲地面积大，玉米、棉花、向日葵等占有较大比重，而且均为一季作，可将玉米、棉花、向日葵等改为冬油菜后茬复种作物，通过发展冬油菜—玉米、冬油菜—棉花等一年二熟来发展冬油菜生产,实现粮油、棉油双丰收。

5. 发展冬油菜生产的关键

1)选好品种。

由于纬度高,冬季寒冷漫长,必须选择强抗寒的'陇油6号'、'陇油7号'等品种为主栽品种。8月下旬播种,6月上旬成熟,后茬复种早熟玉米、棉花、向日葵、秋杂粮、蔬菜、饲草,抗寒品种与栽培技术配套推广,做到适期播种,合理密植。

2)研发、推广冬油菜安全越冬技术,保证安全越冬。

3)研发、推广冬油菜机械化栽培技术。

4)推广冬油菜复种玉米、番茄、棉花、花生、向日葵等高效种植模式。

(三)南疆冬油菜亚亚区

1. 分布范围

本区位于天山和昆仑山之间,包括新疆的吐鲁番、巴音郭楞、和田、阿克苏、喀什、且末、若羌、克孜勒苏地区(自治州)及哈密地区的哈密县。喀什、和田和且末、若羌等地。夏季气候炎热,土壤盐分重,肥力较低。该地区耕地面积3000万亩左右,人均3.59亩。

2. 自然条件

本区夏季高温、干旱,冬季严寒,气温日变化大,春季大风、沙尘暴等灾害频发,农业区海拔100～1000m,全年日照时数2850.2h,年降水量在27.6～80.4mm,干旱度一般10～60,冬季无积雪。年平均气温12.01～12.28℃,最冷月均温–5.2～–4.8℃,最冷月最低平均气温–13.3～–10.7℃,极端低温–24.1～–22.3℃,≤0℃冬季负积温–358.3～–310.28℃,≥0℃活动积温4934.38～5119.26℃,≥10℃活动积温4312.95～5030.63℃,降水量50～150mm,无霜期210天左右。该区域热量资源丰富,光照充足,春秋霜冻比北疆少,又有稳定的灌溉水源,发展冬油菜潜力大。

3. 农作物生产概况

本亚亚区耕作制度有一年二熟和一年一熟。农作物为小麦、玉米、棉花、向日葵等。2007～2014年连续7年冬油菜试验示范表明,冬油菜能够安全越冬,产量高、含油率高,增产潜力大。冬油菜生产可在取代部分春油菜的基础上,通过推广冬油菜复种早中熟玉米、棉花、向日葵、秋杂粮、蔬菜、饲草等一年二熟与二年三熟及果—油套种等种植模式发展冬油菜生产。

4. 发展冬油菜生产的有利条件

南疆大部分地区热量与灌溉条件好,以棉花与林果业为主导产业,冬闲地面积大,冬油菜与林果业共生期短,可通过果—油套种等模式,将棉花与玉米一季作改为冬油菜后茬复种棉花与玉等米一年二熟高效种植模式来发展冬油菜生产。

5. 发展冬油菜生产的关键

1)选好品种。

南疆热量条件好，对品种的抗寒性要求没有北疆地区严格，可选择'陇油 9 号'、'陇油 12 号'等抗寒品种为主栽品种，搭配种植'天油 4 号'、'天油 7 号'等品种。9 月中旬播种，5 月中下旬成熟，后茬复种玉米、棉花、向日葵、番茄等蔬菜及饲草等。

2）推广高产栽培技术与机械化栽培技术。

3）推广冬油菜复种玉米、番茄、向日葵、棉花和果—油套种等高效种植模式。

六、西藏高原冬油菜亚区

本亚区位于我国西南部，北抵甘新绿洲冬油菜亚区，南至国境线，包括西藏自治区全部。总耕地 300 万亩左右。油菜面积占全国的 0.29%左右，平均产量 57.4kg/亩。

西藏高原是一个由海拔 4000～6000m 的若干高大山岭和海拔 3000～5000m 的许多台地、湖盆相间组成的巨大"山塬"，气候类型复杂多样，高寒为其主要特征，主要气候特点为：一是热量不足，年平均温度低，活动积温少，日较差大；二是空气稀薄，含尘量小；三是光能资源丰富，是我国太阳辐射量最多的地区，大部分地区年日照时数达 2600～3000h；四是降水量分布不均，年降水量 100～500mm，局部地区达到 2000mm 以上，其中 90%的降水集中在 6～9 月，一般由东向西、由南向北递减。气候水平变化的总趋势是由东南端低热潮湿逐渐过渡到西北部的高寒干旱。

西藏高原气候冷凉，春温回升早，但升温缓慢，冬季无酷寒，夏天无酷热，日照时间长，昼夜温差大，降雨集中，对油菜种子发育和油分累积非常有利，因而千粒重大，含油量高，但冬春有低温冻害，春旱多风，夏有冰雹危害。总体来说，本亚区具有适宜冬油菜生长的气候条件，只要品种适宜，栽培科学，就易获得高产。冬油菜的发展潜力较大，可垦荒地，轮歇地多。但由于交通闭塞、耕地分散、农业技术推广难度大，耕作管理粗放，生产水平低。

本区包括藏西北和藏东南 2 个亚亚区。

（一）藏西北冬油菜亚亚区

1. 分布范围

本区位于我国西藏中部，包括拉萨周边地区以及日喀则、曲水、堆龙德庆、当雄、林周、墨竹、工卡等地区。

2. 自然条件

雅鲁藏布江自西向东横贯本亚亚区，长达 750km。由于受高原大陆性气候影响，气候温和干旱。海拔高，气候严寒，春季风大雨少，容易发生倒春寒危害，夏季凉爽，秋季降水量大，冬季气候严寒。海拔 3750m 左右，全年日照 3000h，全年降水量 200～510mm，年平均气温 7.4℃左右，最冷月均温–2.3℃左右，极端低温–16.5℃左右，≤0℃冬季负积温–70.36℃，无霜期 150～180 天，≥0℃活动积温 3508.85℃左右，≥10℃活动积温 1600～2300℃。

3. 农作物生产概况

本区由于高山峡谷地貌，自然气候条件复杂，农业生产区间变化很大，生物气候带的垂直变化剧烈，冷凉为其基本特点。农业为一年一熟制，主要农作物为青稞、白菜型春油菜、马铃薯、饲草等，2007～2013 年连续 6 年冬油菜试验示范表明冬油菜能够安全越冬，产量高、含油率高。冬油菜生产可在取代春油菜的基础上，创造条件，积极推广以冬油菜复种秋杂粮、蔬菜、饲草等高效种植模式，改一年一熟制为一年二熟制或二年三熟制，实现粮油、粮草协同增产，提高经济效益。

4. 发展冬油菜生产的有利条件

本区土地冬闲，饲草等占有较大比重，而且均为单种，可将饲草改为冬油菜后茬复种作物，通过发展冬油菜—饲草一年二熟来发展冬油菜生产。同时可用冬油菜取代部分春油菜，冬油菜发展潜力大。

5. 发展冬油菜生产的关键

1）选好品种。

本亚亚区海拔高，冬季漫长，冬春季日温差大，夜冻日消持续时间长，倒春寒发生频繁，不利于冬油菜越冬，必须选择强抗寒白菜型冬油菜品种'陇油 7 号'、'陇油 8 号'等为主栽品种，搭配种植'陇油 12 号'、'陇油 9 号'等品种。

2）研发推广冬油菜安全越冬技术，适期播种，合理密植，保证安全越冬。

3）研发推广机械化栽培技术。

4）推广冬油菜复种荞麦、饲草等高效种植模式。

（二）藏东南冬油菜亚亚区

1. 分布范围

本区位于拉萨以南，包括芒康、左贡、察隅、林芝、工布江达、米林、朗县、加查、隆子等地区。

2. 自然条件

本区海拔高，自然条件较好，气候受印度洋温暖气流影响，为温带温暖半湿润气候类型，气候温凉，冬无严寒，夏无酷热。雅鲁藏布江中游干、支河谷及大湾以南日光充足，冬季、春季雨少，秋季降水量大。海拔 3100～4000m，全年日照 2022～3300h，全年降水量 650～1000mm，其中 90%以上集中在 3～9 月，且夜雨率高达 80%，灌溉方便。作物生长季节长，光温配合较好，水分有效性高。年平均气温 9.09℃左右，最冷月均温-0.8℃左右，极端低温-13.7℃左右，≤0℃冬季负积温-18.31℃左右，≥0℃活动积温 3540.31℃左右，≥10℃活动积温 2429.56～2677.28℃，无霜期 150～300 天。

3. 农作物生产概况

本区多为一年一熟制区，主要农作物为青稞、大麦、小麦，其次为春油菜、马铃薯、豌豆、饲草等。冬油菜能够安全越冬，产量高，含油率高，增产潜力大。

4. 发展冬油菜生产的有利条件

本区大多数地区为一年一熟，兼有一年两熟、一年三熟以及两年三熟，饲草等占有较大比重，而且均为一季作，冬油菜生产可在取代春油菜的基础上，积极推广冬油菜复种秋杂粮、蔬菜、饲草等高效种植模式，前茬种植冬油菜，后茬种植饲草、蔬菜等，改一年一熟为一年二熟制或二年三熟，增加播种面积，提高单位面积经济效益。

5. 发展冬油菜生产的关键

1）选好品种。

由于海拔高，冬春季日温差大，必须选择强抗寒品种'陇油 8 号'、'陇油 9 号'为主栽品种，搭配种植'陇油 14 号'、'陇油 12 号'、'天油 8 号'、'天油 4 号'等品种。

2）推广应用冬油菜安全越冬技术，适期播种，合理密植，保证安全越冬。

3）研发推广机械化栽培技术。

4）推广冬油菜复种荞麦、饲草等高效种植模式。

第五章　北方旱寒区冬油菜发展潜力分析

超强抗寒冬油菜品种的育成与应用，解决了北方地区冬油菜越冬问题，冬油菜生产大幅度北移，成为北方地区重要的油料作物。这个区域地域辽阔，气候千差万别，冬油菜的发展前景如何，为人们所关注。有必要对这个区域冬油菜发展潜力进行分析研究，为发展本区冬油菜生产提供参考与依据。

第一节　北方旱寒区冬油菜发展潜力分析评估的意义

一、规划北方地区冬油菜生产发展的依据

冬油菜北移为北方旱寒区发展油菜生产、提高种植业经济效益、使农业生产与生态建设有机结合提供了新的思路，也为我国油菜产业发展提供了新的空间。模拟北方旱寒区冬油菜潜在空间分布，评估分析冬油菜发展潜力，对制定冬油菜和油料作物发展规划、促进北方冬油菜发展至关重要。

二、建立北方地区合理的种植业结构的依据

北方旱寒区冬油菜北移彻底打破了原有冬、春油菜种植界域，改变了传统农作物种植方式与种植业结构，因此，传统的种植制度已经不能适应当前冬油菜种植的实际状况与农业生产现状，研究分析北方旱寒区冬油菜发展的潜在空间分布，对北方旱寒区优化种植业布局，建立新的农作物种植结构，提高生态效益与经济效益具有重要的现实意义。

三、研制北方地区冬油菜生产支撑技术的依据

北方旱寒区广袤辽阔，东西南北跨度大，不同生态区间自然条件、栽培条件差异悬殊，对品种抗寒性与栽培技术要求完全不同，另外，品种的抗寒性差异大，所适应的生态区域与生态条件也有巨大差异。研究分析北方旱寒区冬油菜发展潜力与不同抗寒品种的应用潜力，分析、划分不同抗寒性冬油菜品种的适宜种植区域，研发制定相应支撑技术措施，对促进北方旱寒区冬油菜发展是十分必要的。

第二节　北方旱寒区冬油菜生态适应性模拟分析

一、研究方法

作物潜在空间分布的定量研究一般通过实地实验研究和模型模拟相结合的方法进

行。实验研究可以获得数据，但实验数据仅仅显示出区域作物潜在空间分布与环境变量之间存在的一定关系，无法对变量之间的内在联系作出进一步更确切的解释，另外，由于受到研究尺度和其他条件的限制，无法在大尺度范围内选择、设计大量试点开展有效的实地实验来解释作物分布的范围和变化趋势。而模型—理论的方法可以对事物发生发展的过程在宏观上加以思考、研究和认识。因此，模拟作物潜在空间分布范围，需要以实验数据作为基础，借助于模型的结构和参数，输入变量，将实验结果拓展到较大尺度和范围的空间模拟上，以此定量评估作物潜在空间分布及其发展潜力。这种方法已经广泛应用于动植物及农作物种植适宜性研究上。

甘肃农业大学将实地实验方法和模型模拟方法相结合，在长期田间试验的基础上，借助于物种分布模型和 GIS 空间分析技术，利用冬油菜安全越冬试点数据和气象数据，模拟北方旱寒区冬油菜潜在空间分布概率，提出北方旱寒区冬油菜适生区域，并在此基础上进一步对北方旱寒区冬油菜发展潜力进行分析评估。

（一）数据来源及处理

1、气象数据：根据国家气象信息中心提供的研究区域内 368 个气象站点连续 30 年（1980～2011 年）地面气象数据，计算各气象要素累年平均值。

2、地形数据：根据国家自然科学基金委"中国西部环境与生态科学数据中心"（http://westdc.westgis.ac.cn）提供的中国 1km 分辨率数字高程模型数据集，在 AICGIS10.0 中生成北方旱寒区 DEM（栅格大小为 1km×1km）、经度、纬度和海拔等数据。

3、田间试验数据：根据 2009～2012 年甘肃农业大学、甘肃省油菜工程技术研究中心、全国农业技术推广服务中心、新疆农业科学院、阿勒泰种子站、宁夏农林科学院、北京市农业技术推广站、甘肃省农技总站、甘肃省农业科学院、河北省农技站、天津市农技站、西北农林科技大学、靖边县良种场、西藏自治区农牧科学院、西藏大学农牧学院、辽宁农技站、内蒙古农牧业科学院、内蒙古农技站、天水市农业科学研究所、武威市农技中心、张掖市农业科学院、酒泉市农业科学研究所、山西省农技站等单位在研究区域内开展的冬油菜安全越冬样点筛选试验，获取了 90 个试点地理分布数据和冬油菜田间试验数据。

气象站点和试验样点分布如图 5-2-1 所示。

（二）研究方法

1. 筛选有效试点

为评估北方旱寒区冬油菜发展潜力，2009～2012 年连续 4 年安排了 90 个试点进行冬油菜安全越冬试验，参试材料选用 9 个具有不同抗寒类型的白菜型冬油菜品种，即超强抗寒性类型的'陇油 6 号'、'陇油 7 号'，强抗寒类型的'陇油 8 号'，抗寒类型的'陇油 9 号'、'延油 2 号'，耐寒类型的'天油 2 号'、'天油 5 号'、'天油 7 号'、'天油 8 号'（表 5-2-1）。上述参试品种抗寒性差异明显，经济性状优良，抗寒性和生育期适合北方旱寒区不同生态区栽培。

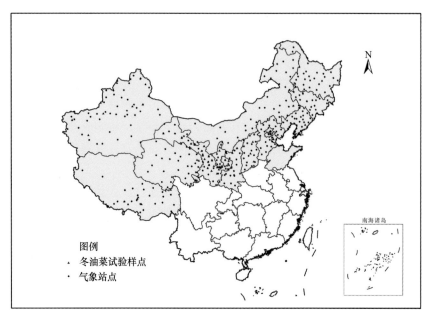

图 5-2-1 气象站点和冬油菜试点分布图

表 5-2-1 参试品种基本情况一览表

参试品种	类型	感光类型	选育单位
陇油 6 号	白菜型冬油菜	强冬性	甘肃农业大学
陇油 7 号	白菜型冬油菜	强冬性	甘肃农业大学
陇油 8 号	白菜型冬油菜	强冬性	甘肃农业大学
陇油 9 号	白菜型冬油菜	强冬性	甘肃农业大学
天油 2 号	白菜型冬油菜	强冬性	天水市农业科学研究所
天油 5 号	白菜型冬油菜	强冬性	天水市农业科学研究所
天油 7 号	白菜型冬油菜	强冬性	天水市农业科学研究所
天油 8 号	白菜型冬油菜	强冬性	天水市农业科学研究所
延油 2 号	白菜型冬油菜	强冬性	延安市农业科学研究所

北方旱寒区自然条件严酷,冬季干旱和冻害是该地区冬油菜生产的主要威胁,不仅影响冬油菜安全越冬,而且对冬油菜经济性状有较大影响。越冬率反映参试品种的适应性,是评价和选择冬油菜安全越冬试点的最重要因子,越冬率越高其适宜性越好。单位面积产量是衡量品种丰产性和稳定性的重要指标。根据 2009~2012 年连续 4 年的田间试验,整理统计试验结果,统计 90 个试点不同冬油菜品种平均越冬率和产量(表 5-2-2)。根据平均越冬率和产量两个指标,剔除冬油菜不能安全越冬的试点 14 个,选取剩余 76 个样点视为冬油菜能够安全越冬的有效试点(图 5-2-2),并将其作为冬油菜在北方旱寒区"存在"的分布信息。

2. 建立气象空间数据库

根据北方冬油菜生长发育特性,从历年试验研究中可能影响冬油菜越冬的气候条件及区域尺度上综合考虑,筛选年平均温度、≥0℃积温、≥10℃积温、≤0℃冬季负积温、

表 5-2-2　不同试点冬油菜平均越冬率

样点编号	所在省（市、自治区）	样点	经度（东经）（°）	纬度（北纬）（°）	平均越冬率（%）	平均产量（kg）
D1	西藏	拉萨	91.11	29.4	86	210
D2	西藏	林芝	94.28	29.34	89	230
D3	西藏	昌都	97.1	31.09	85	205
D4	西藏	日喀则	88.82	29.28	38	80
D5	西藏	桑日	92	29.26	82	218
D6	西藏	那曲	92.04	31.29	68	90
D7	新疆	阿勒泰	88.05	47.44	83	230
D8	新疆	塔城	83	46.44	88	221
D9	新疆	石河子	86.03	44.19	40	175
D10	新疆	奇台	89.52	44.02	88	230
D11	新疆	乌鲁木齐	87.37	43.47	89	209
D12	新疆	拜城	81.54	41.47	86	219
D13	新疆	喀什	75.59	39.28	87	221
D14	新疆	和田	79.56	37.8	88	225
D15	新疆	轮台	84.15	41.47	58	198
D16	新疆	哈密	93.31	42.49	87	180
D17	新疆	墨玉	79.43	37.17	65	198
D18	甘肃	敦煌	94.71	40.13	68	178
D19	甘肃	酒泉	98.5	39.71	75	240
D20	甘肃	张掖	100.46	38.93	70	190
D21	甘肃	武威	102.61	37.94	83	215
D22	甘肃	山丹	101.19	38.79	85	230
D23	甘肃	民勤	103.08	38.62	80	229
D24	甘肃	古浪	102.86	37.43	75	184
D25	甘肃	景泰	104.05	37.14	83	220
D26	甘肃	永登	103.25	36.73	84	214
D27	甘肃	靖远	104.71	36.54	75	239
D28	甘肃	平川	104.11	36.33	86	210
D29	甘肃	皋兰	103.97	36.32	89	205
D30	甘肃	榆中	104.09	35.87	79	240
D31	甘肃	临洮	103.88	35.39	83	240
D32	甘肃	会宁	105.08	35.72	87	225
D33	甘肃	静宁	105.73	35.51	93	230
D34	甘肃	陇西	104.61	34.98	95	200
D35	甘肃	天水	105.69	34.6	91	214
D36	甘肃	庄浪	106.06	35.2	95	221
D37	甘肃	泾川	107.38	35.31	90	209
D38	甘肃	环县	107.33	36.57	88	210
D39	甘肃	华池	108	36.44	92	180
D40	甘肃	庆城	107.88	36.03	93	264

样点编号	所在省（市、自治区）	样点	经度（东经）（°）	纬度（北纬）（°）	平均越冬率（%）	平均产量（kg）
D41	甘肃	合水	108.02	35.81	84	245
D42	甘肃	镇原	107.22	35.7	88	228
D43	甘肃	正宁	108.43	35.5	78	213
D44	甘肃	宁县	107.94	35.17	87	245
D45	青海	平安	102.09	36.47	85	199
D46	青海	西宁	101.74	36.56	89	215
D47	青海	都兰	98.06	36.18	75	190
D48	青海	甘德	99.54	33.58	63	178
D49	青海	乌兰	98.29	35.55	42	170
D50	青海	格尔木	94.54	36.25	80	209
D51	宁夏	银川	106.27	38.47	93	184
D52	宁夏	吴忠	106.21	37.99	94	186
D53	宁夏	泾源	106.33	35.5	92	209
D54	宁夏	平罗	106.54	38.91	95	198
D55	宁夏	隆德	106.11	35.63	89	178
D56	山西	祁县	112.33	37.36	97	230
D57	山西	长子	112.87	36.13	90	225
D58	山西	代县	112.97	39.07	91	230
D59	山西	晋城	112.83	35.52	90	216
D60	陕西	榆林	109.77	38.3	85	180
D61	陕西	靖边	108.79	37.61	86	175
D62	陕西	宝鸡	107.08	34.21	95	227
D63	陕西	汉中	107.02	33.04	89	215
D64	陕西	临潼	109.14	34.24	94	200
D65	陕西	延长	110.04	36.35	90	180
D66	北京	怀柔	116.62	40.32	83	174
D67	北京	顺义	116.65	40.13	90	185
D68	北京	通州	116.67	39.92	92	168
D69	北京	密云	116.85	40.37	90	151
D70	北京	昌平	116.2	40.22	90	145
D71	天津	武清	117.05	39.4	89	178
D72	天津	天津	117.2	39.13	93	189
D73	天津	宁河	117.49	39.21	80	185
D74	河北	保定	115.31	38.51	85	186
D75	河北	石家庄	114.25	38.02	90	183
D76	河北	邯郸	114.3	36.36	88	170
D77	河北	承德	117.56	40.58	93	179
D78	辽宁	凤城	124.05	40.47	87	186
D79	辽宁	丹东	124.37	40.13	88	195
D80	辽宁	普兰店	122.01	39.38	72	170

续表

样点编号	所在省（市、自治区）	样点	经度（东经）（°）	纬度（北纬）（°）	平均越冬率（%）	平均产量（kg）
D81	辽宁	辽阳	123.1	41.14	56	133
D82	辽宁	营口	122.16	40.4	62	130
D83	吉林	绥中	120.21	40.21	33	156
D84	吉林	伊通	125.17	43.21	47	173
D85	吉林	通化	125.54	41.41	66	181
D86	内蒙古	通辽	122.28	43.63	94	189
D87	内蒙古	磴口	107	40.2	70	178
D88	内蒙古	临河	107.25	40.45	77	190
D89	内蒙古	呼和浩特	111.41	40.49	70	167
D90	内蒙古	包头	109.51	40.44	57	151

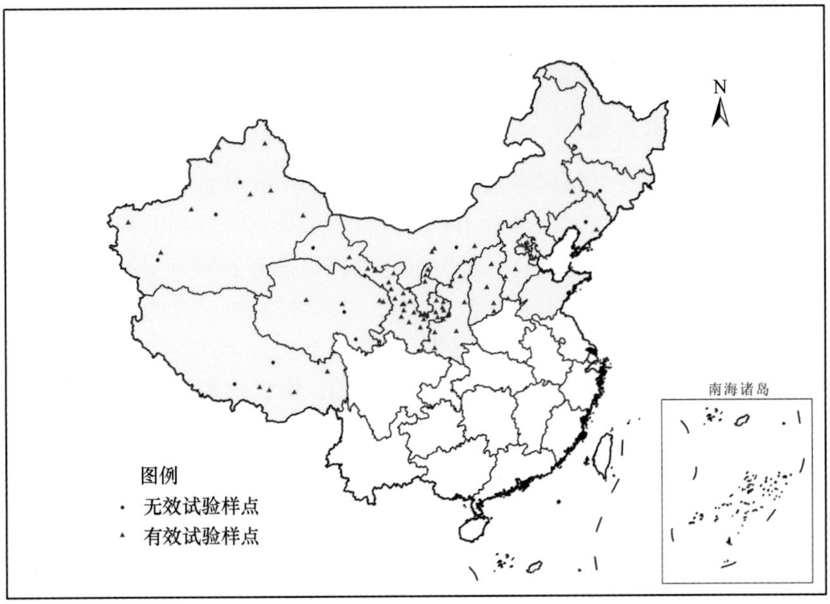

图 5-2-2　冬油菜有效试点分布图

年均降水量、生育期降水量、年均蒸发量、生育期蒸发量、最冷月平均气温、最冷月平均最低气温、极端低温等 11 个气象因子为可能影响冬油菜种植分布的潜在气象因子。

为了客观地描述研究区域气象要素的实际分布情况，采用基于 DEM 的小网格法，根据研究区域内分布的 368 个气象站点长序列气象资料，在 SPSS18.0 中对气象因子与地理因子进行多元回归分析，建立各潜在气象因子空间分布模型，模型可表示为

$$Z=f(x, y, h)+u$$

式中，Z 是某气候要素的观测值；x 是经度；y 是纬度；h 是海拔；u 是残差（即观测值与趋势值之差）。

在 Arcgis10.0 中利用 Spatial Analysis 工具根据模型对每个 DEM 单元格推算预测值，利用 Ordinary Kriging 插值方法对各气象因子残差进行插值，最后将模型推算结果与残差空间差值结果进行叠加，建立北方旱寒区各气象要素空间数据库，即 11 个潜在气象因子空间分布图层。

3. 模拟冬油菜潜在分布概率

利用最大熵模型模拟北方旱寒区冬油菜潜在空间分布，评估分析冬油菜发展潜力。最大熵模型（maximum entropy，Maxent）是一个密度估计和物种分布预测模型，是以最大熵理论为基础，基于有限的已知样本对未知分布进行无偏推断的一种选择型方法。最大熵模型在实际应用中，采用物种出现点数据和环境变量数据对物种生境适宜性进行评价，从符合条件的分布中选择熵最大的分布作为最优分布，预测物种存在的相对概率。研究表明，在同等条件下模拟物种潜在分布，最大熵模型的模拟精度要优于同类预测模型，特别是在物种分布数据不全的情况下，最大熵模型不仅能模拟物种是否存在，还可以预测物种存在的概率。

模型运行需要两组数据：一是目标物种的地理分布位点，即 76 个冬油菜有效试点地理分布数据，以经纬度的形式表示；二是预测目标地区的环境变量，即北方旱寒区 11 个潜在气象因子空间分布图层，以.asc 文件格式加载。将两组数据导入 Maxent，选取 75%的有效样点作为训练数据用于建立预测模型，25%的有效样点作为测试数据用于模型验证。

4. 划分冬油菜适宜种植区域

最大熵模型模拟出北方旱寒区冬油菜的存在概率 p，取值为 0～1，p 值越大代表越适合冬油菜种植。根据统计学原理，参考 IPCC 报告关于评估可能性的划分方法，并结合冬油菜实际种植情况，划分冬油菜适宜种植分区标准为：若存在概率 $p < 0.05$ 时为小概率事件，将其定义为不适宜种植区域，存在概率 $0.05 \leqslant p < 0.33$ 时定义为次适宜种植区域，存在概率 $0.33 \leqslant p < 0.66$ 时定义为适宜种植区域，存在概率 $p \geqslant 0.66$ 时定义为最适宜种植区域。

在 ArcGIS10.0 中导入 Maxent 模型输出的 ASCII 格式的数据图层，利用 ArcToolbox 数据转换功能将 ASCII 图层转换为 Raster 格式图层，再利用 Spatial Analysis 工具的重分类功能，按照上述划分标准划分 4 个等级。

二、北方旱寒区影响冬油菜种植的主要气象因子及其特征

（一）影响冬油菜种植分布的主要气候因子

将 11 个初选潜在气候因子图层作为环境变量导入 Maxent 模型，根据模型运行后 Jackknife 模块输出各潜在气象因子对冬油菜种植分布的贡献得分，以此定量评价各潜在气象因子对冬油菜种植分布影响的重要程度，定量地筛选确定出影响冬油菜分布的主导气候因子。

Jackknife 模块中横坐标代表各气象因子对冬油菜分布的贡献程度，纵坐标代表各气象因子。红色条带代表所有气象因子的贡献；蓝色条带代表该气象因子对冬油菜分布的贡献，蓝色条带越长，说明该气象因子对冬油菜分布的影响越大；绿色条带长度代表除该气象因子以外，其它所有气象因子组合的贡献和，绿色条带越短，代表该气象因子含有其它气象因子不具有的信息越多。Maxent 模型运行后输出 Jackknife 模块，结果见图 5-2-3。

从图 5-2-3 可以看出，初选的年平均温度、≥0℃积温、≥10℃积温、≤0℃冬季负积温、年均降水量、年均蒸发量、生育期降水量、生育期蒸发量、极端低温、最冷月平均温度、最冷月平均最低气温共 11 个潜在气象因子总贡献得分达到 0.89。贡献程度从大到小

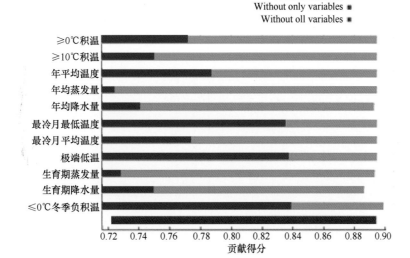

图 5-2-3　潜在气象因子对北方旱寒区冬油菜种植分布影响的贡献得分

依次为≤0℃冬季负积温、最冷月平均最低气温、极端低温、年平均温度、最冷月平均温度、≥0℃积温、≥10℃积温、生育期降水量、年均降水量、生育期蒸发量、年均蒸发量。

　　根据 11 个潜在气象因子的贡献得分，计算各潜在气象因子对北方旱寒区冬油菜种植分布影响的贡献百分率（表 5-2-3）。确定累积贡献率达到 85%以上的前 7 个气象因子为影响北方旱寒区冬油菜种植分布的主导气象因子，即≤0℃冬季负积温、最冷月平均最低气温、极端低温、年平均温度、最冷月平均温度、≥0℃积温、生育期降水量。

表 5-2-3　潜在气象因子对北方旱寒区冬油菜种植分布影响的累积贡献率

气象因子	贡献百分率（%）	累积贡献百分率（%）
≤0℃冬季负积温	0.18	0.18
极端低温	0.17	0.35
最冷月平均最低温度	0.17	0.52
年平均温度	0.11	0.63
最冷月平均温度	0.10	0.73
≥0℃积温	0.08	0.81
生育期降水量	0.06	0.87
≥10℃积温	0.06	—
年均降水量	0.04	—
生育期蒸发量	0.02	—
年均蒸发量	0.01	—

（二）冬油菜种植分布影响因子特征分析

　　试验结果表明，气象因子决定冬油菜是否安全越冬，因此，可利用构建模型时生成的气象因子对冬油菜存在概率的回馈曲线（response curve）反映冬油菜种植分布与气象因子之间的关系，分析影响冬油菜种植分布主要气象因子的特征属性。

Maxent 模型运行后输出气象因子对冬油菜存在概率的回馈曲线，结果见图 5-2-4。图中横坐标为各气象因子取值范围，纵坐标为冬油菜分布概率，回馈曲线反映冬油菜种植分布概率随气象因子取值的变化趋势。

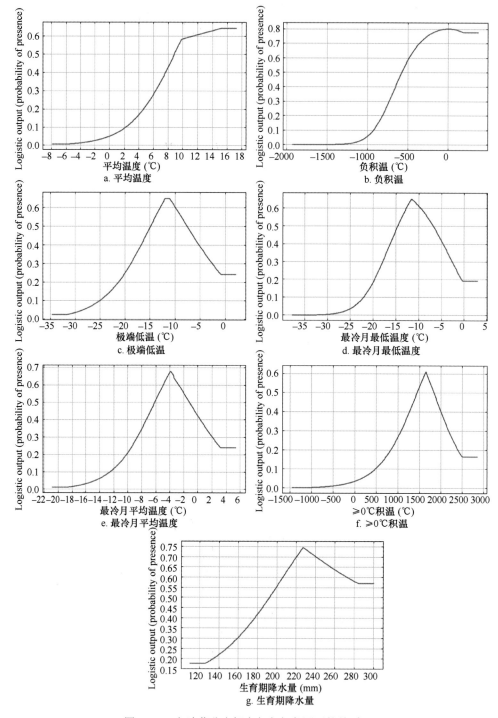

图 5-2-4　冬油菜分布概率与各气象因子的关系

从上图的回馈曲线可以看出，北方旱寒区冬油菜种植分布概率随着不同气候因子取值范围发生变化，冬油菜的生长需要适宜的热量条件和水分条件，而其安全越冬尤其和限制条件存在密切关系。

热量条件：年平均温度的回馈曲线呈 S 形，随着年平均温度的升高冬油菜分布概率不断增加。年平均温度过低时不适宜冬油菜种植，年平均温度≥2℃时，冬油菜分布概率迅速增加，年平均温度≥10℃时最适宜冬油菜种植，年平均温度≥17℃时其分布概率趋于稳定。≤0℃冬季负负积温的回馈曲线呈 S 形，≤0℃冬季负积温≤−800℃不适宜冬油菜种植，负积温≥−800℃时冬油菜分布概率随着负积温的增大而增加，≤0℃冬季负积温为−500～−200℃时最适宜冬油菜种植。≥0℃积温的回馈曲线呈抛物线形，≥0℃积温≤500℃不适宜冬油菜种植，≥0℃积温达 1600℃左右最适宜冬油菜种植。

水分条件：生育期降水量的回馈曲线呈抛物线形，随着生育期降水量的增加冬油菜分布概率也随之增加，生育期降水量为 180～280mm 时最适宜冬油菜种植，但当生育期降水量≥280mm 时冬油菜种植分布概率却呈减少趋势。说明生育期降水量太大反而不利于冬油菜种植。

限制条件：最冷月平均温度、最冷月平均最低温度和极端低温的回馈曲线均呈抛物线形，当最冷月平均温度≤−14℃、最冷月平均最低温度≤−25℃、极端低温≤−32℃时不适宜冬油菜种植，随着最冷月平均温度、最冷月平均最低气温和极端低温的增加冬油菜分布概率随之增加，当最冷月平均温度为−5～−3℃、最冷月平均最低温度为−15～−10℃、极端低温为−15～−10℃时最适宜冬油菜种植。

上述回馈曲线仅反映了北方旱寒区冬油菜分布概率随单个因子取值的大致变化趋势，其临界值仅代表单个因子对冬油菜种植分布的影响，而影响冬油菜种植分布的气象因子具有多样性和复杂性，单因子之间是相互作用、相互制约的，因此在实际应用中，综合考虑因子作用时，各气象因子的临界值会发生变化。

三、北方旱寒区冬油菜适宜种植区域划分

（一）北方旱寒区冬油菜适宜种植区域

模型模拟的北方旱寒区冬油菜潜在空间分布概率在 0～0.97。采用上述分级阈值，按其分布概率将北方旱寒区冬油菜种植区域划分为不适宜种植区域、次适宜种植区域、适宜种植区域和最适宜种植区域 4 个等级，如图 5-2-5 所示。

1. 最适宜种植区域

最适宜种植区域主要分布在宁夏南部、甘肃东部与东南部、河北中南部、山西中南部和北京、天津、山东与新疆南部、西藏南部，面积约 56.99 万 km²，占总土地面积的8.28%。该区域年平均温度 6.7～11.9℃，极端低温−16.6～−9.5℃，≤0℃冬季负积温−447～−164℃，降水量适中或有灌溉条件的地区，热量条件优越，气温适宜，冬油菜能够安全越冬，是北方旱寒区冬油菜种植最适宜的地区。

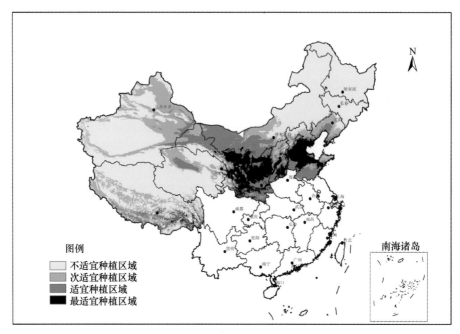

图 5-2-5　北方旱寒区冬油菜适宜种植区域图

2. 适宜种植区域

适宜种植区域主要分布在青海东南部、甘肃中部与河西走廊东段、新疆北部、宁夏银川周边、陕西北部，面积约 126.23 万 km²，占总土地面积的 18.35%；该区域年平均温度 5.1～10.3℃，极端低温-18.3～-14.3℃，≤0℃冬季负积温-657～-303℃，降水量较少，气温基本适宜，个别地区抗寒性弱的品种存在越冬冻害，只要选择品种正确，越冬安全性能得到保证，是北方旱寒区冬油菜适宜种植区域。

3. 次适宜种植区域

次适宜种植区域主要分布在吉林东南部、辽宁沿海地区、内蒙古黄河以南地区、甘肃河西走廊西段、新疆东部、青海西宁周边，面积约 189.87 万 km²，占总土地面积的 27.60%。该区域年平均温度 2.8～9.7℃，极端低温-31.0～-16.9℃，≤0℃冬季负积温-800～-497℃，降水条件尚可，气温偏低，个别地区冬油菜越冬冻害时有发生，是北方旱寒区冬油菜种植次适宜的区域。

4. 不适宜种植区域

不适宜种植区域主要分布在黑龙江中北部、内蒙古中东部、吉林东北部、青海西部和西藏北部，面积约 314.91 万 km²，占总土地面积的 45.77%。本区域海拔高，年平均温度低于 3.4℃，极端低温低于-31.0℃，≤0℃冬季负积温低于-800℃，气候阴冷，热量不足，最冷月气温低，超过种植上限，越冬死苗严重，不能满足冬油菜生长需要，不适宜种植冬油菜。

模拟结果显示，在北方旱寒区除了西藏、青海部分高原寒带和高原亚寒带气候地区，以及内蒙古东北部和黑龙江中北部严寒地区气候条件不适宜种植冬油菜以外，其他超过50%的地区都可以种植冬油菜，说明冬油菜在北方旱寒区具有很大的发展潜力。

（二）不同抗寒类型冬油菜适宜种植区域

北方旱寒区生态环境严酷，气候的地域差异性明显，虽然参试冬油菜品种平均越冬率达到70%以上，表现出良好的抗寒性，但是不同品种间抗寒性与适应性仍然存在较大差异。因此，在极端低温低于-30℃以下的极严寒地区，只有选择适宜的超强抗寒品种和强抗寒品种才能保证冬油菜安全越冬。因此，品种选择是确保冬油菜在北方旱寒区种植的关键。

1. 冬油菜抗寒类型及相应的抗寒指标

根据已有研究，按照冬油菜不同品种越冬率的高低，可将冬油菜划分为超强抗寒品种、强抗寒品种、抗寒品种、耐寒品种4种类型，其相应的抗寒指标如表5-2-4所示。

表5-2-4　不同品种冬油菜抗寒类型

抗寒类型	代表品种	安全越冬的极端低温（℃）
超强抗寒品种	陇油6号、陇油7号	-33～-30
强抗寒品种	陇油8号	-30～-25
抗寒品种	延油2号、陇油9号	-25～-20
耐寒品种	天油2号、天油7号、天油8号	≤-20

采用上述同样的方法分别对4种不同抗寒类型冬油菜品种在北方旱寒区潜在空间分布进行研究。

在ArcGIS 10.0中用ArcToolbox数据转换功能将模型输出ASCII图层转换为Raster格式图层。采用80%的气候保证率，利用Spatial Analysis Tools的Reclassify功能按其分布概率区分了不同抗寒类型冬油菜品种可种植区域和不适宜种植区域，结果见图5-2-6。从图中可以看出，超强抗寒品种、强抗寒品种、抗寒品种和耐寒品种在北方旱寒区的可种植区域范围存在较大差异，超强抗寒品种可种植区域最大，其它抗寒类型品种的种植区域范围从大到小依次是强抗寒品种、抗寒品种和耐寒品种。

2. 不同抗寒性冬油菜品种适宜种植区域

1）超强抗寒品种适宜种植区域：包括宁夏、陕北、山西、河北、北京、天津、甘肃（除祁连山区和甘南等高海拔地区）的大部分地区、内蒙古中南部，以及新疆北部与东部、青海西宁周边、西藏中部和辽宁东部地区。

2）强抗寒品种适宜种植区域：包括宁夏、陕北、山西、河北、北京、天津、甘肃河西走廊地区、新疆南部、西藏南部地区。

3）抗寒品种适宜种植区域：包括宁夏南部、陕北南部、天津、山西中南部、河北中南部、山东、甘肃中部与东部、新疆南部、西藏南部。

4）耐寒品种适宜种植区域：包括宁夏南部、山西南部、河北南部、山东南部、甘肃东南部与西藏南部。

从不同生态条件来看，北方旱寒区大部分区域适宜种植冬油菜，但是由于这些区域气候生态条件差异大，对品种的要求不同。冬油菜最适宜种植区应以耐寒性冬油菜品种为主栽品种，适宜种植区需以抗寒冬油菜品种和强抗寒性冬油菜品种为主栽品种，次适宜种植区以超强抗寒性冬油菜品种为主栽品种。

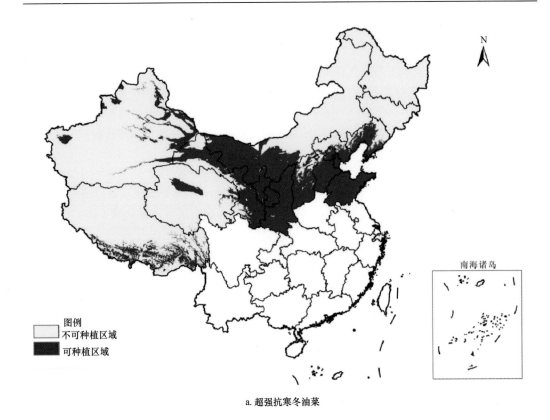

a. 超强抗寒冬油菜

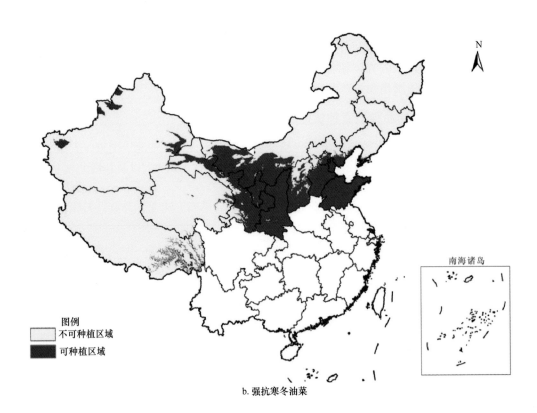

b. 强抗寒冬油菜

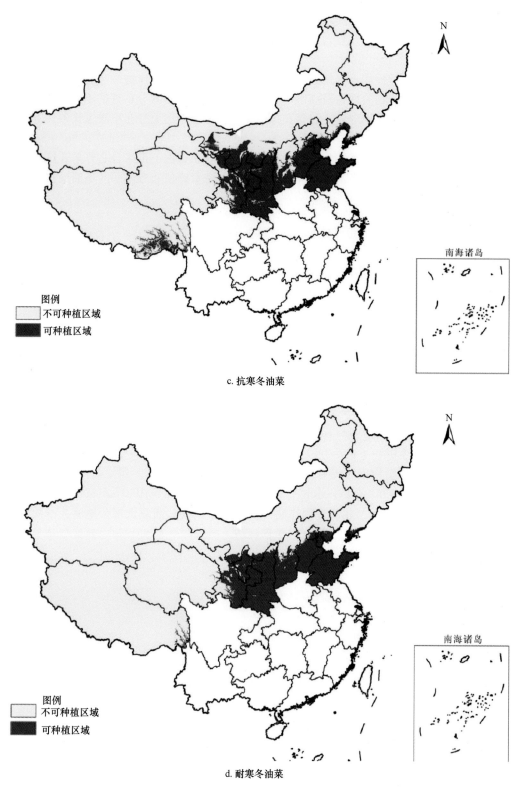

图 5-2-6　不同抗寒类型冬油菜可种植区域

第三节　北方旱寒区冬油菜发展潜力分析

作物生产潜力分析评估一直是国内外全球变化研究的热点,作物生产潜力反映了自然条件下农业生产可能达到的理论最高水平。因此,作物生产潜力分析评估不仅要考虑光、温、水等多个影响作物产量形成的因素和指标,还要考虑作物类型在不同生长条件下产量形成的差异。

在划分北方旱寒区冬油菜适生态宜种植区域的基础上,进一步结合北方旱寒区适宜冬油菜种植的土地利用类型及冬油菜不同种植模式,来定量评估北方旱寒区冬油菜实际种植潜力。

一、北方旱寒区农作物种植结构及面积

北方各省(市、自治区)耕地面积约 54 410.53 万亩,播种面积 67 945.74 万亩主要农作物及其播种面积为小麦 14 127.51 万亩,占播种面积的 21.0%;玉米 19 713.34 万亩,占播种面积的 29.0%;大麦播种面积 588.43 万亩,占播种面积的 0.87%;糜子播种面积 390.99 万亩,占播种面积的 0.58%;谷子播种面积的 881.88 万亩,占播种面积 1.30%;水稻播种面积 713 万亩,占播种面积的 1.05%;荞麦播种面积 344.96 万亩,占播种面积的 0.51%;马铃薯播种面积 3968.67 万亩,占播种面积的 5.84%;棉花播种面积 4619.52 万亩,占播种面积的 6.8%;大豆播种面积 2086.57 万亩,占播种面积的 3.07%;向日葵播种面积 838.93 万亩,占播种面积的 1.23%;花生播种面积 1835.02 万亩,占播种面积的 2.70%;春油菜播种面积 927.02 万亩,占播种面积的 1.36%;胡麻播种面积 734.63 万亩,占播种面积的 1.08%(表 5-3-1)。

从上述作物种植结构中可以看出,棉花、花生、荞麦、谷子、糜子、向日葵、水稻、马铃薯等,总面积 18 768 万亩以上,一季作的作物占播种面积 30.0%左右;此外,玉米除华北平原东部与南部为二熟制复种作物外,太行山以西与西北大部分地区为一熟制栽培,这些作物均可作为冬油菜后茬复种作物种植,改一年一熟为一年二熟或二年三熟,使北方旱寒区发展冬油菜具有较大空间。

二、北方旱寒区冬油菜发展潜力分析

(一)北方旱寒区冬油菜发展空间

我国是一个人口大国,粮食保障任务压力巨大,因此,在粮食生产任务极其艰巨的情况下,北方冬油菜的发展主要应通过改革种植制度来实现。由于冬油菜 8 月底至 9 月上中旬播种,5 月下旬至 6 月上中旬成熟收获,播种迟收获早,从而为改革种植制度提供了空间,完全可将冬油菜植入现有种植业结构,以冬油菜为前茬发展复种,改革现有的一年一熟为一年二熟或二年三熟耕作制,促进粮油协同增产。

从北方旱寒区现有作物生产现状、种植业结构和基本特性及研究结果来看,除小麦、大麦等少数作物不能作冬油菜后茬复种以外,玉米、棉花、花生、荞麦、谷子、糜子、

表 5-3-1 北方各省份各类作物种植面积（单位：万亩）

作物	甘肃	新疆	青海	西藏	宁夏	内蒙古	山西	河北	天津	北京	山东	陕北	总和	占播种面积%
耕地面积	8 115.35	6 186.90	814.08	348.86	1698.00	10 717.50	6 083.73	9 827.04	593.10	347.53	11 266.14	1 231.28	57 229.51	
播种面积	6 615.35	7 705.11	831.34	365.93	1920.41	13 636.50	5 694.65	13 179.77	478.50	424.50	16 300.47	1 226.49	68 379.02	
小麦	1 228.46	1 621.56	141.30	56.60	268.47	915.00	1033.45	3 164.96	168.72	78.00	5 438.79	12.20	14 127.51	21.0
大麦	120.00	21.19	67.95	177.39		170.00	0.20	29.60			2.10		588.43	0.87
玉米	1 387.10	1 283.58	34.35		368.84	4 251.00	2 503.46	4 573.71	306.54	198.00	4 527.10	279.66	19 713.34	29.0
糜子	21.30	26.14				46.50	140.00	153.60	0.15		3.30		390.99	0.58
谷子	87.90				15.00	213.00	310.25	227.63			28.10		881.88	1.30
水稻	8.28	103.85			126.51	133.50	1.52	128.88	21.56	0.30	185.80	2.80	710.20	1.05
荞麦	117.45		10.30		63.00	98.41	25.00	30.80					344.96	0.51
马铃薯	1 044.93	41.96	125.55	1.19	323.55	1 021.50	253.40	400.89		3.20	367.50	385.00	3 968.67	5.84
棉花	72.27	2 500.00					56.04	867.38	86.84	0.36	1 034.80	1.83	4 617.69	6.80
大豆	136.02	103.13			59.51	925.50	299.51	191.40	47.30	1.07	219.60	103.53	1 983.04	2.92
向日葵	30.00	22.29			85.00	598.50	51.30	51.84					838.93	1.23
甜菜	12.99	123.95				61.60	12.83	21.27					232.64	0.34
花生		33.09		0.20		54.00	13.92	531.80	2.14	6.06	1 180.61	13.2	1 821.82	2.68
春油菜	105.02	89.46	239.99	35.84		406.50	6.26	28.47			11.97	3.51	923.51	1.36
胡麻	205.74	13.02	6.62		200.00	88.50	90.72	55.64				74.39	734.63	1.08
														76.56

向日葵、水稻、马铃薯等其他大部分农作物可作为冬油菜后茬的复种作物种植，这些丰富的一年二熟或二年三熟制的作物结构和种植体系的组合方式，使不同生态条件下选择一年二熟或二年三熟制种植模式有了比较大的选择余地。

从现有耕作制度来看，除华北地区太行山以东地区实行冬小麦—玉米、冬小麦—大豆一年二熟耕作制外，其他大部分地区为一季有余、两季不足地区。即使在华北地区的太行山以东的一年二熟制区，也只有冬小麦—玉米、冬小麦—大豆组合构成一年二熟耕作制，棉花、花生、荞麦、谷子、糜子、向日葵、水稻、马铃薯等作物均为一年一茬。同时，一年一熟的春玉米也占有较大面积。研究和试验示范实践结果表明，这些作物可作为冬油菜后茬的复种作物与冬油菜构建一年二熟或二年三熟耕作制。因此，北方冬油菜发展的潜在面积主要通过将现有的一年一熟制改革为一年二熟和二年三熟来实现。

（二）北方冬油菜发展潜力

通过冬油菜试验示范和冬油菜适宜种植区域分析，我国北方冬油菜适宜种植面积约43 862.72万亩，按照冬油菜占作物播种面积的4%来估算，冬油菜种植面积将达到1761.72万亩（表5-3-2）。可与冬油菜轮作的主要农作物及其播种面积为：玉米23 023.39万亩、马铃薯4 091.67万亩、春油菜927.02万亩、糜子390.99万亩、谷子959.88万亩、荞麦344.96万亩、水稻1705.7万亩、棉花4619.97万亩、花生2374.42万亩、向日葵871.08万亩。现有可作为冬油菜后茬复种的各类作物及其面积为：玉米1210.0万亩、马铃薯240.0万亩、春油菜20万亩、糜子80.0万亩、谷子85.0万亩、荞麦100.0万亩、水稻160.0万亩、棉花760.0万亩、花生445.0万亩、大豆130万亩、向日葵105.0万亩（表5-3-3），取代小麦面积330.0万亩，即冬油菜实际可发展面积5246.72万亩。

表 5-3-2　近期北方旱寒区各省（市、自治区）冬油菜发展潜力（单位：万亩）

省（市、自治区）	耕地面积	适宜冬油菜种植耕地面积	近期冬油菜实际发展潜力面积			
			冬油菜适宜面积（按占耕地面积4%折算）	被冬油菜取代作物面积	冬油菜后茬复种作物面积	合计
甘肃	8 115.35	6 030.0	241.2		280.0	521.2
宁夏	1 698.00	1 648.65	66.0		175.0	241.0
新疆	6 186.90	2 131.5	85.2		580.0	665.2
西藏	348.86	188.25	7.50		10.0	17.5
青海	814.08	203.55	8.1		20.0	28.1
内蒙古	10 717.50	5 298.0	211.95		240.0	451.95
陕北	1 231.28	404.65	16.19		80.0	96.19
山西	6 083.73	6 049.05	241.95		395.0	636.95
河北	9 827.04	7 921.0	318.0	200.0	720.0	1 238.0
山东	11 266.14	11 266.2	450.6	100.0	670.0	1 220.6
北京	347.53	854.25	40.35	10.0	28.0	78.35
天津	593.10	593.1	23.7	20.0	87.0	130.7
辽宁	6 127.5	1 274.52	50.98		50.0	100.98
合计	63357.01	43 862.72	1 761.72	330.0	3 335.0	5 246.72

三、北方各省（市、自治区）冬油菜发展潜力分析

（一）甘肃冬油菜发展潜力

甘肃耕地面积 8115.35 万亩，适宜冬油菜种植面积 6030.0 万亩。油料作物种植比例以 4% 计，冬油菜面积可达到 241.2 万亩。可与冬油菜轮作的主要农作物及其播种面积为：玉米 1387.10 万亩、马铃薯 1044.93 万亩、春油菜 105.02 万亩、糜子 21.30 万亩、谷子 87.90 万亩、荞麦 117.45 万亩、棉花 72.27 万亩、向日葵 30.00 万亩。现有可作为冬油菜后茬复种的各类作物及其面积为：玉米 20.0 万亩、马铃薯 120.0 万亩、春油菜 10.0 万亩、糜子 10.0 万亩、谷子 10.0 万亩、荞麦 50.0 万亩、棉花 30.0 万亩、向日葵 10.0 万亩。冬油菜实际可发展面积 521.2 万亩（表 5-3-4）。

（二）新疆冬油菜发展潜力

新疆耕地面积 6186.90 万亩，适宜冬油菜种植面积 2130.5 万亩。油料作物种植比例 4%，冬油菜面积可达到 85.2 万亩。可与冬油菜轮作的主要农作物及其播种面积为：玉米 1283.58 万亩、马铃薯 41.96 万亩、水稻 103.85 万亩、糜子 26.14 万亩、棉花 2500.0 万亩、大豆 103.13 万亩、花生 33.09 万亩、向日葵 22.29 万亩、其他 200.0 万亩、蔬菜 100.0 万亩。现有可作为冬油菜后茬复种的各类作物及其面积为：玉米 300.0 万亩、马铃薯 10.0 万亩、水稻 20.0 万亩、糜子 10.0 万亩、棉花 300.0 万亩、大豆 20.0 万亩、花生 10.0 万亩、向日葵 10.0 万亩、其他 30.0 万亩、蔬菜 30.0 万亩。冬油菜实际可发展面积 825.2 万亩（表 5-3-5）。

（三）西藏冬油菜发展潜力

西藏耕地面积 348.86 万亩，适宜冬油菜种植面积 188.25 万亩。油料作物种植比例 4%，冬油菜面积可达到 7.53 万亩。可与冬油菜轮作的主要农作物及其播种面积为：春油菜 33.84 万亩、饲草 41.0 万亩、蔬菜 20.0 万亩。现有可作为冬油菜后茬复种的各类作物及其面积为：春油菜 10.0 万亩、饲草 11.0 万亩、蔬菜 10.0 万亩。冬油菜实际可发展面积 38.53 万亩（表 5-3-6）。

（四）青海冬油菜发展潜力

青海耕地面积 814.08 万亩，适宜冬油菜种植面积 203.55 万亩。油料作物种植比例 4%，冬油菜面积可达到 8.14 万亩。可与冬油菜轮作的主要农作物及其播种面积为：玉米 34.35 万亩、荞麦 10.3 万亩、马铃薯 125.55 万亩、春油菜 239.99 万亩、蔬菜 25.0 万亩、饲草 30.0 万亩。现有可作为冬油菜后茬复种的各类作物及其面积为：玉米 10.0 万亩、荞麦 5.0 万亩、马铃薯 10.0 万亩、蔬菜 5.0 万亩、饲草 10.0 万亩。冬油菜实际可发展面积 48.14 万亩（表 5-3-7）。

表 5-3-3 北方旱寒区适于冬油菜后复种、套种作物的面积（单位：万亩）

作物	甘肃	新疆	青海	西藏	宁夏	内蒙古	山西	河北	天津	北京	山东	陕北	辽宁	总和	占耕地面积的比例（%）
耕地面积	8115.35	6186.90	814.08	348.86	1698.00	10717.50	6083.73	9827.04	593.10	347.53	11266.14	1231.28	6127.5	54410.83	
播种面积	6615.35	7705.11	831.34	365.93	1920.41	13636.50	5694.65	13179.77	478.50	424.50	16300.47	1226.49	6541.95	67945.74	123.0
小麦	1228.46	1621.56	141.30	56.60	268.47	915.00	1033.45	3164.96	168.72	78.00	5438.79	12.20	10.2	14127.51	21.0
		10.0						200.0	20.0	10.0	100.0			330.0	
玉米	1387.10	1283.58	34.35		368.84	4251.00	2503.46	4573.71	306.54	198.00	4527.10	279.66	3310.05	19713.34	29.0
	20.0	200.0	5.0		80.0	100.0	300.0	200.0	50.0	25.0	200.0	20.0	10.0	1210.0	
糜子	21.30	26.14				46.50	140.00	153.60	0.15		3.30			390.99	0.58
	10.0	10.0				10.0	30.0	20.0						80.0	
谷子	87.90				15.00	213.00	310.25	227.63			28.10		78	881.88	1.30
	10.0				5.0	10.0	30.0	30.0						85.0	
水稻	8.28	103.85			126.51	133.50	1.52	128.88	21.56	0.30	185.80	2.80	992.7	710.20	1.05
		20.0			50.0	25.0	5.0	20.0	5.0		20.0		20.0	160.0	
荞麦	117.45		10.30		63.00	98.41	25.00	30.80						344.96	0.51
	50.0		5.0		20.0	10.0	5.0	10.0						100.0	
马铃薯	1044.93	41.96	125.55	1.19	323.55	1021.50	253.40	400.89		3.20	367.50	385.00	123	3968.67	5.84
	120.0	10.0	10.0		5.0	10.0	5.0	30.0			30.0	50.0		240.0	
棉花	72.27	2500.00					56.04	867.38	86.84	0.36	1034.80	1.83	0.45	4617.69	6.80
	30.0	300.0					10.0	200.0	20.0		200.0			760.0	
大豆	136.02	103.13			59.51	925.50	299.51	191.40	47.30	1.07	219.60	103.53	173.7	1983.04	2.92
	20.0	20.0			5.0	15.0	10.0	30.0	10.0		20.0			120.0	
向日葵	30.00	22.29			85.00	598.50	51.30	51.84				20.0	12.15	838.93	1.23
	10.0	10.0			10.0	60.0		10.0				5.0		105.0	
花生		33.09		0.20		54.00	13.92	531.80	2.14	6.06	1180.61	13.2	539.4	1821.82	2.68
		10.0					5.0	200.0	2.0	3.0	200.0	5.0	20.0	445.0	
春油菜	105.02	89.46	239.99	35.84		406.50	6.26	28.47			11.97	3.51		923.51	1.36
	10.0	10.0		10.0											
合计	280.0	580.0	20.0	10.0	175.0	240.0	395.0	920.0	107.0	38.0	770.0	80.0	50.0	67124.67 / 3645	

注：每种作物对应两行数据，第一行是与冬油菜轮作的作物面积，第二行是可作为冬油菜后茬复种套复种的面积；"合计"项是对可作为冬油菜后茬复种套复种面积的总和

表 5-3-4　甘肃近期冬油菜实际发展潜力（单位：万亩）

作物	耕地面积	适宜冬油菜种植耕地面积	近期冬油菜实际发展潜力面积		
			冬油菜适宜面积（按占耕地面积4%折算）	冬油菜后茬复种作物面积	合计
合计	5296.37	6030	241.2	280	521.2
玉米	1387.10			20	
糜子	21.30			10	
谷子	87.90			10	
荞麦	117.45			50	
马铃薯	1044.93			120	
棉花	72.27			30	
大豆	136.02			20	
向日葵	30.00			10	
春油菜	105.02			10	

表 5-3-5　新疆近期冬油菜实际发展潜力（单位：万亩）

作物	耕地面积	适宜冬油菜种植耕地面积	近期冬油菜实际发展潜力面积		
			冬油菜适宜面积（按占耕地面积4%折算）	冬油菜后茬复种作物面积	合计
合计	6186.90	2130.5	85.2	740.0	825.2
玉米	1283.58			300.0	
糜子	26.14			10.0	
水稻	103.85			20.0	
马铃薯	41.96			10.0	
棉花	2500.00			300.0	
大豆	103.13			20.0	
向日葵	22.29			10.0	
花生	33.09			10.0	
蔬菜	100.0			30.0	
其他	200			30.0	

表 5-3-6　西藏近期冬油菜实际发展潜力（单位：万亩）

作物	耕地面积	适宜冬油菜种植耕地面积	近期冬油菜实际发展潜力面积		
			冬油菜适宜面积（按占耕地面积4%折算）	冬油菜后茬复种作物面积	合计
合计	348.86	188.25	7.53	31.0	38.53
饲草	41.0			11.0	
春油菜	35.84			10.0	
蔬菜	20.0			10.0	

表 5-3-7　青海近期冬油菜实际发展潜力（单位：万亩）

作物	耕地面积	适宜冬油菜种植耕地面积	近期冬油菜实际发展潜力面积		
			冬油菜适宜面积（按占耕地面积4%折算）	冬油菜后茬复种作物面积	合计
合计	814.08	203.55	8.14	40.0	48.14
玉米	34.35			10.0	
荞麦	10.30			5.0	
马铃薯	125.55			10.0	
春油菜	239.99				
蔬菜	25.0			5.0	
饲草	30			10.0	

（五）宁夏冬油菜发展潜力

宁夏耕地面积 1665.0 万亩，适宜冬油菜种植面积 1648.5 万亩。油料作物种植比例 4%，冬油菜面积可达到 66.0 万亩。可与冬油菜轮作的主要农作物及其播种面积为：玉米 368.84 万亩、马铃薯 323.55 万亩、水稻 126.51 万亩、谷子 15.0 万亩、大豆 59.51 万亩、向日葵 85.0 万亩、荞麦 63.0 万亩。现有可作为冬油菜后茬复种的各类作物及其面积为：玉米 80.0 万亩、马铃薯 5.0 万亩、水稻 50.0 万亩、谷子 5.0 万亩、大豆 10.0 万亩、向日葵 10.0 万亩、荞麦 20.0 万亩。冬油菜实际可发展面积 226 万亩（表 5-3-8）。

表 5-3-8　宁夏近期冬油菜实际发展潜力

作物	耕地面积	适宜冬油菜种植耕地面积	近期冬油菜实际发展潜力面积		
			冬油菜适宜面积（按占耕地面积4%折算）	冬油菜后茬复种作物面积	合计
合计	1665.0	1648.5	66.0	160.0	226
玉米	368.84			80.0	
谷子	15.00			5.0	
水稻	126.51			50.0	
荞麦	63.00			20.0	
马铃薯	323.55			5.0	
大豆	59.51			10.0	
向日葵	85.00			10.0	
胡麻	200.00				

（六）陕北冬油菜发展潜力

陕北耕地面积 1231.28 万亩左右，适宜冬油菜种植面积 404.65 万亩。油料作物种植比例 4%，冬油菜面积可达到 16.19 万亩。可与冬油菜轮作的主要农作物及其播种面积为小麦 12.20 万亩、玉米 279.66 万亩、马铃薯 385.00 万亩、胡麻 74.39 万亩。现有可作为冬油菜后茬复种的各类作物及其面积为：玉米 20.0 万亩、马铃薯 100.0 万亩。冬油菜实际可发展面积 136.19 万亩（表 5-3-9）。

表 5-3-9　陕北近期冬油菜实际发展潜力（单位：万亩）

作物	耕地面积	适宜冬油菜种植耕地面积	近期冬油菜实际发展潜力面积		
			冬油菜适宜面积（按占耕地面积4%折算）	冬油菜后茬复种作物面积	合计
合计	1231.28	404.65	16.19	120.0	136.19
小麦	12.20				
玉米	279.66			20.0	
谷子谷子	300				
荞麦	100				
马铃薯	385.00			100.0	
大豆	140				
向日葵	70				
花生	20				
春油菜	10				
胡麻	74.39				

（七）内蒙古冬油菜发展潜力

内蒙古耕地面积 10 717.50 万亩，适宜冬油菜种植面积 5298.0 万亩。油料作物种植比例 4%，冬油菜面积可达到 211.95 万亩。可与冬油菜轮作的主要农作物及其播种面积为：玉米 4251.0 万亩、马铃薯 1021.50 万亩、水稻 133.50 万亩、谷子 213.00 万亩、大豆 925.50 万亩、向日葵 598.50 万亩、荞麦 98.41 万亩。现有可作为冬油菜后茬复种的各类作物及其面积为：玉米 100.0 万亩、马铃薯 10.0 万亩、水稻 25.0 万亩、谷子 10.0 万亩、大豆 15.0 万亩、向日葵 60.0 万亩、荞麦 10.0 万亩。冬油菜实际可发展面积 451.95 万亩（表 5-3-10）。

表 5-3-10　内蒙古近期冬油菜实际发展潜力（单位：万亩）

作物	耕地面积	适宜冬油菜种植耕地面积	近期冬油菜实际发展潜力面积		
			冬油菜适宜面积（按占耕地面积4%折算）	冬油菜后茬复种作物面积	合计
合计	10 717.50	5 298.0	211.95	240.0	451.95
小麦	915.00				
大麦	170.00				
玉米	4 251.00			100.0	
糜子	46.50			10.0	
谷子	213.00			10.0	
水稻	133.50			25.0	
荞麦	98.41			10.0	
马铃薯	1 021.50			10	
大豆	925.50			15	
向日葵	598.50			60.0	
甜菜	61.60				
花生	54.00				
春油菜	406.50				
胡麻	88.50				

（八）山西冬油菜发展潜力

山西耕地面积 6083.73 万亩，适宜冬油菜种植面积 6049.05 万亩。油料作物种植比例 4%，冬油菜面积可达到 241.95 万亩。可与冬油菜轮作的主要农作物及其播种面积为：玉米 2503.46 万亩、糜子 140.0 万亩、谷子 310.25 万亩、马铃薯 253.40 万亩、荞麦 25.00 万亩、大豆 299.51 万亩、花生 13.92 万亩。现有可作为冬油菜后茬复种的各类作物及其面积为：玉米 300.0 万亩、糜子 30.0 万亩、谷子 30.0 万亩、马铃薯 5.0 万亩、荞麦 5.00 万亩、大豆 10.0 万亩、花生 5.0 万亩。冬油菜实际可发展面积 636.95 万亩（表 5-3-11）。

（九）河北冬油菜发展潜力

河北耕地面积 9827.04 万亩，适宜冬油菜种植面积 7921.2 万亩。油料作物种植比例 4%，冬油菜面积可达到 316.85 万亩。可与冬油菜轮作的主要农作物及其播种面积为：玉

表 5-3-11　山西近期冬油菜实际发展潜力（单位：万亩）

作物	耕地面积	适宜冬油菜种植耕地面积	近期冬油菜实际发展潜力面积		
			冬油菜适宜面积（按占耕地面积4%折算）	冬油菜后茬复种作物面积	合计
合计	6083.73	6049.05	241.95	395.0	636.95
小麦	1033.45				
大麦	0.20				
玉米	2503.46			300.0	
糜子	140.00			30.0	
谷子	310.25			30.0	
水稻	1.52				
荞麦	25.00			5.0	
马铃薯	253.40			5.0	
棉花	56.04			10.0	
大豆	299.51			10.0	
向日葵	51.30				
花生	13.92			5.0	
春油菜	6.26				
胡麻	90.72				

米 4573.71 万亩、糜子 153.6 万亩、谷子 227.63 万亩、水稻 128.88 万亩、荞麦 30.8 万亩、棉花 867.38 万亩、大豆 191.4 万亩、花生 531.8 万亩。现有可作为冬油菜后茬复种的各类作物及其面积为：玉米 200.0 万亩、糜子 20.0 万亩、谷子 30.0 万亩、水稻 20.0、荞麦 10.0 万亩、棉花 200.0 万亩、大豆 30.0 万亩、花生 200.0 万亩。取代小麦面积 200.0 万亩。冬油菜实际可发展面积 1236.85 万亩（表 5-3-12）。

表 5-3-12　河北近期冬油菜实际发展潜力（单位：万亩）

作物	耕地面积	适宜冬油菜种植耕地面积	近期冬油菜实际发展潜力面积		
			冬油菜适宜面积（按占耕地面积4%折算）	冬油菜后茬复种作物面积	合计
合计	9827.04	7921.2	316.85	920.0	1236.85
小麦	3164.96			200.0	
大麦	29.60				
玉米	4573.71			200.0	
糜子	153.60			20.0	
谷子	227.63			30.0	
水稻	128.88			20.0	
荞麦	30.80			10.0	
马铃薯	400.89				
棉花	867.38			200.0	
大豆	191.40			30.0	
向日葵	51.84			10.0	
花生	531.80			200.0	
胡麻	55.64				

（十）山东冬油菜发展潜力

山东耕地面积 11 266.14 万亩，适宜冬油菜种植面积 11 266.14 万亩。油料作物种植比例 4%，冬油菜面积可达到 450.65 万亩。可与冬油菜轮作的主要农作物及其播种面积为：玉米 4527.10 万亩、水稻 185.8 万亩、马铃薯 367.50 万亩、棉花 1034.8 万亩、大豆 219.6 万亩、花生 1180.61 万亩。现有可作为冬油菜后茬复种的各类作物及其面积为：玉米 200.0 万亩、水稻 20.0 万亩、棉花 200.0 万亩、大豆 20.0 万亩、花生 200.0 万亩。取代小麦面积 100.0 万亩。冬油菜实际可发展面积 1220.65 万亩（表 5-3-13）。

表 5-3-13　山东近期冬油菜实际发展潜力（单位：万亩）

作物	耕地面积	适宜冬油菜种植耕地面积	近期冬油菜实际发展潜力面积		
			冬油菜适宜面积（按占耕地面积4%折算）	冬油菜后茬复种作物面积	合计
合计	11 266.14	11 266.14	450.65	770.0	1 220.65
小麦	5 438.79			100.0	
大麦	2.10				
玉米	4 527.10			200.0	
糜子	3.30				
谷子	28.10				
水稻	185.80			20.0	
马铃薯	367.50			30.0	
棉花	1 034.80			200.0	
大豆	219.60			20.0	
花生	1 180.61			200.0	
春油菜	11.97				
小麦	5 438.79			100.0	
大麦	2.10				

（十一）北京冬油菜发展潜力

北京耕地面积 347.53 万亩，适宜冬油菜种植面积 347.53 万亩。油料作物种植比例 4%，冬油菜面积可达到 13.9 万亩。可与冬油菜轮作的主要农作物及其播种面积为：玉米 198.00 万亩、水稻 0.3 万亩、棉花 0.36 万亩、大豆 1.07 万亩、花生 6.06 万亩。现有可作为冬油菜后茬复种的各类作物及其面积为：玉米 25.0 万亩、花生 3.0 万亩。取代小麦面积 10.0 万亩。冬油菜实际可发展面积 48.9 万亩（表 5-3-14）。

（十二）天津冬油菜发展潜力

天津耕地面积 593.10 万亩，适宜冬油菜种植面积 593.10 万亩。油料作物种植比例 4%，冬油菜面积可达到 23.72 万亩。可与冬油菜轮作的主要农作物及其播种面积为：玉米 306.54 万亩、水稻 21.56、棉花 867.84 万亩、大豆 47.3 万亩、花生 2.14 万亩。现有可作为冬油菜后茬复种的各类作物及其面积为：玉米 50.0 万亩、水稻 5.0 万亩、棉花 20.0 万亩、大豆 10.0 万亩、花生 2.0 万亩。取代小麦面积 20.0 万亩。冬油菜实际可发展面积 130.72 万亩（表 5-3-15）。

表 5-3-14　北京近期冬油菜实际发展潜力（单位：万亩）

作物	耕地面积	适宜冬油菜种植耕地面积	近期冬油菜实际发展潜力面积		
			冬油菜适宜面积（按占耕地面积4%折算）	冬油菜后茬复种作物面积	合计
合计	347.53	347.53	13.9	38.0	48.9
小麦	78.00			10.0	
玉米	198.00			25.0	
水稻	0.30				
马铃薯	3.20				
棉花	0.36				
大豆	1.07				
花生	6.06			3.0	

表 5-3-15　天津近期冬油菜实际发展潜力（单位：万亩）

作物	耕地面积	适宜冬油菜种植耕地面积	近期冬油菜实际发展潜力面积		
			冬油菜适宜面积（按占耕地面积4%折算）	冬油菜后茬复种作物面积	合计
合计	593.10	593.10	23.72	107	130.72
小麦	168.72			20.0	
玉米	306.54			50.0	
糜子	0.15				
水稻	21.56			5.0	
棉花	86.84			20.0	
大豆	47.30			10.0	
花生	2.14			2.0	

（十三）辽宁冬油菜发展潜力

辽宁总耕地面积 6127.5，适宜冬油菜种植面积 1274.52 万亩。油料作物种植比例 4%，冬油菜面积可达到 50.98 万亩。可与冬油菜轮作的主要农作物及其播种面积为：玉米 3310.05 万亩、水稻 992.7 万亩、花生 539.4 万亩。现有可作为冬油菜后茬复种的各类作物及其面积为：玉米 10.0 万亩、水稻 20.0 万亩、花生 20.0 万亩。冬油菜实际可发展面积 108.98 万亩（表 5-3-16）。

表 5-3-16　辽宁近期冬油菜实际发展潜力（单位：万亩）

作物	耕地面积	适宜冬油菜种植耕地面积	近期冬油菜实际发展潜力面积		
			冬油菜适宜面积（按占耕地面积4%折算）	冬油菜后茬复种作物面积	合计
合计	6127.5	1274.52	50.98	50.0	108.98
小麦	10.2				
玉米	3310.05			10.0	
谷子	78				
水稻	992.7			20.0	
马铃薯	123				
棉花	0.45				
大豆	173.7				
向日葵	12.15				
花生	539.4			20.0	

第四节　发展北方旱寒区冬油菜生产的措施

一、改春播为冬播

北方旱寒地区春播油料作物（如春油菜等）单产水平低，面积较大，可适当压缩春播油料作物种植面积，发展冬油菜生产。

二、改单种为复种

北方旱寒地区大多数作物为一年一熟的一季作，如棉花、玉米、马铃薯、油葵、谷子、糜子、荞麦、水稻、饲草和蔬菜等作物，可通过发展冬油菜，将这些作物由单种改为冬油菜后茬复种作物，实现一年二熟或二年三熟，扩大冬油菜播种面积，实现粮油协同增产，生态效益与经济效益同步提高。

三、加强高效种植模式研究与示范推广

北方旱寒区冬油菜的直接经济效益还有很大的提高潜力，应加强高效种植模式的研发与应用推广，如果—油套种，冬油菜—玉米、冬油菜—棉花、冬油菜—水稻、冬油菜—马铃薯、冬油菜—糜子、冬油菜—向日葵、冬油菜—蔬菜、冬油菜—饲草一年二熟/二年三熟种植模式等集成技术的应用推广，改一年一熟为一年二熟/二年三熟，提高经济效益，推动北方旱寒区冬油菜生产发展。

四、加强北方旱寒区冬油菜科学研究

北方冬油菜生产对北方地区生态环境、农业生产具有非常重大的意义，但北方旱寒区冬油菜仍然处于起始阶段，有诸多问题尚需研究解决，如品质问题、抗寒性与早熟性的问题、抗寒性与品质的问题等。建议建立一个综合性的北方冬油菜国家改良中心，从品种改良及综合集成技术方面进行研究，同时开展抗寒性改良与杂种优势利用研究，为北方冬油菜生产的发展提供技术支撑。

五、加强政策支持与引导

冬油菜不但是北方重要的油料作物，而且是北方地区重要的生态作物、养地作物、蜜源作物与景观作物，在北方具有巨大生态、经济与社会效益，而且是投资最省、见效最快的防治沙尘暴的覆盖作物，所产生的社会效益、生态效益为全民所共享，理应得到扶持发展；同时，国家提出要在不增加农药和化肥的前提下增产粮食，通过有机途径培肥地力就成为增产粮食的必由之路，而冬油菜为北方地区最优培肥作物之一。因此，应当从国家经济社会发展战略高度发展北方冬油菜生产，将其作为生态作物和农田培肥作物补贴、扶持。

参 考 文 献

北京农科院气象室. 1977. 北京地区的气候与农业生产. 北京: 人民出版社.

北京市农业局. 1982. 北京市种植业区划. 北京: 北京市农业局.

曹宁, 李剑萍, 韩颖娟, 等. 2009. 基于 GIS 的宁夏主要农作物气候适宜性区划. 农业网络信息, (11): 16-19.

陈姣荣, 孙万仓, 方彦, 等. 2013. 白菜型冬油菜在北方寒旱区的适应性分析. 干旱地区农业研究, 30(6): 17-22.

陈其鲜, 孙万仓. 2013. 甘肃省冬油菜生产现状、问题及对策. 甘肃农业, (11): 21-23.

池再香, 莫建国, 康学良, 等. 2012. 基于 GIS 的贵州西部春薯种植气候适宜性精细化区划. 中国农业气象, 33(1): 93-97.

邓振镛, 李栋梁, 郝志毅, 等. 2004. 我国高原干旱气候区作物种植区划综合指标体系研究. 高原气象, 23(6): 847-849.

邓振镛, 张强, 蒲金涌, 等. 2008. 气候变暖对中国西北地区农作物种植的影响(英文). 生态学报, 28(08): 3760-3768.

丁一汇, 任国玉, 石广玉. 2006. 气候变化国家评估报告(Ⅰ): 中国气候变化的历史和未来趋势. 气候变化研究进展, 2(1): 3-8.

董静, 王书芝, 王春峰. 2012. 冬油菜—花生一年两茬轮作高效栽培技术. 中国农技推广, 28(7): 35-36.

房锋, 张朝贤, 黄红娟, 等. 2013. 基于 MaxEnt 的麦田恶性杂草节节麦的潜在分布区预测. 草业学报, (02): 62-70.

高翔, 张启华. 1988. 聚类分析与综合评判方法在陕西花生种植区划中的作用. 中国油料, 01: 16-23.

耿以工, 张建学, 杨润德. 2012. 白菜型冬油菜品种在天津地区的适应性研究. 天津农业科学, 18(1): 136-139.

郝晓慧, 温仲明, 王金鑫. 2008. 基于 GAM 模型的延河流域主要草地物种空间分布及其与环境的关系. 生态学杂志, 27(10): 1718-1724.

何丽, 孙万仓, 刘自刚, 等. 2013. 白菜型冬油菜与芥菜型油菜远缘杂交亲和性分析. 西北农业学报, 22(003): 64-69.

何丽, 孙万仓, 曾秀存, 等. 2013. 利用气孔保卫细胞周长及叶绿体数目鉴定油菜种间杂种研究. 西北植物学报, 33(2): 280-286.

何澎, 韩晓哲. 2013. 聚类分析在烟草种植区划上的应用分析. 现代农业科技, 14: 281-284.

何奇瑾, 周广胜. 2012. 我国春玉米潜在种植分布区的气候适宜性. 生态学报, 32(12): 3931-3939.

何英彬, 姚艳敏, 李建平, 等. 2012. 大豆种植适宜性精细评价及种植合理性分析. 中国农业资源与区划, 33(1): 11-17.

胡学林, 李愚超, 李强, 等. 2011. 高旱寒地区冬油菜越冬研究初报. 新疆农业科学, 48(6): 1074-1077.

花临亭. 1958. 东北地区气候概况. 沈阳: 辽宁人民出版社.

黄大燊. 1997. 甘肃植被. 兰州: 甘肃科学技术出版社.

贾东海, 李强, 顾元国, 等. 2012. 冬油菜新品种筛选及灰色综合评判. 新疆农业科学, 49(5):

815-819.

姜海杨, 孙万仓, 曾秀存, 等. 2012. 播期对北方白菜型冬油菜生长发育及产量的影响. 中国油料作物学报, 34(6): 620-626.

雷明德. 1999. 陕西植被. 北京: 科学出版社.

李秉衡. 1988. 甘肃省油料作物种植区划. 兰州: 甘肃科学技术出版社.

李德仁. 1997. 论 RS、GPS 与 GIS 集成的定义、理论与关键技术. 遥感学报, 1(1): 64-681.

李冬, 佘奎军, 许志斌, 等. 2011. 宁夏冬油菜高产栽培技术. 宁夏农林科技, 52(9): 91-92.

李建东, 吴榜华, 盛连喜. 2001. 吉林植被. 长春: 吉林科学技术出版社.

李克南, 杨晓光, 刘志娟, 等. 2010. 全球气候变化对中国种植制度可能影响分析Ⅲ.中国北方地区气候资源变化特征及其对种植制度界限的可能影响. 中国农业科学, 43(10): 2088-2097.

李克南, 杨晓光, 慕臣英, 等. 2013. 全球气候变暖对中国种植制度可能影响Ⅷ. 气候变化对中国冬小麦冬春性品种种植界限的影响. 中国农业科学, 46(08): 1583-1594.

李强, 陈跃华, 林萍, 等. 2010. 播期对冬油菜干物质积累及经济性状的影响. 西南农业学报, 23(1): 51-55.

李强, 顾元国, 侯玉林, 等. 2011. 不同冬油菜品种抗寒性研究. 新疆农业科学, 48(5): 804-809.

李强, 顾元国, 贾东海, 等. 2011. 新疆旱寒区种植冬性甘蓝型和白菜型油菜的可行性. 西北农业学报, 20(7): 106-111.

林而达, 许吟隆, 蒋金荷. 2006. 气候变化国家评估报告(Ⅱ): 气候变化的影响与适应. 气候变化研究进展, 2(2): 51-56.

刘后利. 1987. 实用油菜栽培学. 上海: 上海科学技术出版社.

刘立峰, 马国治, 刘维, 等. 2011. 宁夏银北地区白菜型冬油菜品种比较研究. 宁夏农林科技, 52(4): 69-70.

刘濂. 1996. 河北植被. 北京: 科学出版社.

刘秦, 缪纯庆, 姚正良, 等. 2012. 张掖市冬油菜丰产栽培技术规范. 中国种业, (8): 72-73.

刘自刚, 孙万仓, 杨宁宁, 等. 2013. 冬前低温胁迫下白菜型冬油菜抗寒性的形态及生理特征. 中国农业科学, 46(22): 4679-4687.

马安青, 高峰, 贾永刚. 2006. 基于遥感的贺兰山两侧沙漠边缘带植被覆盖演变及对气候响应. 干旱区地理, 29(2): 170-177.

马子清. 2001. 山西植被. 北京: 中国科学技术出版社.

闵程程, 马海龙, 王新生. 2010. 基于 GIS 的湖北省油菜种植气候适宜性区划. 中国农业气象, 31(4): 570-574.

《内蒙古自治区种植业区划》编写组. 1987. 内蒙古自治区种植业区划. 呼和浩特: 内蒙古人民出版社.

宁夏农业勘查设计院, 宁夏回族自治区畜牧局, 宁夏农学院. 1988. 宁夏植被. 银川: 宁夏人民出版社.

牛建明, 吕桂芬. 1998. GIS 支持的内蒙古植被地带与气候关系的定量分析内蒙古大学学报(自然科学版), 29(3): 419-424.

彭少麟, 郭志华, 王伯荪. 1999. RS 和 GIS 在植被生态学中的应用及其前景. 生态学杂志, 18(5): 52-64.

蒲媛媛, 孙万仓. 2010. 白菜型冬油菜抗寒性与生理生化特性关系. 分子植物育种, 8(2): 335-339.

钱时祥, 陈学平, 郭家明. 1994. 聚类分析在烟草种植区划上的应用. 安徽农业大学学报, 21(1): 21-25.

秦大河, 丁一汇, 苏继兰. 2005. 中国气候与环境演变(上卷): 气候与环境的演变及预测. 北京: 科学出版社.

曲衍波, 齐伟, 赵胜亭, 等. 2008. 胶东山区县域优质苹果生态适宜性评价及潜力分析. 农业工程学报, 24(6): 109-114.

石建红, 王凤英, 周吉红. 2011. 白菜型冬油菜在北京怀柔区的适应性研究. 作物杂志, 5: 56-60.

史鹏辉, 孙万仓, 赵彩霞. 2013. 低温下抗氧化酶活性与冬油菜根细胞结冰关系的初步研究. 西北植物学报, 33(2): 329-335.

孙万仓, 马卫国, 雷建民, 等. 2007. 冬油菜在西北旱寒区的适应性和北移的可行性研究. 中国农业科学, 40(12): 2716-2726.

孙万仓, 武军艳, 方彦, 等. 2010. 北方旱寒区北移冬油菜生长发育特性. 作物学报, 36(12): 2124-2134.

孙万仓. 2013. 北方旱寒区冬油菜栽培技术. 北京: 中国农业出版社.

唐琳, 王晋雄, 桑布. 2012. 西藏冬油菜引种观察试验初报. 西藏农业科技, 34(1): 7-9.

王春兰. 2011. 白菜型冬油菜引种试验. 青海大学学报(自然科学版), 29(5): 39-41.

王飞, 邢世和. 2007. 作物种植区划研究进展. 中国农业资源与区划, 28(05): 37-40.

王景华. 2011. 山西旱寒区冬油菜北移的现实性探析. 农业技术与装备, (22): 18-18.

王平宾. 2010. 循化县冬油菜丰产栽培技术. 陕西农业科学, (1): 263-263.

王仁卿, 周光裕. 2000. 山东植被. 济南: 山东科学技术出版社.

王学芳, 孙万仓, 李芳, 等. 2009. 中国西部冬油菜种植的生态效应评价. 应用生态学报, 20(03): 647-652.

王学芳, 孙万仓, 李孝泽, 等. 2009. 我国北方风蚀区冬油菜抗风蚀效果. 生态学报, 29(12): 6572-6577.

吴建国. 2010. 气候变化对 7 种保护植物分布的潜在影响. 武汉植物学研究, 28(4): 437-452.

吴祥定. 1986. 西藏的气候. 北京: 科学出版社.

吴征镒. 1980. 中国植被. 北京: 科学出版社.

武军艳, 孙万仓, 杨杰, 等. 2010. 不同覆盖处理对甘肃中部地区甘蓝型冬油菜越冬率及产量的影响. 干旱地区农业研究, (3): 96-99.

徐爱遐, 黄镇, 鲁瑞文, 等. 2013. 榆林地区冬油菜引种及高产栽培技术研究. 陕西农业科学, 59(6): 102-105.

许志斌, 余奎军, 李新, 等. 2013. 冬油菜在宁夏发展的可行性及前景分析. 宁夏农林科技, (1): 7-9.

叶秀娟, 向莉, 邢玉萍. 2011. 奇台县冬油菜品种抗寒性鉴定. 农村科技, (12): 7-8.

曾秀存, 孙万仓, 方彦, 等. 2013. 白菜型冬油菜抗坏血酸过氧化物酶(APX)基因的克隆, 表达及其活性分析. 作物学报, 39(8): 1400-1408.

曾秀存, 孙万仓, 孙佳, 等. 2013. 白菜型冬油菜铁超氧化物歧化酶(Fe-SOD)基因的克隆及表达分析. 中国农业科学, 46(21): 4603-4611.

张贵曦, 郭承毅, 胡琼艳. 2011. 5 个白菜型冬油菜在环县品比试验初报. 甘肃农业科技, (10): 11-13.

张海娟, 陈勇, 黄烈健, 等. 2011. 基于生态位模型的薇甘菊在中国适生区的预测. 农业工程学报, 27(S1): 413-418.

张厚瑄. 2000. 中国种植制度对全球气候变化响应的有关问题 Ⅰ.气候变化对我国种植制度的影响. 中国农业气象, 21(01): 10-14.

张厚瑄. 2000. 中国种植制度对全球气候变化响应的有关问题 Ⅱ.我国种植制度对气候变化响应的主要问题. 中国农业气象, 21(02): 10-14.

张家诚, 林之光. 1985. 中国气候. 上海: 上海科学技术出版社.

张建学, 雷建明, 张岩, 等. 2011. 甘肃省发展冬油菜优势、存在问题与建议. 中国种业, (6): 21-23.

张俊杰, 孙万仓, 李学才, 等. 2011. 北方旱寒区冬油菜适宜群体的生长发育特性及生理生化基础西北农业学报, 20(8): 82-88.

张启华, 高翔. 1989. 陕西省油料作物区划. 西安: 西安地图出版社.

张腾国, 张艳, 夏小慧, 等. 2013. MAPKK 抑制剂对低温胁迫下油菜幼苗光合作用和抗氧化酶活性的影响. 兰州大学学报(自然科学版), 49(1): 92-99.

张晓煜, 刘静, 张亚红, 等. 2008. 中国北方酿酒葡萄气候适宜性区划. 干旱区地理, 31(5): 707-711.

赵彩霞, 刘自刚, 孙万仓, 等. 2013. 化学杀雄剂对白菜型冬油菜陇油 6 号的杀雄效果. 中国油料作物学报, 35(4): 394-399.

赵彩霞, 王丽萍, 孙万仓, 等. 2013. 化学药物 GSC 不同浓度对白菜型冬油菜主要性状的影响. 干旱地区农业研究, 31(4): 129-134.

中国科学院黄土高原综合科学考察队. 1991. 黄土高原地区植被资源及其合理利用. 北京: 中国科学技术出版社.

中国科学院青藏高原综合科学考察队. 1988. 西藏植被. 北京: 科学出版社.

中国科学院新疆综合考察队, 中国科学院植物研究所. 1978. 新疆植被及其利用. 北京: 科学出版社.

中国农林作物气候区划协作组. 1987. 中国农林作物气候区划. 北京: 气象出版社.

中国农业年鉴编辑委员会. 2012. 中国农业年鉴. 北京: 中国农业出版社.

中国农业科学院《中国农作物种植区划论文集》编写组. 1987. 中国农作物种植区划论文集. 北京: 科学出版社.

中央气象局. 1971. 中国气温资料(1961-1970). 北京: 中央气象局.

中央气象局. 1976. 中国降水资料(1961-1970). 北京: 中央气象局.

中央气象局. 1976. 中国气温资料(1951-1960). 北京: 中央气象局.

钟艮平, 沈文君, 万方浩, 等. 2009. 用 GARP 生态位模型预测刺萼龙葵在中国的潜在分布区. 生态学杂志, 168(1): 162-166.

周冬梅, 张仁陟, 孙万仓. 2014. 北方旱寒区冬油菜种植气候适宜性研究. 中国农业科学, 47(13): 2541-2551.

周冬梅, 张仁陟, 孙万仓. 2014. 甘肃省冬油菜种植适宜性及影响因子评价. 中国生态农业学报, 22(6), 697-704.

周吉红, 刘建玲, 刘国明, 等. 2010. 白菜型冬油菜在北京地区适宜播期研究初报. 农业科技通讯, (10): 56-59.

周吉红. 2011. 北京地区油用油菜引进及种植技术研究进展. 中国种业, (7): 10-12.

周立志, 马勇. 2003. 用 GIS 进行西部干旱地区啮齿动物物种分布的信息管理. 安徽大学学报(自然科学版), 27(2): 94-102.

周兴民. 1986. 青海植被. 西宁: 青海人民出版社.

周以良. 1997. 中国东北植被地理. 北京: 科学出版社.

附件三 北方各省份冬油菜适宜种植区域图

1. 甘肃省冬油菜适宜种植区域图

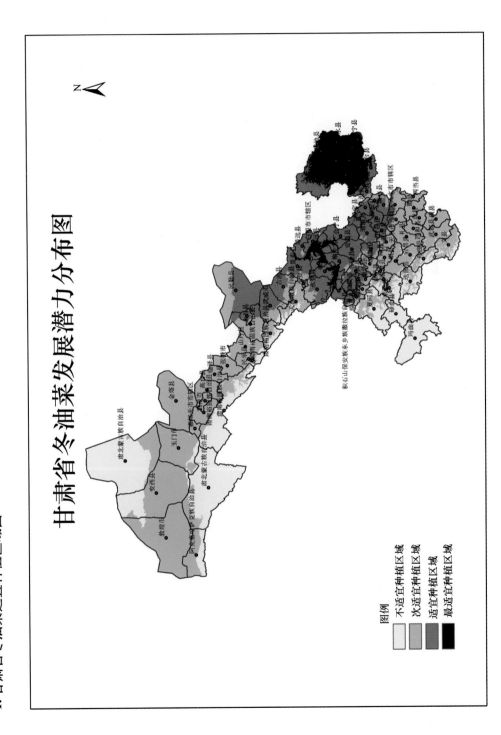

甘肃省冬油菜发展潜力分布图

图例
- 不适宜种植区域
- 次适宜种植区域
- 适宜种植区域
- 最适宜种植区域

2. 新疆冬油菜适宜种植区域图

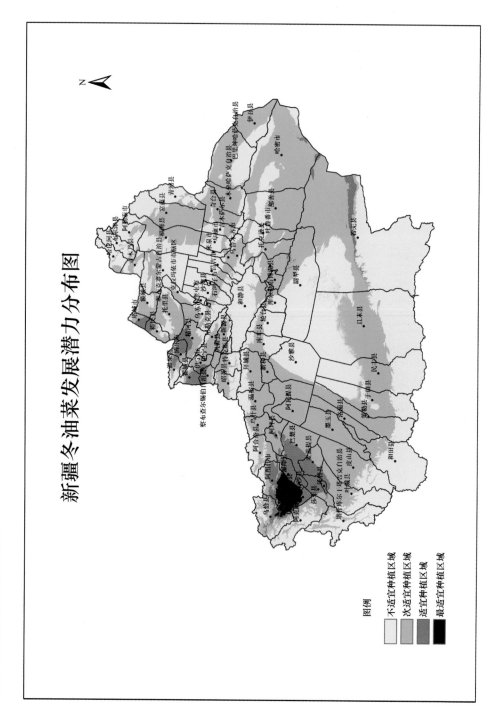

新疆冬油菜发展潜力分布图

图例

不适宜种植区域
次适宜种植区域
适宜种植区域
最适宜种植区域

3. 西藏冬油菜适宜种植区域图

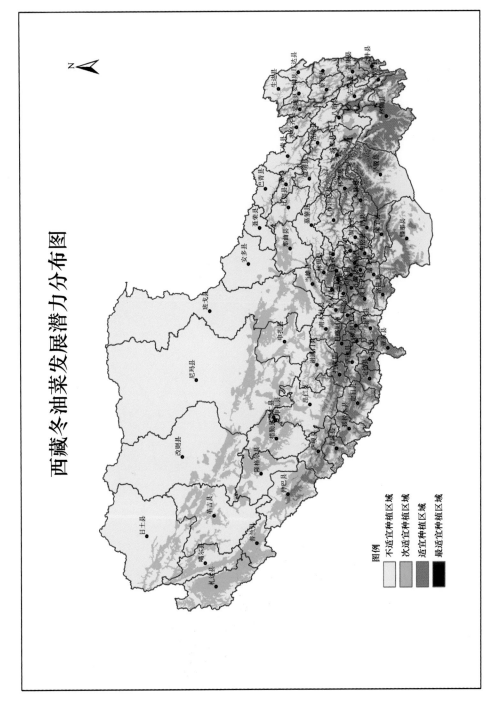

西藏冬油菜发展潜力分布图

图例

不适宜种植区域
次适宜种植区域
适宜种植区域
最适宜种植区域

4. 青海冬油菜适宜种植区域图

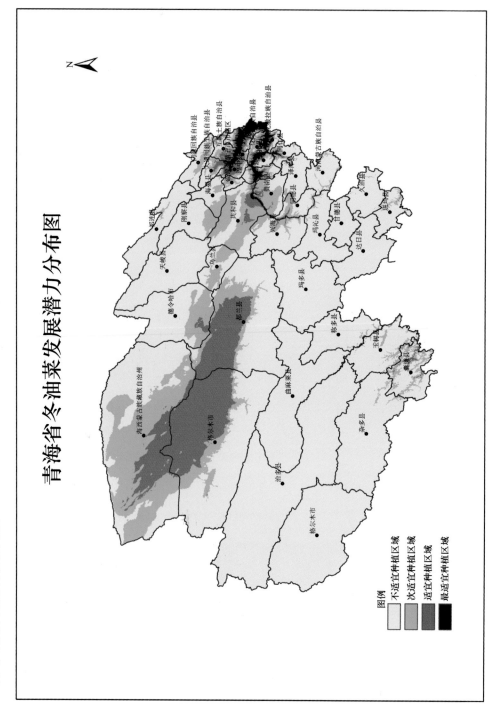

青海省冬油菜发展潜力分布图

图例
不适宜种植区域
次适宜种植区域
适宜种植区域
最适宜种植区域

5. 宁夏冬油菜适宜种植区域图

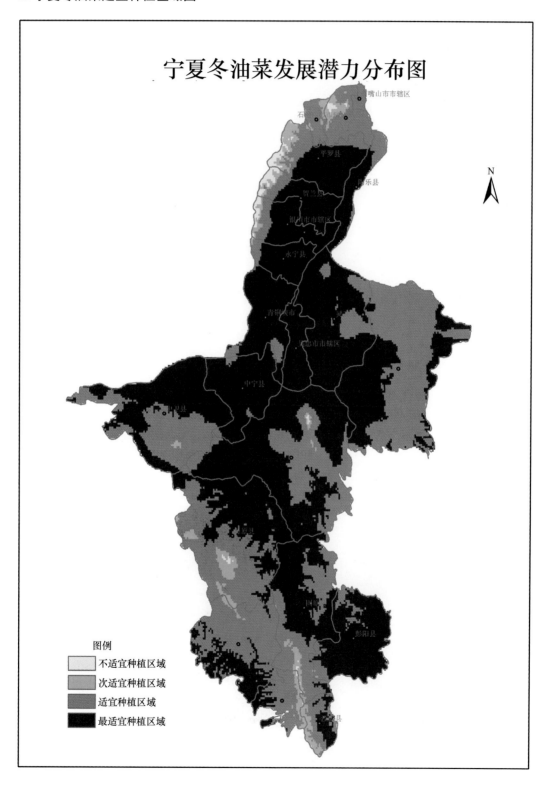

6. 陕西冬油菜适宜种植区域图

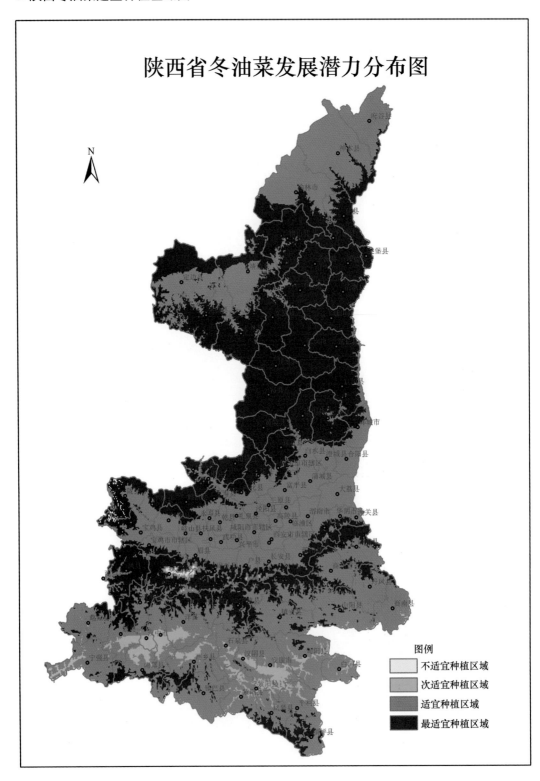

图例
不适宜种植区域
次适宜种植区域
适宜种植区域
最适宜种植区域

7. 内蒙古冬油菜适宜种植区域图

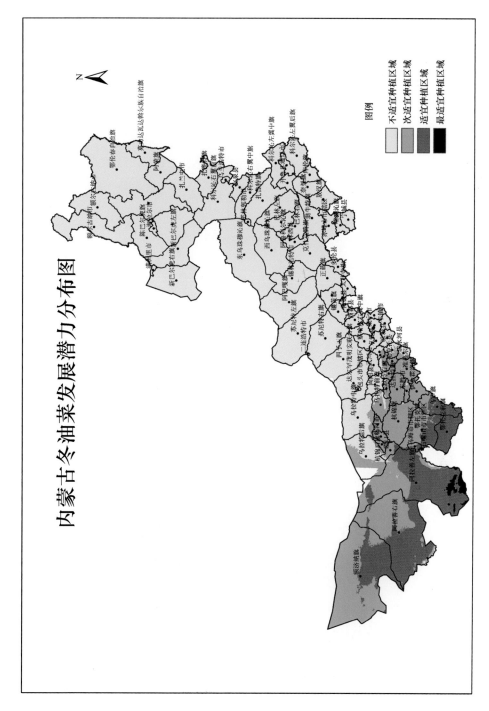

8. 山西冬油菜适宜种植区域图

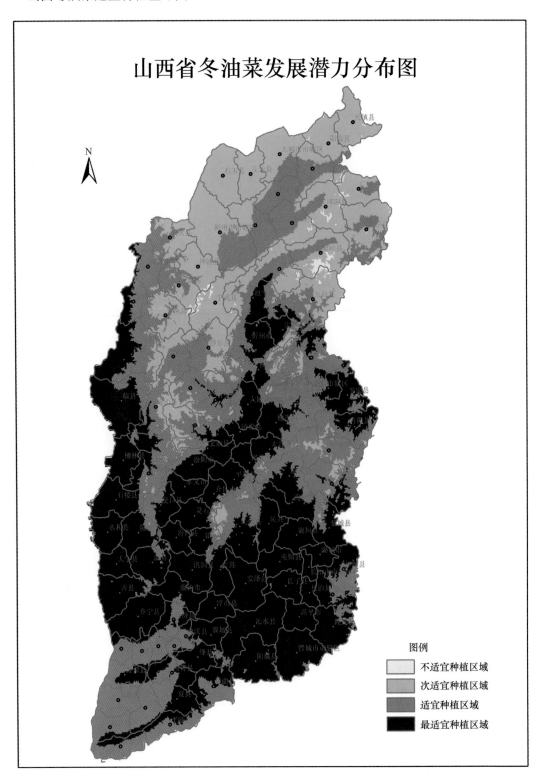

9. 河北冬油菜适宜种植区域图

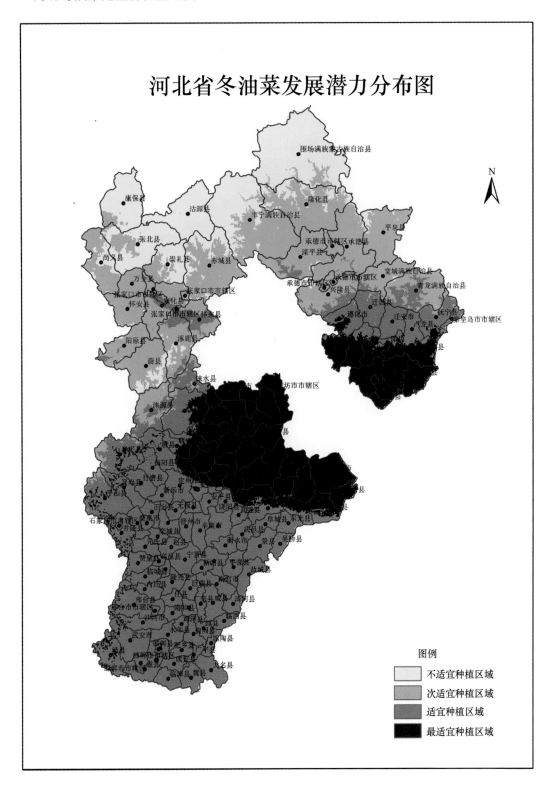

10. 山东冬油菜适宜种植区域图

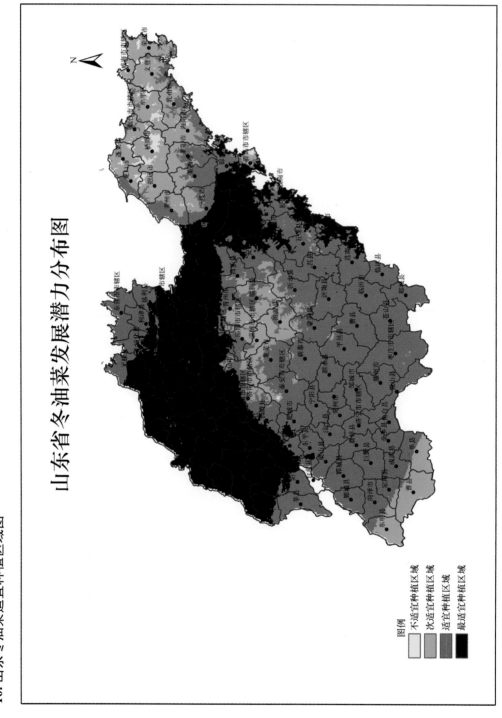

山东省冬油菜发展潜力分布图

图例

不适宜种植区域
次适宜种植区域
适宜种植区域
最适宜种植区域

11. 北京、天津冬油菜适宜种植区域图

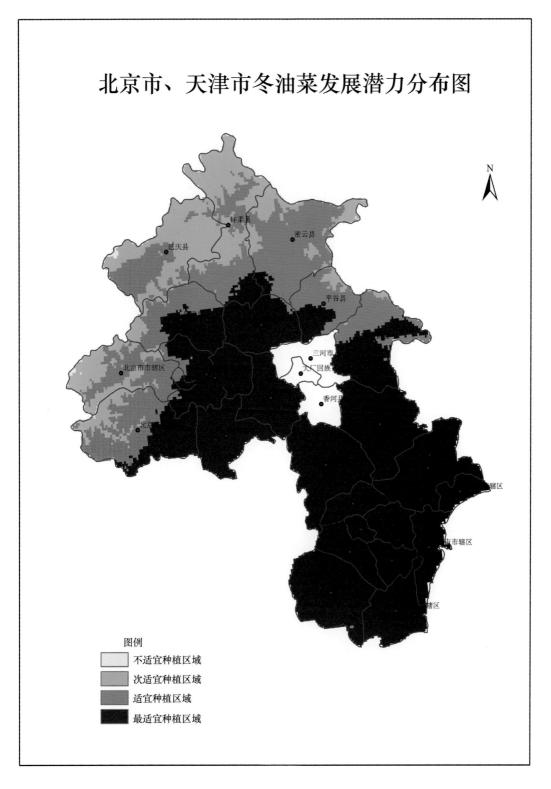

北京市、天津市冬油菜发展潜力分布图

12. 东北三省冬油菜适宜种植区域图

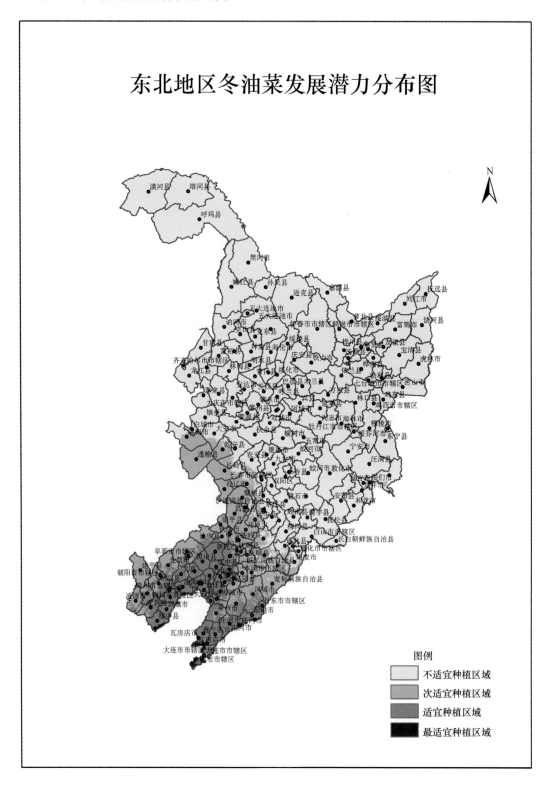

附件四　冬油菜在北方各地生长表现

1-1　北方冬油菜苗期 - 武威

1-2　北方冬油菜苗期 - 塔城

1-3　北方冬油菜苗期 - 普兰店

1-4　北方冬油菜苗期 - 景泰

2-1　北方冬油菜抗寒性 - 春季冰层下越冬

2-2　北方冬油菜抗寒性差异 - 返青后不同品种越冬率

3-1　北方冬油菜覆盖效果 - 北京通州

3-2　北方冬油菜覆盖效果 - 张掖

4-1　北方冬油菜返青期 - 大名

4-2　北方冬油菜返青期 - 银川

4-3　北方冬油菜返青期 - 景泰

4-4　北方冬油菜返青期 - 景泰

4-5　北方冬油菜返青期 - 新疆莎车

4-6　北方冬油菜返青期 - 靖边

5-1　北方冬油菜花期 - 塔城

5-2　北方冬油菜花期 - 乌鲁木齐

5-3　北方冬油菜开花期 - 武威黄羊镇

5-4　北方冬油菜开花期 - 兰州上川

5-5　北方春油菜开花期 - 永登连成

5-6　北方冬油菜花期 - 会宁

5-7　北方冬油菜开花期 - 宁夏吴忠

5-8　北方冬油菜花期 - 山西太原

5-9　北方冬油菜花期 - 北京

6-1　北方冬油菜终花期 - 阿勒泰

6-2　北方冬油菜成熟期 - 乌鲁木齐

6-3　北方冬油菜成熟期 - 会宁

6-4　北方冬油菜终花期 - 吴忠

7-1　北方冬油菜后茬复种籽瓜 - 新疆塔城

7-2　北方冬油菜后茬复种马铃薯 - 靖边

7-3　北方冬油菜后茬复种马铃薯 - 张掖

7-4   北方冬油菜后茬复种谷子 - 上川

7-5   北方冬油菜后茬复种糜子 - 景泰

7-6   北方冬油菜后茬复种棉花 - 敦煌

7-7   北方冬油菜后茬复种水稻 - 银川

7-8   北方冬油菜后茬复种向日葵 - 武威

7-9   北方冬油菜后茬复种荞麦 - 会宁

7-10 北方冬油菜后茬复种玉米 - 银川

7-11 巴旦木套种冬油菜 - 莎车

7-12 早酥梨套种冬油菜 - 景泰

8-1 北方冬油菜与旅游 - 莎车

8-2 北方冬油菜与养蜂 - 莎车

8-3 北方冬油菜覆盖减少辐射减轻果树冻害